中国濒危保护植物彩色图鉴

主 编

于胜祥　王振华　彭玉德　赵　晖

中国海南出版社有限公司
·北京·

图书在版编目（CIP）数据

中国濒危保护植物彩色图鉴 / 于胜祥等主编 . — 北京：中国海关出版社有限公司，2023.11
ISBN 978-7-5175-0714-7

Ⅰ.①中… Ⅱ.①于… Ⅲ.①珍稀植物—濒危植物—中国—图集 Ⅳ.① Q948.52-64

中国国家版本馆 CIP 数据核字（2023）第 215863 号

中国濒危保护植物彩色图鉴
ZHONGGUO BINWEI BAOHU ZHIWU CAISE TUJIAN

主　　编：于胜祥　王振华　彭玉德　赵　晖
策划编辑：景小卫
责任编辑：景小卫
责任印制：赵　宇
出版发行：中国海关出版社有限公司
社　　址：北京市朝阳区东四环南路甲 1 号　　　　　　邮政编码：100023
编 辑 部：010-65194242-7527（电话）
发 行 部：010-65194221/4238/4246/5127（电话）
社办书店：010-65195616（电话）
　　　　　https://weidian.com/? userid=319526934（网址）
印　　刷：北京中科印刷有限公司　　　　　　　　　　经　　销：新华书店
开　　本：889mm×1194mm　1/16
印　　张：26　　　　　　　　　　　　　　　　　　　字　　数：385 千字
版　　次：2023 年 11 月第 1 版
印　　次：2023 年 11 月第 1 次印刷
书　　号：ISBN 978-7-5175-0714-7
定　　价：148.00 元

中国濒危保护植物 彩色图鉴 编委

中国濒危保护植物 彩色图鉴 图片摄影

巴特尔　邴艳红　曹大刚　曹　瑞　曾庆文　陈　彬　陈家瑞　陈　庆　陈又生

程志军　单章建　邓福才　丁炳扬　董　上　杜　诚　杜　薇　段士民　范　毅

冯昌林　冯志舟　傅立国　高宝莼　龚　洵　官立怡　郭丽秀　郝朝运　何国生

侯翼国　黄向旭　黄俞松　黄云峰　吉米斯　江　珊　蒋　宏　蒋　蕾　金江群

金　宁　金效华　郎楷永　黎　斌　李策宏　李光波　李剑武　李涟漪　李　琳

李巧明　李荣生　李荣元　李世晋　李西贝阳　　　　李晓东　李新华　李泽贤

梁永延　林　祁　林秦文　刘　冰　刘　博　刘恩德　刘　军　刘利柱　刘　青

刘　赛　刘　演　刘兆龙　龙春林　罗大庆　马丹丹　马欣堂　毛宗国　潘伯荣

潘　博　彭玉德　邱志敬　曲　上　任明波　邵剑文　沈文森　施晓春　司建平

宋　鼎　覃海宁　谭运洪　汤　睿　陶国达　陶俊峰　图　亚　汪　远　王钧杰

王　琦　王瑞江　王新菊　王志远　王　孜　尉阮杰　魏周睿　吴其超　吴少武

吴望辉　武建勇　武泼泼　夏永梅　向巧萍　邢艳兰　徐克学　徐晔春　许为斌

杨保纲　杨宗宗　姚小洪　叶德平　叶其刚　于胜祥　余胜坤　喻勋林　袁永明

张代贵　张　富　张华安　张金龙　张启泰　张全跃　张宪春　张　旋　张　莹

张志翔　甄爱国　郑希龙　钟诗文　周洪义　周华明　周佳俊　周建军　周立新

周小丽　周　繇　周重建　朱开甫　朱　强　朱仁斌　朱鑫鑫

　　中国是全球生物多样性很丰富的国家之一，在《全球植物保护战略》中扮演重要地位。濒危植物与国家重点保护野生植物是生物多样性的重要组成部分，也是我国重要的生态资源和生物保护的核心，其在维护生态系统平衡、促进经济社会可持续发展中发挥着不可替代的作用。近年来，我国野生植物保护工作取得了明显成效，尤其是《中华人民共和国野生植物资源保护条例》和《国家重点保护野生植物名录（第一批）》先后颁布，奠定了中国植物保护的法律基础和政策框架，就地保护和迁地保护网络基本形成。

　　2021 年调整后的《国家重点保护野生植物名录》涉及总计约 1101 种野生植物，较《国家重点保护野生植物名录（第一批）》新增加了 800 余种野生植物。目前，尚缺乏对这些新增物种形态特征、地理分布、鉴别特征等方面的研究。此外，调整后的《国家重点保护野生植物名录》收录的物种并非完全为濒危植物，为了更加突显中国生物多样性保护中的代表类群，本书既从濒危等级出发，又考虑国家保护的需求，收录了濒危植物与国家重点保护野生植物中的重要代表性类群，以这些代表性类群为切入点，为各行业部门，如海关、农业、林业以及生态环境等部门决策者与工作者快速全面了解中国植物多样性保护工作的代表性类群提供数据支持。

　　本书共收录 396 种中国濒危与保护植物中的重要代表类群。其内容涵盖中文名、拉丁学名、分类地位、别名、保护等级、濒危等级、致濒因素、生境、国内分布、形态特征等信息，并对每个物种配以代表性的彩色照片，以期能够反映濒危与保护植物的形态特征。书中所采用照片均由参编人员提供。物种编排科级顺序沿用恩格勒的分类系统，科内物种按拉丁文字母排序。每个类群的名称均遵从最新的命名法规。物种的濒危等级相关信息可参见附录相关内容。

　　本书不仅可以服务中国口岸濒危与保护植物种质资源的查验工作，为口岸工作中濒危与保护植物的鉴定提供帮助，也可为海关、农业、林业、生态环境以及相关部门有关濒危与保护植物的快速识别与鉴定提供数据支持，还可以作为高校、科研院所的参考用书和大众科普书。

　　本书是来自中国科学院植物研究所、武汉海关、中国科学院广西植物研究所、泰州海关、中南林业科技大学、广西药用植物园等多家单位多位从事生物多样性保护的工作者通力合作的结果。本书在编写工作中，得到了生态环境部南京环境科学研究所"重点高等植物就地保护现状综合评估"、中国环境科学研究院"全国高等植物多样性评估"等项目的支持！特别感谢深圳兰科植物中心对本书中绝大多数兰科植物图像的大力支持。本书的出版还得到了中国海关出版社景小卫编辑的大力支持。本书的特色与实用性内容得益于全体编写人员的无私奉献，纰漏之处当由主编承担，敬请读者批评指正。

编者

2023 年 10 月

中国濒危保护植物 彩色图鉴

中国濒危保护植物 彩色图鉴

蛇足石杉

Huperzia serrata (Thunb. ex Murray) Trevis.

分类地位： 石松科（Lycopodiaceae）
别　　名： 蛇足石松

保护等级： 二级
濒危等级： EN A2c+3c+4c

生　　境： 生于海拔 300~2700m 的林下、灌丛中或路旁。
国内分布： 全国除西北地区部分省区、华北地区外均有分布。

形态特征

多年生土生植物。茎直立或斜生，高 10~30cm，中部直径 1.5~3.5mm，枝连叶宽 1.5~4.0cm，2~4 回二叉分枝，枝上部常有芽胞。叶螺旋状排列，疏生，平伸，狭椭圆形，向基部明显变狭，通直，长 1~3cm，宽 1~8mm，基部楔形，下延有柄，先端急尖或渐尖，边缘平直不皱曲，有粗大或略小而不整齐的尖齿，两面光滑，有光泽，中脉突出明显，薄革质。孢子叶与不育叶同形；孢子囊生于孢子叶的叶腋，两端露出，肾形，黄色。

龙骨马尾杉

Phlegmariurus carinatus (Desv.) Ching

分类地位： 石松科（Lycopodiaceae）

别　　名： 覆叶石松

保护等级： 二级

濒危等级： VU C2a(i)；D2

生　　境： 附生于海拔 200~2300m 的山脊、山谷、丘陵密林中石上或树干上。

国内分布： 云南、台湾、广东、广西、海南。

致濒因素： 生境受破坏，种群过小。

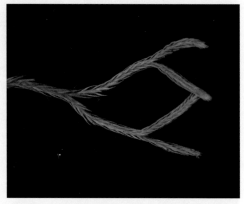

形态特征　中型附生蕨类。茎簇生，成熟枝下垂，1 至多回二叉分枝，长 31~150cm，枝较粗，枝连叶绳索状，第三回分枝连叶直径大于 2.5mm，侧枝不等长。叶螺旋状排列，但扭曲呈二列状。营养叶密生，针状，紧贴枝上，强度内弯，长不足 5mm；长达 8mm，宽约 4mm，基部楔形，下延，无柄，有光泽，顶端渐尖，近通直，向外开张，背面隆起呈龙骨状，中脉不显，坚硬，全缘。孢子囊穗顶生，直径约 3mm。孢子叶卵形，基部楔形，先端尖锐，具短尖头，中脉不显，全缘。孢子囊生于孢子叶腋，藏于孢子叶内，不显，肾形，2 瓣开裂，黄色。

马尾杉

Phlegmariurus phlegmaria (L.) Holub

分类地位： 石松科（Lycopodiaceae）

别　　名： 垂枝石松

保护等级： 二级

濒危等级： VU A1c

生　　境： 附生于海拔 100~2400m 的林下树干或岩石上。

国内分布： 云南、台湾、广东、广西、海南。

致濒因素： 生境受破坏，采挖严重。

形态特征 中型附生蕨类。茎簇生，茎柔软下垂，4~6 回二叉分枝，长达 160cm，主茎直径 3mm，枝连叶扁平或近扁平，不为绳索状。叶螺旋状排列，明显为二型。营养叶斜展，卵状三角形，长 5~10mm，宽 3~5mm，基部心形或近心形，下延，具明显短柄，无光泽，先端渐尖，背面扁平，中脉明显，革质，全缘。孢子囊穗顶生，长线形，长 9~14cm。孢子叶卵状，排列稀疏，长约 1.2mm，宽约 1mm，先端尖，中脉明显，全缘。孢子囊生在孢子叶腋，肾形，2 瓣开裂，黄色。

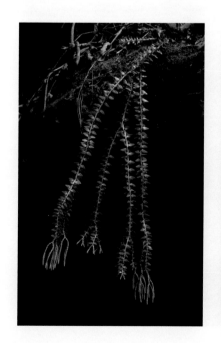

高寒水韭

Isoetes hypsophila Hand.-Mazz.

分类地位：水韭科（Isoetaceae）

保护等级：一级

生　　境：生于海拔约 4300m 的高山草甸水浸处。

国内分布：江西、四川、云南。

形态特征 小型蕨类，多年生沼地生植物。植株高不及 5cm；根茎肉质，块状，长约 4mm，呈 2~3 瓣裂。叶多汁，草质，线形，长 3~4.5cm，宽约 1mm，基部以上鲜绿色，内具 4 个纵行气道围绕中肋，并有横隔膜分隔成多数气室，先端尖，基部广鞘状，膜质，宽约 4mm。孢子囊单生于叶基部，黄色。大孢子囊矩圆形，长约 3mm，直径约 2mm；小孢子囊矩圆形，长约 2.5mm，直径约 1.5mm。大孢子球状四面形，表面光滑无纹饰。

东方水韭

Isoetes orientalis H. Liu & Q. F. Wang

分类地位：水韭科（Isoetaceae）

保护等级：一级
濒危等级：CR B1ab(iii)+2ab(iii)

生　　境：生于海拔 1400m 的沼泽湿地中。
国内分布：浙江。

植株高 25~30cm，光滑无毛。根状茎肉质，块状，长约 12mm，宽约 2~3mm，呈 3 瓣，基部须根多数，二叉分枝。叶多数，螺旋状排列于根状茎上，扁的柱形，近轴面较平坦，远轴面圆形突起，长 10~30cm，中部宽 2~4mm（干后宽 1~3mm），向上渐细。叶横切面呈半圆形，内具 4 个纵行气道围绕中肋，且气道内具有横隔膜。叶基部扩大呈鞘状，膜质，黄白色，腹部凹入形成一凹穴，其上有三角形或三角形渐尖的叶舌，长 1.5~4mm，宽 1~1.5mm。凹穴内生有倒卵形的孢子囊，孢子囊长 7~13mm，宽 3.5~5mm，具白色膜质盖；大孢子囊常生于外围叶片基部的向轴面，内有多数白色和灰色球状四面形的大孢子，其表面具有明显的脊状突起，且连接形成网络状；小孢子囊生于内部叶片基部的向轴面，内有多数白色的小孢子，其表面的突起不甚明显。

中华水韭

Isoetes sinensis Palmer

分类地位： 水韭科（Isoetaceae）
别　　名： 华水韭

保护等级： 一级
濒危等级： EN A2ace

生　　境： 主要生在浅水池塘边和山沟淤泥土上。
国内分布： 安徽、江苏、浙江、江西、湖南、广西。

形态特征

多年生沼地生植物，植株高15~30cm；根茎肉质，块状，略呈2~3瓣，具多数二叉分歧的根；向上丛生多数向轴覆瓦状排列的叶。叶多汁，草质，鲜绿色，线形，长15~30cm，宽1~2mm，内具4个纵行气道围绕中肋，并有横隔膜分隔成多数气室，先端渐尖，基部广鞘状，膜质，黄白色，腹部凹入，上有三角形渐尖的叶舌，凹入处生孢子囊。孢子囊椭圆形，长约9mm，直径约3mm，具白色膜质盖；大孢子囊常生于外围叶片基的向轴面，内有少数白色粒状的四面形大孢子；小孢子囊生于内部叶片基部的向轴面，内有多数灰色粉末状的两面形小孢子。

台湾水韭

Isoetes taiwanensis De Vol

分类地位： 水韭科（Isoetaceae）

保护等级： 一级

濒危等级： CR B2ab(ii,iii)

生　　境： 仅见于台湾台北七星山的梦幻湖。具干湿双栖性，喜欢生长在浅水地。

国内分布： 台湾。

形态特征

水生至湿生植物。根茎块状，二至四裂，上部扁平，下部成圆柱状，基部边缘有薄膜状物质，尖端有气孔散布；叶开展，多汁，草质，鲜绿色，线形，15~90 叶一束，丛生于球茎顶，呈螺旋状排列，长 7~25cm，具空腔，仅具单脉。叶舌呈三角形延长。孢子囊长于叶基部内侧。大孢子囊阔椭圆形，表面具皱纹状一网状纹饰。小孢子灰色，椭圆形，具小刺，大孢子湿时呈灰色，干时为白色。

云贵水韭

Isoetes yunguiensis Q. F. Wang et W. C. Taylor

分类地位： 水韭科（Isoetaceae）

保护等级： 一级

濒危等级： CR A2ace；B1ab(iii)+2ab(iii)；D

生　　境： 生于海拔 1800~1900m 的山沟溪流水中及流水的沼泽地。

国内分布： 贵州、云南。

形态特征

多年沉水植物，植株高 15~52cm；根茎短而粗，肉质块状，略呈三瓣，基部有多条白色须根。叶多数，丛生，草质，线形，半透明，绿色，长 20~30cm，宽 5~10mm，横切面三角状半圆形，有薄膜隔和纵行气道，内有长 2~4mm 的横向隔膜，叶基部向两侧扩大呈阔膜质鞘状，腹部凹入，其上有三角形叶舌，凹入处生长圆形孢子囊，无膜质盖。植株外围的叶生大孢子囊，大孢子球状四面形，表面具不规则的网状纹饰（网脊不平），直径 360~450μm。小孢子囊生于内部叶片基部的向轴面，内生多数灰色粉末状小孢子。

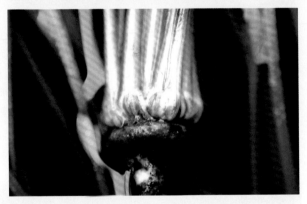

七指蕨

Helminthostachys zeylanica (L.) Hook.

分类地位: 瓶尔小草科（Ophioglossaceae）
别　　名: 锡兰七指蕨、七叶一枝花草

保护等级: 二级
濒危等级: EN A1c；C2a(i)

生　　境: 热带植物，生于湿润疏荫林下。
国内分布: 台湾、广东、海南、广西、贵州、云南。

根状茎肉质，横走，粗达 7mm，有很多肉质的粗根，靠近顶部生出一或二枚叶，叶柄为绿色，草质，长 20~40cm，基部有两片长圆形淡棕色的托叶，长约 7mm，叶片由三裂的营养叶片和一枚直立的孢子囊穗组成，自柄端彼此分离，营养叶片几乎是三等分，每分由一枚顶生羽片（或小叶）和在它下面的 1~2 对侧生羽片（或小叶）组成，每分基部略具短柄，但各羽片无柄，基部往往狭而下延，全叶片长宽约 12~25cm，宽掌状，各羽片长约 10~18cm，宽约 2~4cm，向基部渐狭，向顶端为渐尖头，边缘为全缘或往往稍有不整齐的锯齿。叶薄草质，无毛，干后为绿色或褐绿色，中肋明显，上面凹陷，下面凸起，侧脉分离，密生，纤细，斜向上，1~2 次分叉，达于叶边。孢子囊穗单生，通常高出不育叶，柄长 6~8cm，穗长达 13cm，直径 5~7mm，直立，孢子囊环生于囊托，形成细长圆柱形。

二回莲座蕨

Angiopteris bipinnata (Ching) J. M. Camus

分类地位: 合囊蕨科（Marattiaceae）

保护等级: 二级
濒危等级: EN B2ab(iii,v)

生　　境: 生于海拔 800~1300m 的杂木林下。
国内分布: 云南东南部。
致濒因素: 生境破碎化或丧失，自然种群过小。

 形态特征　多年生大型草本，叶柄长 60~70cm，腹面有深沟，下部略有紧贴的暗棕色披针形长尖头的鳞片，基部以上约 20~34cm 处有一个膨大的节，叶片三角状长圆形，基部为二回羽状，向上为一回奇数羽状；羽片 10~12 对，基部一对或二对特大，羽裂为 2~7 对侧生小羽片，阔披针形，渐尖，几无柄，开展，并有粗齿牙；上面的一回羽片线状披针形，向顶端渐狭为渐尖头，基部圆楔形，叶缘全部具有规则的粗齿牙；叶轴干后压扁，向上端两边有狭翅，顶生羽片与相邻的同形。叶为草质，干后绿色；叶脉上下两面明显，脉间距离 2mm，一般为单脉或分叉。孢子囊群线形，沿生于单脉上或分叉脉上，由 20~40 个孢子囊组成，在孢子囊群下面有许多密生分枝的夹丝，长度等于或稍过于孢子囊。

法斗莲座蕨

Angiopteris sparsisora Ching

分类地位： 合囊蕨科（Marattiaceae）

保护等级： 二级

生　　境： 生于海拔 1500~1600m 的山坡常绿阔叶林中。
国内分布： 云南。
致濒因素： 狭域分布，自然种群过小。

形态特征

多年生大中型草本蕨类，高 1~1.2m。根状茎肉质，横卧，短圆柱形，直径 5~6cm。

叶 2~3 片簇生茎顶；叶长 85~130cm，叶柄长 35~70cm，平滑，上面有浅沟，疏被暗棕色近盾状着生的流苏状鳞片，基部肉质膨大呈马蹄状，两侧具耳状托叶；叶为一至二回羽状，羽片 2~3（~7）对，互生或对生，近等大，长圆形，长 45~55cm，宽 18~23cm；营养叶小羽片 8~12 对；顶生小羽片常大于侧羽片，先端长渐尖，基部楔形，具短柄，叶脉单一或分叉，几平行，相距 1.5~2mm，直达齿缘；叶轴、羽轴、小羽片中脉及侧脉略有 1~2 个深棕色小鳞片。孢子囊群短线形，间距较宽，长短不一，孢子囊群距边缘 1~3mm，具 5~16 个孢子囊；孢子囊群下面具分支隔丝。孢子球表面有较密的瘤状突起。

天星蕨

Christensenia aesculifolia (Blume) Maxon

分类地位： 合囊蕨科（Marattiaceae）

保护等级： 二级

濒危等级： CR B1ab(i,ii)+2ab(i,ii)；C2a(i)

生　　境： 生于海拔约900m的石灰岩雨林中。

国内分布： 云南。

致濒因素： 自然种群小。

形态特征

植株高达80cm，根状茎横走（近直立），肉质粗肥，有鳞；鳞片棕色带红色斑点，大，圆形。柄长达36（~50）cm，单叶或裂至掌状，中间羽片最大，9~25cm×3~15cm，基部楔形，边缘全缘到波状，顶端锐尖到渐尖，远端羽片（如果存在）较小，不等边和近圆形在基部，边缘全缘，浅裂或宽具圆齿，通常波状，顶端锐尖到渐尖。聚合孢子囊群径向排列，圆形，由8~12个孢子囊组成。

滇南桫椤

Alsophila austroyunnanensis S. G. Lu

分类地位： 桫椤科（Cyatheaceae）

保护等级： 二级

濒危等级： VU A2a；B2ab(v)；D

生　　境： 生于海拔 800~1400m 的山坡阳面。

国内分布： 云南东南部。

致濒因素： 生境破碎化或丧失，自然种群过小。

形态特征　植株高 2~7m。叶柄、叶轴和羽轴亮乌木色，长 1~1.5m，下部有尖锐的硬刺，基部密被鳞片；叶片长 2~3m，宽 1~1.8m，三回羽状深裂；小羽片互生，近平展，披针形，中部最宽，基部平截，具短柄，羽状深裂，深裂几达羽轴，裂片达 25 对，互生，略斜展，有狭的间隔，近长方形。叶脉两面隆起，侧脉达 10~12 对，斜向上，分叉或单一，全部出自主脉。叶轴、羽轴褐棕色，羽轴下面光滑或具小鳞片，上面连同小羽轴密被紧贴棕色刚毛，小羽轴和主脉下面具有卵形、棕色、边缘具锯齿的鳞片。叶片通常下部几对羽片能育，或下部羽片的基部几对小羽片能育，孢子囊群着生于不分叉的侧脉中部以下，靠近主脉，每裂片 10 对左右，成熟时布满整个裂片，无囊群盖。

兰屿桫椤

Alsophila fenicis (Copel.) C. Chr.

分类地位：桫椤科（Cyatheaceae）

保护等级：二级
濒危等级：VU C2a(ii)

生　　境：生于山坡林下阴湿处。
国内分布：台湾。
致濒因素：生境破碎化或丧失，自然种群过小。

形态特征 茎干高约 1m，直径约 6cm；叶柄基部棕色，长 36~65cm，直径约 1cm，在叶柄基部更明显；叶轴绿色，具细小刺突，无鳞片。叶片长 1.5~2m，三回羽状深裂；羽片长 30~40cm，基部的显著缩短；小羽片长 7~10cm，宽 1.3~2.1cm，近无柄；末回裂片边缘细齿状；下部 1~2 对小羽片的基部变狭或近分离，叶脉 10~11 对分离，分叉；叶下面光滑，沿中脉生少数薄的小鳞片；上面沿中脉和小羽片生少数薄的小鳞片。孢子囊群圆形，生分叉小脉上。具刺和鳞片，刺长 1mm，鳞片长约 1.5cm，黑色；囊群盖小，棕色，生中脉一侧。

南洋桫椤

Alsophila loheri (Christ) R. M. Tryon

分类地位： 桫椤科（Cyatheaceae）

保护等级： 二级

生　　境： 生于海拔 600~2500m 的林中。
国内分布： 台湾。
致濒因素： 生境破碎化或丧失，自然种群过小。

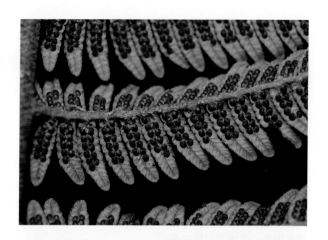

形态特征

茎干高约 5m，直径达 15cm；叶柄短，无刺，被灰白色发亮的鳞片，鳞片长约 2cm，宽约 2mm，具薄而脆的边；叶轴和羽轴的下面密被很细小的不整齐的鳞片和大而薄的灰白色披针形鳞片，长约 5~6mm；羽轴及小羽轴上面被短绒毛，叶片三回羽裂至三回羽状；羽片长约 35cm，下部几对渐缩短；小羽片长 5~7cm，几无柄，裂片通常全缘，边缘常内卷；侧脉 2 叉；主脉密被被状鳞片。孢子囊群圆形，大，囊群盖杯状至近于球形，纸质，棕色，向裂片边缘开口。

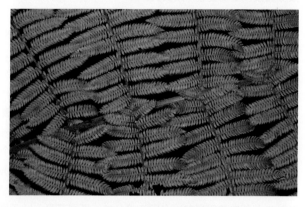

荷叶铁线蕨

Adiantum nelumboides X. C. Zhang

分类地位：凤尾蕨科（Pteridaceae）

别　　名：荷叶金钱草

保护等级：一级

濒危等级：CR A1c

生　　境：生于海拔 350m 的覆有薄土的岩石上及石缝中。

国内分布：湖北、重庆。

致濒因素：生境受破坏或丧失。

形态特征

植株高 5~20cm。根状茎短而直立，先端密被棕色披针形鳞片和多细胞的细长柔毛。叶簇生，单叶；柄长 3~14cm，粗 0.5~1.5mm，深栗色，基部密被与根状茎上相同的鳞片和柔毛，向上直达叶柄顶端均被棕色多细胞的长柔毛；叶片圆形或圆肾形，直径 2~6cm，叶柄着生处有一或深或浅的缺刻，两侧垂耳有时扩展而彼此重叠，叶片上面围绕着叶柄着生处，形成 1~3 个同心圆圈，叶片的边缘有圆钝齿牙，能育叶由于边缘反卷成假囊群盖而齿牙不明显，叶片下面被稀疏的棕色多细胞的长柔毛。叶脉由基部向四周辐射，多回二歧分枝，两面可见。叶干后草绿色，纸质或坚纸质。囊群盖圆形或近长方形，上缘平直，沿叶边分布，彼此接近或有间隔，褐色，膜质，宿存。

粗梗水蕨

Ceratopteris pteridoides (Hook.) Hieron.

分类地位： 凤尾蕨科（Pteridaceae）

保护等级： 二级
濒危等级： CR A1c+1e；B1ab(i,ii)+ 2ab(i,ii,iii,iv)c(i,ii,iii)

生　　境： 生于海拔 100~800m 的沼泽、河沟和水塘。
国内分布： 江西、湖北、安徽、山东。
致濒因素： 生境破碎化，自然种群小。

形态特征

水生或沼生蕨类，植株高 20~30cm；叶柄、叶轴与下部羽片的基部均显著膨胀成圆柱形，叶柄基部尖削，布满细长的根。叶二型；不育叶为深裂的单叶，绿色，光滑，柄长约 8cm，粗约 1.6cm，叶片卵状三角形，裂片宽带状；能育叶幼嫩时绿色，成熟时棕色，光滑，柄长 5~8cm，粗 1.2~2.7cm；叶片长 15~30cm，阔三角形，2~4 回羽状；末回裂片边缘薄而透明，强裂反卷达于主脉，覆盖孢子囊，呈线形或角果形，渐尖头，长 2~7cm，宽约 2mm。孢子囊沿主脉两侧的小脉着生，幼时为反卷的叶缘所覆盖，成熟时张开，露出孢子囊。染色体 2n=78。

水蕨

Ceratopteris thalictroides (L.) Brongn.

分类地位： 凤尾蕨科（Pteridaceae）

保护等级： 二级

濒危等级： VU A1ce

生　　境： 生于池沼、水田及水沟的淤泥中，有时漂浮于深水面上。

国内分布： 山东、安徽、江苏、上海、浙江、江西、湖北、四川、贵州、云南、福建、台湾、广东、广西、海南、香港、澳门。

致濒因素： 生境破碎化或丧失。

形态特征

根状茎短而直立。叶柄连同叶轴不显著膨胀，径 1cm 以下，高 5~50cm，能育叶比不育叶高，长圆形或卵形；孢子囊沿主脉两侧网眼着生，稀疏，棕色，孢子四面形，无周壁，外壁厚，分内外层，外层具肋条状纹饰。孢子成熟期 7—10 月。

光叶蕨

Cystopteris chinensis Ching

分类地位： 冷蕨科（Cystopteridaceae）

保护等级： 一级
濒危等级： EN D

生　　境： 生于海拔 2450m 的林下阴湿处。
国内分布： 四川。

形态特征

根状茎短横卧，被有残留的叶柄基部，先端被有浅褐色卵状披针形鳞片；叶近生。能育叶长 40~45cm；叶柄长可达 7~8cm，直径约 2mm，基部褐色，稍膨大，略被一二伏贴的披针形鳞片，向上禾秆色，近光滑，向轴面有一条浅纵沟；叶片狭披针形，长可达 35cm，中部宽 6~8cm，向两端渐变狭，顶部羽裂渐尖头，向下一回羽状至羽片羽状深裂；羽片 30 对左右，近对生，平展，无柄，相距约 1cm（下部的较疏远），基部一对长仅 1cm 左右，三角形，中部最长的羽片长 3~4cm，基部宽约 1cm，狭披针状镰刀形，渐尖头，向上弯，基部不对称（上侧较宽，截形，下侧较狭楔形或钝圆），羽状深裂达羽轴两侧的狭翅；裂片可达 10 对左右，斜向上，长圆形，钝头，彼此以狭缺刻分开，在羽片下部，羽轴上侧的裂片较下侧的略长，且基部 2 片较大，长约 5~8mm，宽约 3mm，向上逐渐变短，基部下侧一片近卵圆形，略缩短，边缘全缘，或下部 1~2 对略具小圆齿。叶脉在裂片上羽状，侧脉上先出，3~5 对，单一，斜上，伸达叶边。叶干后近纸质，淡绿色，无毛；叶轴上面有纵沟，无毛。孢子囊群圆形，每裂片 1 枚，生于基部上侧小脉背部，靠近羽轴两侧各排列成一行；囊群盖卵圆形，薄膜质，灰绿色，老时脱落，被压于孢子囊群下面，似无盖。孢子圆肾形，深褐色，不透明，表面具较密的棘状突起。

对开蕨

Asplenium komarovii Akasawa

分类地位：铁角蕨科（Aspleniaceae）

别　　名：东北对开蕨、日本对开蕨

保护等级：二级

濒危等级：VU A2ac

生　　境：生于海拔 700~1000m 的落叶混交林下的腐殖质层上。

国内分布：吉林、台湾。

致濒因素：生境受破坏或丧失，自然种群过小。

形态特征　植株高约 60cm。根状茎粗壮，叶柄基部密被鳞片；鳞片线状披针形或披针形，浅棕色，扭曲，膜质，长渐尖头，全缘或略有具间隔的刺状突起。叶 5~8 枚簇生；叶柄棕色至褐棕色，自下部向上疏被鳞片；叶片舌状披针形，先端短渐尖，向下略变狭，基部心脏形，两侧明显扩大成圆耳状，彼此以阔缺口分开，边缘全缘而略呈波状，具软骨质。主脉粗壮，暗禾秆色，下面隆起，圆形，上面有浅纵沟，向上近光滑；侧脉纤细，斜展，单一或自下部二叉，通直，平行，不达叶边。叶上面光滑，下面疏被贴伏的棕色小鳞片。孢子囊群粗线形，斜展，靠近或略离主脉向外行，着生于相邻两小脉的一侧；囊群盖线形，深棕色，膜质，全缘，向侧脉相对开，宿存。

苏铁蕨

Brainea insignis (Hook.) J. Sm.

分类地位：乌毛蕨科（Blechnaceae）

保护等级：二级
濒危等级：VU A1d；A4a

生　　境：生于海拔 450~1700m 的山坡林中或阳坡。
国内分布：海南、广东、广西、贵州、云南、福建、台湾。
致濒因素：人为采挖，自然种群缩减，生境丧失。

形态特征

植株高达 1.5m。主轴直立或斜上，单一或有时分叉，黑褐色，木质，坚实，顶部与叶柄基部均密被鳞片；鳞片线形，红棕色或褐棕色，有光泽，膜质。叶簇生于主轴的顶部，略呈二形；叶柄棕禾秆色，坚硬，光滑或下部略显粗糙；叶片椭圆披针形，一回羽状；羽片 30~50 对，对生或互生，线状披针形至狭披针形，先端长渐尖，基部为不对称的心脏形，近无柄，边缘有细密的锯齿；能育叶与不育叶同形，仅羽片较短较狭，彼此较疏离，边缘有时呈不规则的浅裂。叶脉两面均明显，沿主脉两侧各有 1 行三角形或多角形网眼。叶革质，叶轴棕禾秆色，上面有纵沟，光滑。孢子囊群沿主脉两侧的小脉着生，成熟时逐渐满布于主脉两侧，最终满布于能育羽片的下面。

宽叶苏铁

Cycas balansae Warb.

分类地位：苏铁科（Cycadaceae）
别　　名：云南苏铁、单羽苏铁、十万大山苏铁

保护等级：一级
濒危等级：CR B1b(iii,v)c(i,ii,iv)

生　　境：生于100~800m的季雨林下。
国内分布：广西南部、云南南部。
致濒因素：盗挖，生境破碎化。

 形态特征

树干地下，高出地面40cm；树皮暗褐色，密被鳞片。叶5~20（~30），1回羽状，长1.5~3m，宽40~60cm；叶柄绿色，第1年20~70cm，近圆柱状，每边具10~25刺，3~8cm，间距2~6cm；叶片长圆形，平展；小叶20~75对，间隔1~3cm纵向着生；小叶轴直，长20~38cm，宽（1.2~）1.8~2.5cm，纸质，基部缢缩成很短的叶柄，边缘平坦或稍波状，先端长渐尖。芽苞叶三角形，被棕色绒毛，长4~6cm，宽1.2~1.5cm。雄球花近圆筒状，长15~25cm，直径4~7cm；小孢子叶宽楔形，长1.4~1.7cm，宽7~10mm，背面被淡褐色绒毛，中间小孢子叶的先端短锐尖，钝尖。大孢子叶5~15（~20）cm，松散成群，9~13cm，被淡褐色绒毛，后脱落；柄5~7cm；不育叶宽卵形，近心形或很少倒卵形，长3.5~5.5cm，宽2.5~5cm，深裂为15~25枚裂片，钻形，尖裂片2~3.5cm，顶裂片稍扁平，2.5~4cm；在柄的上部每侧具胚珠2或3枚，无毛。种子通常2粒，新鲜时淡黄色，干燥时棕色，宽卵球形或椭圆形，长1.8~2.7cm，直径1.5~2.5cm；种皮光滑。3—5月传粉，种子成熟9—11月。

叉叶苏铁

Cycas bifida (Dyer) K. D. Hill

分类地位：苏铁科（Cycadaceae）

别　　名：铁虾子苏铁、窄叶叉叶苏铁

保护等级：一级

濒危等级：CR B1b(iii,v)c(i,ii,iv)

生　　境：生长海拔上限700m，生长在石灰岩山地的灌丛和草丛中。

国内分布：广西西部、云南东南部。

致濒因素：分布范围极窄，植株稀少。

形态特征 树干圆柱形，高20~60cm，径4~5cm，基部粗10~12cm，光滑，暗赤色。叶呈叉状二回羽状深裂，长2~3m，叶柄两侧具宽短的尖刺；羽片间距离约4cm，叉状分裂；裂片条状披针形，边缘波状，长20~30cm，宽2~2.5cm，幼时被白粉，后呈深绿色，有光泽，先端钝尖，基部不对称。雄球花圆柱形，长15~18cm，径约4cm，梗长3cm，粗1.5cm；小孢子叶近匙形或宽楔形，光滑，黄色，边缘橘黄色，长1~1.8cm，宽约8mm，顶部不育部分长约8mm，有绒毛，圆或有短而渐尖的尖头，花药3~4个聚生；大孢子叶基部柄状，橘黄色，长约8cm，柄与上部的顶片近等长或稍短，胚珠1~4枚，着生于大孢子叶叶柄的上部两侧，近圆球形，被绒毛，上部的顶片菱形倒卵形，宽约3.5cm，边缘具蓖齿状裂片，裂片钻形，直立，长1.5~2cm。种子成熟后变黄，长约2.5cm。

德保苏铁

Cycas debaoensis Y. C. Zhong & C. J. Chen

分类地位： 苏铁科（Cycadaceae）
别　　名： 秀叶苏铁、百色苏铁、泮水苏铁

保护等级： 一级
濒危等级： CR B1b(iii,v)c(i,ii,iv)

生　　境： 生于海拔 600~980m 的向阳山坡灌丛。
国内分布： 广西西部德保县、云南。
致濒因素： 人为原因，其数量已从 1998 年的 2000 多株锐减到 2001 年的 1085 株，尤其是成年植株数量剧减，德保苏铁的保护刻不容缓。

 形态特征　本种苏铁叶为三回羽裂、茎干地下生，与多歧苏铁相似，其不同主要在于叶（3~）5~11（~15）片，长 1.5~2.7m，叶柄长 0.6~1.3m；羽片线形（初生的第一片叶为倒卵状披针形，先端常尾状渐尖），长 10~22（~28）cm，宽 0.8~1.5cm，先端渐窄或长渐尖；小孢子叶窄楔形，长 3~3.5cm；大孢子叶长 15~20cm，不育顶片绿色，近心形或近扇形，每侧具裂片 19~25 个，丝状，长 3~6cm；胚珠 4~6 枚；种子 3~4 粒，倒卵状球形，长 3~3.5cm。孢子叶球期 3—4 月，种子 11 月成熟。

滇南苏铁

Cycas diannanensis Z. T. Guan & G. D. Tao

分类地位： 苏铁科（Cycadaceae）

别　　名： 元江苏铁

保护等级： 一级

濒危等级： CR B1b(iii,v)c(i,ii,iv)

生　　境： 生于海拔 800~1100m 的石灰岩山地草丛或阔叶林下。

国内分布： 仅产自云南个旧、蒙自、屏边、河口等地红河两岸。

致濒因素： 授粉困难，自身繁育能力差，萌芽率低。

形态特征　茎干高 1~3m，20~50 枚羽叶集生干顶。羽叶长 1.5~3m；叶柄长 45~100cm，几乎全柄有短刺；中部羽片纸质，长 28~35cm，宽 1.4~1.7cm，边缘稍反曲或微波状，中脉上面隆起下面平。鳞叶披针状线形，长 15~20cm，顶端刺化。小孢子叶球窄卵状，黄色，长 50~65cm；小孢子叶柔软，背腹面不加厚，长 3.5~6cm，顶端凸尖。大孢子叶长 16~22cm；不育顶片宽卵圆形，长 6.5~12cm，基部浅心形，背面被绒毛，腹面光滑，具 15~23 对裂刺，刺长 1~5cm，顶裂刺较长。种子 3~4 对，卵状，长 2.8~3.5cm，黄色，光滑无毛，中种皮多疣。花期 4—5 月，果期 10—11 月。

长叶苏铁

Cycas dolichophylla K. D. Hill, T. H. Nguyên & P. K. Lôc

分类地位： 苏铁科（Cycadaceae）

保护等级： 一级
濒危等级： CR B1b(iii,v)c(i,ii,iv)

生　　境： 常见于低海拔常绿阔叶林或灌丛中。
国内分布： 云南。

形态特征

茎干高 80~1.5m，8~40 枚羽叶集生干顶。羽叶长 2~3.5m，两侧缘稍下弯；羽片被红褐色的绒毛，短而宽；叶柄光滑，长 40~100cm，几乎全柄有刺，刺长 4~6mm；中部羽片长 28~35cm，宽 1.4~2.2cm，基部圆，边缘波状，叶脉上凸下平。鳞叶三角状披针形，长 8~12cm，柔软，被细毛。小孢子叶球窄长卵圆形或纺锤形，长 35~50cm；小孢子叶柔软，长 3~5cm，背腹面不加厚，顶端钝圆。大孢子叶不育顶片圆形，长 6~12cm，被褐色绒毛，边缘具 16~26 对裂刺，顶裂刺与侧裂相似。种子卵状，长 3.8~4.2cm，黄色，中种皮疣状。花期 4—5 月，果期 10—11 月。

仙湖苏铁

Cycas szechuanensis Cheng et L. K. Fu

分类地位：苏铁科（Cycadaceae）

别　　名：四川苏铁

保护等级：一级

濒危等级：CR A2c；B1b(iii,v)c(i,ii,iv)

生　　境：生于沿河两岸的丛林中。

国内分布：广东、广西、福建、四川。

形态特征

树干圆柱形，直或弯曲，高 2~5m。羽状叶长 1~3m，集生于树干顶部；羽状裂片条形或披针状条形，微弯曲，厚革质，长 18~34cm，宽 1.2~1.4cm，边缘微卷曲，上部渐窄，先端渐尖，基部不等宽，两侧不对称，上侧较窄，几靠中脉，下侧较宽、下延生长，两面中脉隆起，上面深绿色，有光泽，下面绿色。大孢子叶扁平，有黄褐色或褐红色绒毛，后渐脱落，上部的顶片倒卵形或长卵形，长 9~11cm，宽 4.5~9cm，先端圆形，边缘篦齿状分裂，裂片钻形，长 2~6cm，粗约 3mm，先端具刺状长尖头，无毛，下部柄状，长 10~12cm，密被绒毛，下部的绒毛后渐脱落，在其中上部每边着生 2~5（多为 3~4）枚胚珠，上部的 1~3 枚胚珠的外侧常有钻形裂片生出，胚珠无毛。

锈毛苏铁

Cycas ferruginea F. N. Wei

分类地位： 苏铁科（Cycadaceae）

保护等级： 一级
濒危等级： VU B1b(iii)

生　　境： 生于海拔 200~500m 的石灰山次生林半阴处。
国内分布： 广西西部。

形态特征

茎干近一半地下生，地上茎高达 60cm，径 15cm，基部常膨大，中部常有数个稍凹陷的环；干皮灰色，上部有宿存叶基，下部近光滑。叶 25~40 片，一回羽裂，长 1~2m，宽 40~60cm；叶柄长 45~70cm，具刺（0~）8~21 对，刺毛约 3mm，叶轴（尤一年生的背面）密被锈色绒毛；羽片与叶轴间夹角近 90°，叶间距 1~2cm，直或镰刀状，薄革质，长 20~28cm，宽 6~10mm，基部渐窄，具短柄，对称，几不下延，边缘强烈反卷，下面被锈色绒毛，中脉上面明显隆起，干时中央常有 1 条不明显的槽，下面稍隆起。小孢子叶球卵状纺锤形，长 20~35cm，径 6~10cm；小孢子叶宽楔形，长 1.5~3cm，宽 1.2~1.5cm，顶端边缘有少数浅齿，先端具上弯的短尖头。大孢子叶长 9~14cm，不育顶片菱状卵形，长 3.5~5.5cm，宽 3~4.5cm，裂片每侧 8~15 个，钻形，长 1~2.5cm，顶生裂片 3~4cm；胚珠 4~6 枚，无毛。种子 2~4 粒，黄至橘红色，倒卵状球形或近球形，长 2~2.8cm，中种皮光滑。孢子叶球期 3—4 月，种子 9—10 月成熟。

贵州苏铁

Cycas guizhouensis K. M. Lan & R. F. Zou

分类地位： 苏铁科（Cycadaceae）
别　　名： 细叶贵州苏铁、隆林苏铁

保护等级： 一级
濒危等级： CR A2c

生　　境： 生于海拔 450~1000m 的干旱河谷灌丛。
国内分布： 南盘江流域中游的广西北部、贵州西南部及云南东部。
致濒因素： 人为大肆采挖，以及对周围环境的破坏。

形态特征

树干高 65cm，羽状叶长达 1.6m；叶柄长 47~50cm，基部两侧具直伸短刺，长 2mm；羽状裂片条形或条状披针形，微弯曲或直伸。大孢子叶在茎顶密生呈球状，密生黄褐色或锈色绒毛；钻形裂片 17~33 枚；顶上的裂片长 3~4.5cm，宽 1.1~1.7cm。上部有 3~5 个浅裂片；大孢子叶下部急缩成粗短柄状，长 3~5cm，球形近球形，稍扁。花单元性异株，3 月开花，9—10 月种子成熟，开花的植株一般当年不发新叶。本种与四川苏铁的区别：叶柄基部常无刺；大孢子叶不育顶片先端锐尖或渐尖，顶端裂片明显长过侧裂片；种子中种皮平滑。

灰干苏铁

Cycas hongheensis S. Y. Yang & S. L. Yang ex D. Y. Wang

分类地位： 苏铁科（Cycadaceae）

别　　名： 红河苏铁

保护等级： 一级

濒危等级： CR A2c；B1b(iii,v)c(I,ii,iv)

生　　境： 生于海拔 400~600m 向阳的山坡。

国内分布： 云南东南部。

 形态特征

圆筒状的树干，有时分枝，在 8m × 60cm 不被绒毛的先端；树干具细，纵向的裂缝基部灰色，平滑的树皮。叶 20~50（~60）片，1 回羽状，长 50~120cm，宽 15~35cm；近圆柱状的叶柄，长 10~25cm，沿着每边的具 25~50 根刺；强烈，叶片长圆形到椭圆状披针形形成在横断面上，下弯，被绒毛的淡褐色幼时用 50~70 对的小叶，平正面新鲜时（但是干燥时具槽）背面突起，基部下延，外卷的边缘多少，先端渐尖，锐尖。芽苞叶披针形，长 3~5cm，宽 1~1.5cm，浓密淡褐色被绒毛正面，先端渐尖，锐尖。雄球花和大孢子叶未知。

多羽叉叶苏铁

Cycas multifrondis D. Y. Wang

分类地位： 苏铁科（Cycadaceae）

保护等级： 一级
濒危等级： CR A2c

生　　境： 常生长于海拔 100~1000m 的中低山石灰岩山地雨林下。
国内分布： 云南、广西。

形态特征

树干圆柱形，叶痕宿存；鳞叶三角状披针形，背面密被棕色绒毛，羽叶 4~10 片，幼叶锈色，羽片 27~44 对，中脉两面隆起，条形，1~2（~3）次二叉分歧，深绿色，有光泽，坚质至革质，先端渐尖，基部樱形，下侧明显下延；雄球花纺锤状圆柱形，小孢子楔形，不育部分盾状，密被短柔毛，先端具短尖头；大孢子密被锈色绒毛，后逐渐脱落，顶片卵形至卵圆形，边缘齿状深裂，两侧 16~19 对侧裂片，裂片纤细，先端芒尖，顶裂片钻形至披针形；胚珠 6~8 枚，扁球形，无毛，具小尖头；种子近球形，熟时黄褐色。

多歧苏铁

Cycas multipinnata C. J. Chen & S. Y. Yang

分类地位： 苏铁科（Cycadaceae）
别　　名： 长柄叉叶苏铁

保护等级： 一级
濒危等级： EN A2c；B1b(iii,v)c(I,ii,iv)；C2b

生　　境： 生中低山热带雨林林下。
国内分布： 云南、广西。

茎干约一半地下生，地上茎高 20~60cm，径 15~25cm；干皮黑褐色，具宿存叶痕。叶 1 或 2 片，三回羽裂，长 3~7m，宽 70~150cm；叶柄长 1.5~2.5cm，粗 3~6cm，每侧具刺 30~50 个；一回裂片 12~22 对，与主轴夹角 60°~90°，羽片披针形，下部的最长，长 45~80cm，宽 25~35cm；二回裂片 5~13 对，常互生，扇形或倒卵形，长 20~40cm，宽 8~20cm，在轴上斜展，3~7 次二叉分枝，具 1~5cm 长的叶柄；三回裂片 1~3 次二叉分枝，不具柄或具短柄；羽片薄革质或纸质，倒卵状披针形或倒卵状线形，长 7~15cm，宽 1.2~2.4cm，先端尾状或尾状渐尖，尾尖长约 2cm，基部下延常成翅，边缘波状，两面中脉隆起。孢子叶球近圆柱状，长 20~35cm，金黄色，顶端钝圆；小孢子叶楔形，长 2~2.5cm，宽 7~12mm，先端钝圆，具短尖头，两侧具数枚小齿。大孢子叶长 8~15cm，不育顶片三角状宽卵形，长 4~7cm，宽 3~6.5cm，裂片每侧 7~14 枚，钻状，长 1.5~3.5cm；胚珠 6~10 枚。种子 6~10 粒，绿色，后变黄色，近球形，长 2.5~3.2cm，中种皮具细乳突。孢子叶球期 4—5 月，种子 10—11 月成熟。

攀枝花苏铁

Cycas panzhihuaensis L. Zhou & S. Y. Yang

分类地位：苏铁科（Cycadaceae）

保护等级：一级

濒危等级：EN A2c；B1b(iii,v)c(I,ii,iv)

生　　境：生于海拔 1100~2000m 的稀树灌丛中。

国内分布：四川、云南。

形态特征

茎干圆柱状，高 1~2（~3）m，径 25~30cm，顶端被厚绒毛；干皮暗褐或灰褐色，有宿存鳞状叶痕。叶 30~60 片，一回羽裂，长 0.7~1.3m，宽 20~27cm，蓝绿色；叶柄长 7~20cm，在中上部有刺 5~13 对，基部密被褐色绒毛；羽片革质，蓝绿色，干时灰绿色，长 12~20cm，宽 6~7mm，基部下延，边缘平坦或稍反曲，中脉上面近平，下面隆起。小孢子叶球卵状圆柱形，长 25~45cm；小孢子叶窄楔形，长 4~6cm，宽 1.8~2cm，先端具短尖。大孢子叶长 15~20cm，密被具光泽淡褐色绒毛，后在裂片渐脱落，不育顶片菱状卵形，长 8~10cm，宽 4~6cm，裂片每侧约 20 枚，钻状，长 1~3cm，顶生裂片更长；胚珠 4~6 枚，无毛。种子 2~4 粒，橘红色，球状或倒卵状球形，长 2.5~3.5cm，外种皮肉质，干时变近膜质，脆易剥落，中种皮光滑。孢子叶球期 4—5 月，种子 9—10 月成熟。

篦齿苏铁

Cycas pectinata Buchanan-Hamilton

分类地位：苏铁科（Cycadaceae）
别　　名：龙尾苏铁、刺叶苏铁

保护等级：一级
濒危等级：VU A2c

生　　境：生于海拔 1000~1800m 的山坡季雨林中。
国内分布：云南南部。

形态特征

树干圆柱形，高达 3m。羽状叶长 1.2~1.5m，叶轴横切面圆形或三角状圆形，柄长 15~30cm，两侧有疏刺，刺略向下弯，长约 2mm，羽状裂片 80~120 对，条形或披针状条形，厚革质，坚硬，直或微弯，边缘稍反曲，上部微渐窄，先端渐尖，基部窄，两侧不对称，下延生长，上面深绿色，中脉隆起，脉的中央常有一条凹槽，下面绿色，有散生短柔毛或渐变无毛，中脉显著隆起，中部的羽状裂片长 15~20cm，宽 6~8mm。雄球花长圆锥状圆柱形，长约 40cm，径 10~15cm，有短梗，小孢子叶楔形，长 3.5~4.5cm，顶部三角状或斜方形，先端具钻形长尖头，宽 1.2~2cm，密生褐黄色绒毛，花药 3~5（多为 4）个聚生；大孢子叶密被褐黄色绒毛，上部的顶片斜方状宽圆形或宽圆形，宽较长为大或长宽几相等，宽 6~8cm，边缘有 30 余枚钻形裂片，裂片长 3~3.5cm，先端尖，通常无毛，顶生的裂片较长大，长 4~5cm，边缘常疏生锯齿或再分裂，大孢子叶的下部急缩成粗短的柄状，长 3~7cm，上部两侧生胚珠 2~4 枚，胚珠无毛，卵圆形或近圆球形，顶端有一乳头状突起点。种子卵圆形或椭圆状倒卵圆形，长 4.5~5cm。外种皮肉质，具厚纤维层，中种皮光滑。孢子叶球期 8 月至翌年 2 月，种子翌年 3—4 月成熟。

苏铁

Cycas revoluta Thunb.

分类地位：苏铁科（Cycadaceae）
别　　名：避火蕉、凤尾草、凤尾松、凤尾蕉、辟火蕉、铁树、美叶苏铁

保护等级：一级
濒危等级：CR C1

生　　境：生于山坡疏林或灌丛中。
国内分布：广东、福建东部沿海低山区及其邻近岛屿。
致濒因素：人为破坏，天然苏铁林已几乎绝迹。

形态特征

树干高约 2m，稀达 8m 或更高，圆柱形如有明显螺旋状排列的菱形叶柄残痕。羽状叶从茎的顶部生出，下层的向下弯，上层的斜上伸展，整个羽状叶的轮廓呈倒卵状狭披针形，长 75~200cm，叶轴横切面四方状圆形，柄略成四角形，两侧有齿状刺，水平或略斜上伸展，刺长 2~3mm；羽状裂片达 100 对以上，条形，厚革质，坚硬，长 9~18cm，宽 4~6mm，向上斜展微成 "V" 字形，边缘显著地向下反卷，上部微渐窄，先端有刺状尖头，基部窄，两侧不对称，下侧下延生长，上面深绿色有光泽，中央微凹，凹槽内有稍隆起的中脉，下面浅绿色，中脉显著隆起，两侧有疏柔毛或无毛。雄球花圆柱形，长 30~70cm，径 8~15cm，有短梗，小孢子飞叶窄楔形，长 3.5~6cm，顶端宽平，其两角近圆形，宽 1.7~2.5cm，有急尖头，尖头长约 5mm，直立，下部渐窄，上面近于龙骨状，下面中肋及顶端密生黄褐色或灰黄色长绒毛，花药通常 3 个聚生；大孢子叶长 14~22cm，密生淡黄色或淡灰黄色绒毛，上部的顶片卵形至长卵形，边缘羽状分裂，裂片 12~18 对，条状钻形，长 2.5~6cm，先端有刺状尖头，胚珠 2~6 枚，生于大孢子叶柄的两侧，有绒毛。种子红褐色或橘红色，倒卵圆形或卵圆形，稍扁，长 2~4cm，径 1.5~3cm，密生灰黄色短绒毛，后渐脱落，中种皮木质，两侧有两条棱脊，上端无棱脊或棱脊不显著，顶端有尖头。花期 6—7 月，种子 10 月成熟。

叉孢苏铁

Cycas segmentifida D. Y. Wang & C. Y. Deng

分类地位：苏铁科（Cycadaceae）

别　　名：西林苏铁、长孢苏铁

保护等级：一级

濒危等级：EN B1b(iii,v)c(i,ii,iv)

生　　境：生于海拔 350~800m 的阔叶林林下。

国内分布：广西西北部、贵州南部及云南东部。

致濒因素：盗挖，生境破碎化。

形态特征　茎干约一半地下生，地上茎高 15~70cm，径 10~40cm；干皮黑褐色，具宿存叶痕。叶 15~25 片，一回羽裂，长 2~3.3m，宽 45~60cm；叶柄长 60~150cm，初呈蓝绿色，后变绿色，具刺 25~50 对，刺距 1~2.5cm，刺长（1~）2~3.5mm；羽片间距 1~1.8cm，薄革质，长 21~40cm，宽 12~18mm，基部近对称，稍下延，边缘有时波状，中脉鲜时两面隆起，干时下面变平或稍凹。小孢子球窄椭圆状圆柱形，长 30~50cm；小孢子叶窄楔形，长 2~2.5cm，宽 1~1.2cm，先端具短尖头。大孢子叶 25~50 片，密集，长 10~16（~20）cm，不育顶片宽卵形或心状卵形，长 5~9cm，宽 4~8（~11）cm，裂片钻状或丝状，每侧 16~22 枚，其中部分呈二叉状分裂，长 2~5cm，顶生裂片钻状或披针形，边缘常具不整齐的齿；胚珠（2~）3~6 枚，无毛。种子倒卵状，长 2.8~3.5cm，基部窄楔形，中种皮具细疣状突起。孢子叶球期 3—6 月，种子 11—12 月成熟。

石山苏铁

Cycas sexseminifera F. N. Wei

分类地位： 苏铁科（Cycadaceae）

别　　名： 山菠萝、少刺苏铁

保护等级： 一级

濒危等级： EN B1b(iii,v)c(i,ii,iv)

生　　境： 生于海拔 200~500m 的石灰岩山地的石缝中。

国内分布： 广西。

致濒因素： 过度采集，生境破碎化。

形态特征

茎干矮小，高 10~60cm，地下生，基部有时膨大呈块状，有时呈丛生状，老茎皮灰白色。叶羽状分裂，聚生于茎顶，叶柄无毛，长 12~30cm，中上部有分布不均的短刺，稀无刺；叶轴背面疏生红褐色长毛，羽叶革质，深绿色，长 60~110cm；中部羽片明显两面不同色，长 13~25cm，宽 0.6~1.3cm，基部截行明显下延，边缘平坦或微反曲，先端锐尖，中脉两面隆起。鳞叶窄三角形，稍柔软，疏被绒毛或无毛，长 4~9cm。小孢子叶球窄长卵状或纺锤状，橘黄色，长 12~26cm；小孢子叶柔软，长 2~3cm，先端有时具小尖头。大孢子叶不育顶片窄卵形，长 3~5cm，两侧篦齿状半裂，顶裂片较侧裂片更长宽。种子 1~2 粒，卵球形，长 1.8~2.5cm，外种皮肉质，黄色，无纤维层，中种皮骨质光滑或具不明显疣状突起。花期 4—6 月，种子 9—11 月成熟。

单羽苏铁

Cycas simplicipinna (Smitinand) K. D. Hill

分类地位： 苏铁科（Cycadaceae）

别　　名： 云南苏铁

保护等级： 一级

生　　境： 生于海拔 500~800m 的阴湿热带山坡常绿林下。

国内分布： 云南。

致濒因素： 农垦使生境破碎化，盗挖，种群过小。

形态特征　茎地下生，顶生 3~5 枚羽叶。羽叶长 1.5~2.8m，具 35~90 枚羽片，羽片间距 2~5cm；叶柄光滑无毛，长 50~140cm，柄有刺，刺长 2~4cm，刺距 2~5cm；中部羽片纸质，长 30~50cm，宽 1.4~2cm，基部楔形对称，边缘平坦，常波状，中脉上凸下平。鳞叶窄三角形，柔软多毛，长 4~5cm。小孢子叶球长纺锤状，长 15~21cm；小孢子叶柔软，楔形，长 2.5~3cm，先端钝圆无刺。大孢子叶长 8~14cm，不育顶片卵形，长 4.5~5.5cm，篦齿状深裂，裂片每侧仅 5~9 枚，钻状，长 1.5~2.5cm，顶裂更长。种子 1~2 粒，近球状，长 2.5~2.7cm，外种皮肉质，绿色后变黄色，无纤维层，中种皮骨质，具疣状突起。

台东苏铁

Cycas taitungensis C. F. Shen et al.

分类地位： 苏铁科（Cycadaceae）

别　　名： 台湾苏铁

保护等级： 一级

濒危等级： CR B1b(iii,v)c(i,ii,iv)

生　　境： 生于海拔 300~800（~1000）m 的海岸边疏林或陡峭石壁上。

国内分布： 台湾。

 形态特征

茎干圆柱状，高达 5m，径达 45cm，顶端密被厚绒毛；干皮黑褐色，具宿存叶痕。叶约 50 片，一回羽裂，长 1.3~2m，宽 20~40cm；叶柄长 15~30cm，具刺 7~14 对；羽片直或近镰刀状，革质，长 14~20cm，宽 5~8mm，基部下延，先端渐窄，下面疏被柔毛，边缘平或稍反曲，中脉上面绿色，近平坦，下面淡绿，显著隆起，横断面呈宽 "V" 字形。小孢子叶球卵状圆柱形，长 45~55cm；小孢子叶窄倒三角形，长 3.5~4.5cm，宽 1.1~1.5cm，先端具骤尖头。大孢子叶橘红色，长 15~25cm，被淡褐色绒毛，后渐脱落，不育顶片菱状圆形或近圆形，长 7~14cm，宽 6~11cm，边缘半裂，裂片每侧 14~19 枚，钻状，长 2~4.5cm；胚珠 4~6 枚，密被褐色绒毛。种子 2~6 粒，橘红色，干时带紫红色，窄倒卵状或椭圆状，长 4~5cm，常疏被残存的绒毛，中种皮两侧常具不规则的 2 或 3 沟。孢子叶球期 4—6 月，种子 9—10 月成熟。染色体 2n=2。

闽粤苏铁

Cycas taiwaniana Carruth.

分类地位：苏铁科（Cycadaceae）

保护等级：一级

濒危等级：CR

生　　境：生于海拔 400~1100m 的次生林半阴处或灌丛草坡。

国内分布：福建、广东。

致濒因素：农垦使生境破碎化，盗挖，种群过小。

形态特征 茎干圆柱状，灰色，高 2~4.5m，径 30~50cm，25~40 片羽叶集生茎顶。羽叶亮绿色，长 1.5~2.5m，微龙骨状；叶柄光滑无毛，长 60~120cm，全柄具刺；中部羽片明显两面不同色，长 20~40cm，宽 1~1.6cm，基部楔形不对称，边缘稍反曲，先端刺尖，中脉上面隆起下面微隆起。鳞叶窄三角形，尖锐多毛，长 8.5~12cm。小孢子叶球窄卵状或纺锤状，黄色，长 30~45cm；小孢子叶柔软，长 2~3cm，先端钝圆无刺尖。大孢子叶不育顶片菱状卵形，长 7~10cm，背面中部以下被褐黄色绒毛，篦齿状半裂，裂片 14~23 对，钻状，长 2.5~4cm，顶裂常扁化，稍长过侧裂。种子 1~3 粒，近球状或卵状，长 2.8~3.5cm，外种皮肉质，黄色，无白粉，无纤维层，中种皮骨质，有疣状突起。花期 4—5 月，果期 9—10 月。

绿春苏铁

Cycas tanqingii D. Y. Wang

分类地位：苏铁科（Cycadaceae）
别　　名：谭清苏铁

保护等级：一级
濒危等级：EN B1b(iii,v)c(i,ii,iv)

生　　境：生于海拔 500~800m 的雨林内。
国内分布：云南
致濒因素：农垦使生境破碎化，盗挖，种群过小。

形态特征

亚地下茎，地上部分圆柱状，高达 2m，无茎顶绒毛，4~13 片羽叶集生茎顶。羽叶深绿色，有光泽，长 1.9~3.6m，平展，叶轴顶端小羽片成对；叶柄全部具刺，长 70~160cm；中部羽片长 30~40cm，宽 1.2~2.2cm，基部楔形，下延，中脉两面隆起。鳞叶狭三角形，柔软多毛，长 5~8cm，宿存。小孢子叶球大，纺锤形，黄色至橘黄色，长 40cm；小孢子叶柔软，长 2.5~3cm，先端具小尖头。大孢子叶球包被紧密，近球形；大孢子叶不育顶片近圆形，长 5~7cm，背部被褐色绒毛，篦齿状深裂，侧裂片每侧 6~9 对，钻形，长 1.5~4cm，顶裂片长不过侧裂片。种子 1~2 粒，近球形，长 3.5~4cm，外种皮肉质，黄色，无纤维层，中种皮具疣状突起，骨质。

银杏

Ginkgo biloba L.

分类地位：银杏科（Ginkgoaceae）
别　　名：鸭掌树、鸭脚子、公孙树、白果

保护等级：一级
濒危等级：CR C2a(ii)；D

生　　境：生长于海拔低于 2000m 的开阔的森林和山谷。
国内分布：浙江、湖北、重庆、贵州，国内各省栽培。

形态特征

乔木，高达 40m，胸径可达 4m；幼树树皮浅纵裂，大树之皮呈灰褐色，深纵裂，粗糙；幼年及壮年树冠圆锥形，老则广卵形；枝近轮生，斜上伸展（雌株的大枝常较雄株开展）；一年生的长枝淡褐黄色，二年生以上变为灰色，并有细纵裂纹；短枝密被叶痕，黑灰色，短枝上亦可长出长枝；冬芽黄褐色，常为卵圆形，先端钝尖。叶扇形，有长柄，淡绿色，无毛，有多数叉状并列细脉，顶端宽 5~8cm，在短枝上常具波状缺刻，在长枝上常 2 裂，基部宽楔形，柄长 3~10(多为 5~8)cm，幼树及萌生枝上的叶常较大而深裂（叶片长达 13cm，宽 15cm），有时裂片再分裂（这与较原始的化石种类之叶相似），叶在一年生长枝上螺旋状散生，在短枝上 3~8 叶呈簇生状，秋季落叶前变为黄色。球花雌雄异株，单性，生于短枝顶端的鳞片状叶的腋内，呈簇生状；雄球花柔荑花序状，下垂，雄蕊排列疏松，具短梗，花药常 2 个，长椭圆形，药室纵裂，药隔不发；雌球花具长梗，梗端常分两叉，稀 3~5 叉或不分叉，每叉顶生一盘状珠座，胚珠着生其上，通常仅一个叉端的胚珠发育成种子，内媒传粉。种子具长梗，下垂，常为椭圆形、长倒卵形、卵圆形或近圆球形，长 2.5~3.5cm，径为 2cm，外种皮肉质，熟时黄色或橙黄色，外被白粉，有臭叶；中种皮白色，骨质，具 2~3 条纵脊；内种皮膜质，淡红褐色；胚乳肉质，味甘略苦；子叶 2 片，稀 3 片，发芽时不出土，初生叶 2~5 片，宽条形，长约 5mm，宽约 2mm，先端微凹，第 4 或第 5 片起之后生叶扇形，先端具一深裂及不规则的波状缺刻，叶柄长 0.9~2.5cm；有主根。花期 3—4 月，种子 9—10 月成熟。

铁坚油杉

Keteleeria davidiana (Bertr.) Beissn.

分类地位：松科（Pinaceae）
别　　名：铁坚杉

保护等级：二级
濒危等级：VU A2c

生　　境：常散生于海拔 600~1500m 的地带。宜生于砂岩、页岩或石灰岩山地。
国内分布：陕西、甘肃、湖北、湖南、四川、贵州、云南、广西。

形态特征

乔木，高达 50m，胸径达 2.5m；树甲皮粗糙，暗深灰色，深纵裂；老枝粗，平展或斜展，树冠广圆形；一年生枝有毛或无毛，淡黄灰色、淡黄色或淡灰色，二三年生枝呈灰色或淡褐色，常有裂纹或裂成薄片；冬芽卵圆形，先端微尖。叶条形，在侧枝上排列成两列，长 2~5cm，宽 3~4mm，先端圆钝或微凹，基部渐窄成短柄，上面光绿色，无气孔线或中上部有极少的气孔线，下面淡绿色，沿中脉两侧各有气孔线 10~16 条，微有白粉，横切面上有一层不连续排列的皮下层细胞，两端边缘二层，下面两侧边缘及中部一层；幼树或萌生枝有密毛，叶较长，长达 5cm，宽约 5mm，先端有刺状尖头，稀果枝之叶亦有刺状尖头。球果圆柱形，长 8~21cm，径 3.5~6cm；中部的种鳞卵形或近斜方状卵形，长 2.6~3.2cm，宽 2.2~2.8cm，上部圆或窄长而反曲，边缘向外反曲，有微小的细齿，鳞背露出部分无毛或疏生短毛；鳞苞上部近圆形，先端三裂，中裂窄，渐尖，侧裂圆而有明显的钝尖头，边缘有细缺齿，鳞苞中部窄短，下部稍宽；种翅中下部或近中部较宽，上部渐窄；子叶通常 3~4 枚，但 2~3 枚连合，子叶柄长约 4mm，淡红色；初生叶 7~10 枚，鳞形，近革质，长约 2mm，淡红色。花期 4 月，种子 10 月成熟。

台湾油杉

Keteleeria davidiana var. formosana (Hayata) Hayata

分类地位： 松科（Pinaceae）

别　　名： 牛尾松、油杉

保护等级： 二级

濒危等级： CR B2ab(ii,v)

生　　境： 在海拔 300~1900m 的低山区与阔叶树种混交成林。

国内分布： 台湾。

形态特征

乔木，高达 35m，胸径达 2.5m；树皮粗糙，暗灰褐色或深灰色，不规则纵裂；树冠广圆锥形；冬芽纺锤状卵圆形、卵圆形或椭圆形；一年生枝有密生乳头状突起，干后呈淡红褐色或淡褐色，二三年生时淡黄褐色。叶条形，在侧枝上排列成两列，长 1.5~4cm，宽 2~4mm，先端尖或钝，稀平截或微凹，基部楔形，上面光绿色，中脉两侧有连续或不连续的气孔线 2~4 条，或无气孔线，下面淡绿色，中脉两侧各有气孔线 10~13 条；横切面上面至下面两侧和下面中部有一层连续排列的皮下层细胞，上面中部常有少数散生的皮下层细胞形成第二层，有时两端角部有第二层；幼树小枝或萌生枝有毛，叶之先端有渐尖的刺状尖头。球果短圆柱形，长 5~15cm，径 4~4.5cm；中部的种鳞斜方形或斜方状圆形，长约 2.3cm，宽约 2.1cm，上部边缘向外反曲，鳞背露出部分无毛；鳞苞上部微圆，裂成不明显的三裂，中裂窄长，先端尖，侧裂微圆有细齿，鳞苞中部较窄，与下部等宽或近等宽；种翅中下部较宽，上部渐窄。

云南油杉

Keteleeria evelyniana Mast.

分类地位：松科（Pinaceae）
别　　名：云南杉松、杉松

保护等级：二级
濒危等级：VU A2cd

生　　境：生于海拔 700~2800m 的山地。
国内分布：云南、广西西部、贵州、四川西南部
　　　　　安宁河流域及大渡河流域。

形态特征　乔木，高达 40m，胸径可达 1m；树皮粗糙，暗灰褐色，不规则深纵裂，成块状脱落；枝条较粗，开展；一年生枝干后呈粉红色或淡褐红色，通常有毛，二三年生枝无毛，呈灰褐色、黄褐色或褐色，枝皮裂成薄片。叶条形，在侧枝上排列成两列，长 2~6.5cm，宽 2~3（3.5）mm，先端通常有微凸起的钝尖头（幼树或萌生枝之叶有微急尖的刺状长尖头），基部楔形，渐窄成短叶柄，上面光绿色，中脉两侧通常每边有 2~10 条气孔线，稀无气孔线，下面沿中脉两侧每边有 14~19 条气孔线；横切面上面中部有二至三层皮下层细胞，两侧至下面两侧边缘及下面中部有一层皮下层细胞，两端角部有二至三层皮下层细胞。球果圆柱形，长 9~20cm，径 4~6.5cm；中部的种鳞卵状斜方形或斜方状卵形，长 3~4cm，宽 2.5~3cm，上部向外反曲，边缘有明显的细小缺齿，鳞背露出部分有毛或几无毛；苞鳞中部窄；下部逐渐增宽，上部近圆形，先端呈不明显的三裂，中裂明显，侧裂近圆形；种翅中下部较宽，上部渐窄。花期 4—5 月，种子 10 月成熟。

秦岭冷杉

Abies chensiensis Tiegh.

分类地位： 松科（Pinaceae）
别　　名： 陕西冷杉、枞树

保护等级： 二级
濒危等级： VU D2

生　　境： 生于海拔 2300~3000m 地带的山沟溪旁及阴坡。
国内分布： 甘肃南部、河南西南部、湖北西部、陕西南部、重庆、四川、西藏。
致濒因素： 人为砍伐，分布区缩减，野外种群呈下降趋势。

形态特征

高大乔木；一年生枝淡黄灰色、淡黄色或淡褐黄色，二三年生枝淡黄灰色或灰色；冬芽圆锥形，有树脂。叶在枝上列成两列或近两列状，条形，上面深绿色，下面有 2 条白色气孔带；果枝之叶先端尖或钝，树脂道中生或近中生，营养枝及幼树的叶较长，先端二裂或微凹，树脂管边生。球果圆柱形或卵状圆柱形，长 7~11cm，直径 3~4cm，近无梗，成熟前绿色，熟时褐色，中部种鳞肾形，鳞背露出部分密生短毛；苞鳞长约种鳞的 3/4，不外露，上部近圆形，边缘有细缺齿，中央有短急尖头，中下部近等宽，基部渐窄；种子较种翅为长，倒三角状椭圆形，长约 8mm，种翅宽大，倒三角形，上部宽约 1cm，连同种子长约 1.3cm。

梵净山冷杉

Abies fanjingshanensis W. L. Huang, Y. L. Tu & S. Z. Fang

分类地位： 松科（Pinaceae）

保护等级： 一级
濒危等级： EN B1ab(v)；C2a(ii)

生　　境： 生于海拔 2100~2350m 的近山脊北向山坡的林中。
国内分布： 贵州东北部。
致濒因素： 狭域分布，野外种群呈下降趋势。

高大乔木；树皮暗灰色。一年生枝红褐色，无毛。叶长 1~4.3cm，宽 2~3mm，先端凹缺，上面无气孔带，下面气孔带粉白色；树脂道 2 条，在营养枝上为边生，果枝上则位于叶横切面近两端的叶肉薄壁组织中，近边生。球果圆柱形，熟前紫褐色，熟时深褐色，长 5~6cm，径约 4cm，具短柄，中部种鳞肾形，长约 1.5cm，宽 1.8~2.2cm，鳞背露出部分密被短毛；苞鳞长为种鳞的 4/5，上部宽圆，先端微凹或平截，凹处有由中肋延伸的短尖，尖头 1~2mm，不露出，稀部分露出，种子长卵圆形，微扁，长约 8mm，种翅褐或灰褐色，连同种子长约 1.5cm。花期 5 月，果期 9—11 月。

元宝山冷杉

Abies yuanbaoshanensis Y. J. Lu & L. K. Fu

分类地位：松科（Pinaceae）

保护等级：一级

濒危等级：CR B1ab(v)+2ab(v)

生　　境：生于海拔 1700~2050m 的山脊及其东侧的针阔混交林中。

国内分布：广西北部。

致濒因素：狭域分布，野外种群小，自然更新能力差。

形态特征　高大乔木；树皮暗红色，龟裂。一年生枝黄褐或淡褐色，无毛；冬芽圆锥形。叶常呈半圆形辐射排列，长 1~2.7cm，宽 1.8~2.5mm，先端钝有凹缺，下面有两条粉白色气孔带，树脂道 2 条，边生。球果短圆柱形，长 8~9cm，径 4.5~5cm，成熟时淡褐黄色；中部种鳞扇状四边形，长约 2cm，宽约 2.2cm，上部中间较厚，边缘微内曲，外露部分密被灰白色短毛；苞鳞中部较上部宽，与种鳞等长或稍长，明显外露而反曲，上部宽 6~7mm，中部宽 7.5~9mm。种子倒三角状椭圆形，长约 1cm，种翅长约种子 1 倍，倒三角形，淡黑褐色。花期 5 月，球果 11 月成熟。

资源冷杉

Abies ziyuanensis L. K. Fu & S. L. Mo

分类地位： 松科（Pinaceae）

保护等级： 一级
濒危等级： EN B1ab(iii)；C2a(i)

生　　境： 生于海拔 1400~1800m 的山地林中。
国内分布： 广西东北部、湖南南部、江西西部。
致濒因素： 人为破坏，生境破碎化，野外种群小，自然更新能力差。

形态特征

常绿高大乔木；树皮灰白色，片状开裂；1 年生枝淡褐黄色，老枝灰黑色；冬芽圆锥形或锥状卵圆形，有树脂，芽鳞淡褐黄色。叶在小枝上面向外向上伸展或不规则两列，下面的叶呈梳状，线形，长 2~4.8cm，宽 3~3.5mm，先端有凹缺，上面深绿色，下面有两条粉白色气孔带，树脂道边生。球果椭圆状圆柱形，长 10~11cm，直径 4.2~4.5cm，成熟时暗绿褐色；种鳞扇状四边形，长 2.3~2.5cm，宽 3~3.3cm；苞鳞稍较种鳞为短，长 2.1~2.3cm，中部较窄缩，上部圆形，宽 9~10mm，先端露出，反曲，有突起的短刺尖；种子倒三角状椭圆形，长约 1cm，淡褐色，种翅倒三角形，长 2.1~2.3cm，淡紫黑灰色。

银杉

Cathaya argyrophylla Chun & Kuang

分类地位: 松科(Pinaceae)

别　　名: 杉公子

保护等级: 一级

濒危等级: VU D

生　　境: 生于海拔 900~1900m 的山脊或帽状石山顶端,与其他针阔叶树混生。

国内分布: 广西东北部及东部、湖南东南部及西南部、贵州北部、四川东南部、重庆。

致濒因素: 生境破坏,生存能力脆弱。

形态特征

常绿乔木,高达 20m,胸径 90cm。枝条不规则着生,小枝上端生长较缓慢,叶枕微隆起,少数侧生小枝因顶芽死亡而成距状。叶在枝上螺旋状散生,在枝的上端较密,线形,长 4~6cm,宽 2~3mm,下部渐窄成短柄状,上面中脉凹下,下面中脉两侧有粉白色气孔带,叶内具 2 条边生树脂道。雄球花常单生于 2(~3)年生枝叶腋;雌球花单生于当年生枝中下部至基部叶腋。球果当年成熟,长卵圆形或卵圆形,长 3~5cm;种鳞木质,近圆形,背面隆凸成蚌壳状,宿存;苞鳞三角状,具长尖,长约种鳞的 1/4~1/3。种子卵圆形,腹面无树脂道,有斑纹,具膜质翅,种子连同种翅较种鳞短。花期 5 月,球果翌年 10 月成熟。

大果青杆

Picea neoveitchii Mast.

分类地位： 松科（Pinaceae）

别　　名： 爪松、紫树、青扦杉

保护等级： 二级

濒危等级： VU D2

生　　境： 生于海拔1300~2000m的山地，散生林中或生于岩缝。

国内分布： 甘肃东部及东南部、陕西南部、湖北西部及河南西南部、山西、四川。

致濒因素： 人为破坏，过度采伐，分布范围缩减，除西凤县有小片纯林外，其余均呈星散分布，林木稀少。

形态特征

乔木，高8~15m，胸径50cm；树皮灰色，裂成鳞状块片脱落；一年生枝较粗，淡黄色或微带褐色，无毛，二三年生枝灰色或淡黄灰色，老枝灰色或暗灰色；冬芽卵圆形或圆锥状卵圆形，微有树脂，芽鳞淡紫褐色，排列紧密，小枝基部宿存芽鳞的先端紧贴小枝，不斜展。小枝上面之叶向上伸展，两侧及下面之叶向上弯伸，四棱状条形，两侧扁，横切面纵斜方形（即高度大于宽度），或近方形（高度与宽度几相等），常弯曲，长1.5~2.5cm，宽约2mm，先端锐尖，四边有气孔线，上面每边5~7条，下面每边4条。球果矩圆状圆柱形或卵状圆柱形，长8~14cm，径宽5~6.5cm，通常两端窄缩，或近基部微宽，成熟前绿色，有树脂，成熟时淡褐色或褐色，稀带黄绿色；种鳞宽大，宽倒卵状五角形，斜方状卵形或倒三角状宽卵形，先端宽圆或微成三角状，边缘薄，有细缺齿或近全缘，中部种鳞长约2.7cm，宽2.7~3cm；苞鳞短小，长约5mm；种子倒卵圆形，长5~6mm，宽约3.5mm，种翅宽大，倒卵状，上部宽圆，宽约1cm，连同种子长约1.6cm。

海南五针松

Pinus fenzeliana Hand.-Mazz.

分类地位： 松科（Pinaceae）

别　　名： 葵花松、油松、海南五须松、粤松、海南松

保护等级： 一级

生　　境： 生于海拔 900~1600m 的山地，通常散布在山脊、岩石或悬崖上。

国内分布： 河南、安徽、湖北、贵州、四川、广东、广西、海南。

致濒因素： 生境受破坏，采伐过度。

形态特征　乔木，高达 50m，胸径 2m；幼树树皮灰色或灰白色，平滑，大树树皮暗褐色或灰褐色，裂成不规则的鳞状块片脱落；一年生枝较细，淡褐色，无毛，干后深红褐色，有纵皱纹，稀具白粉；冬芽红褐色，圆柱状圆锥形或卵圆形，微被树脂，芽鳞疏松。针叶 5 针一束，细长柔软，通常长 10~18cm，径 0.5~0.7mm，先端渐尖，边缘有细锯齿，仅腹面每侧具 3~4 条白色气孔线；横切面三角形，单层皮下层细胞，树脂道 3 个，背面 2 个边生，腹面 1 个中生。雄球花卵圆形，多数聚生于新枝下部成穗状，长约 3cm。球果长卵圆形或椭圆状卵圆形，单生或 2~4 个生于小枝基部，成熟前绿色，熟时种鳞张开，长 6~10cm，径 3~6cm，梗长 1~2cm，暗黄褐色，常有树脂；中部种鳞近楔状倒卵形或矩圆状倒卵形，长 2~2.5cm，宽 1.5~2cm，上部肥厚，中下部宽楔形；鳞盾近扁菱形，先端较厚，边缘钝，鳞脐微凹随同鳞盾先端边缘显著向外反卷；种子栗褐色，倒卵状椭圆形，长 0.8~1.5cm，径 5~8mm，顶端通常具长 2~4mm 的短翅，稀种翅宽大（长达 7mm，宽达 9mm），种翅上部薄膜质，下部近木质，种皮较薄。花期 4 月，球果翌年 10—11 月成熟。

红松

Pinus koraiensis Siebold Sieb. et Zucc.

分类地位：松科（Pinaceae）
别　　名：朝鲜松、红果松、韩松、果松、海松

保护等级：二级
濒危等级：CR B1b(iii,v)c(i,ii,iv)

生　　境：生于海拔 200~1800m 的地带，组成针阔混交林或单纯林。
国内分布：黑龙江、吉林、辽宁。
致濒因素：生境受破坏，采伐过度。

形态特征
针叶 5 针一束，叶鞘早落，叶内具一维管束，鳞叶下延；种鳞的鳞盾顶生，与同一亚属（除白皮松组三种外）的松树相同。小枝粗壮，密被淡黄色长柔毛；针叶较粗硬，长 6~11cm；叶内具 3 个中生树脂道。球果锥状长卵圆形、锥状卵圆形或卵状长圆形，长 5~8cm，径 3~5.5cm；种鳞菱形，成熟后不张开或上端微张开；鳞盾宽菱形或宽三角状半圆形，紫褐色，微内曲，密被平状细长毛，鳞脐明显，黄褐色，先端钝，向外反曲；种子大，斜卵状三角形，长 1.2~1.6cm，无翅，紫褐色或褐色。花期 5—6 月，球果翌年 9—10 月成熟。

巧家五针松

Pinus squamata X. W. Li

分类地位： 松科（Pinaceae）

别　　名： 五针白皮松

保护等级： 一级

濒危等级： CR D

生　　境： 生于海拔约 2200m 的村旁山坡。

国内分布： 云南东北部。

致濒因素： 采伐过度，种群极小。

形态特征

乔木；幼树灰绿色，幼时平滑，老树树皮暗褐色，成不规则薄片剥落，内皮暗白色。冬芽卵球形，红褐色，具树脂。一年生枝红褐色，密被黄褐及灰褐色柔毛，稀有长柔毛及腺体，二年生枝淡绿褐色，无毛。针叶 5（4）针一束，长 9~17cm，径约 0.8mm，两面具气孔线，边缘有细齿，树脂道 3~5 条，边生，叶鞘早落。成熟球果圆锥状卵圆形，长约 9cm。径约 6cm，果柄长 1.5~2cm；种鳞长圆状椭圆形，长约 2.7cm，宽约 1.8cm，熟时张开，鳞盾显著隆起，鳞脐背生，凹陷，无刺，横脊明显。种子长圆形或倒卵圆形，黑色，种翅长约 1.6cm，具黑色纵纹。花期 4—5 月，果期翌年 9—10 月。

毛枝五针松

Pinus wangii Hu et Cheng

分类地位： 松科（Pinaceae）
别　　名： 滇南松、云南五针松

保护等级： 一级
濒危等级： EN B1ab(v)+2ab(v)；C2a(i)；D

生　　境： 生于海拔 500~1800m 的石灰岩山坡，散生或组成针阔混交林。
国内分布： 云南东南部。
致濒因素： 分布区狭窄，数量极少，仅零星分布于云南东南部石灰岩山区。由于森林破坏严重，分布区内许多山岭已经光秃，仅在悬崖峭壁上偶有残存。

形态特征

乔木，高约20m，胸径60cm；一年生枝暗红褐色，较细，密被褐色柔毛，二三年生枝呈暗灰褐色，毛渐脱落；冬芽褐色或淡褐色，无树脂，芽鳞排列疏松。针叶5针一束，粗硬，微内弯，长2.5~6cm，径1~1.5mm，先端急尖，边缘有细锯齿，背面深绿色，仅腹面两侧各有5~8条气孔线；横切面三角形，单层皮下层细胞，稀有1~2个第二层细胞，树脂道3个，中生，叶鞘早落。球果单生或2~3个集生，微具树脂或无树脂，熟时淡黄褐色、褐色或暗灰褐色，矩圆状椭圆形或圆柱状长卵圆形，长4.5~9cm，径2~4.5cm，梗长1.5~2cm；中部种鳞近倒卵形，长2~3cm，宽1.5~2cm，鳞盾扁菱形，边缘薄，微内曲，稀球果中下部的鳞盾边缘微向外曲，鳞脐不肥大，凹下；种子淡褐色，椭圆状卵圆形，两端微尖，长8~10mm，径约6mm，种翅偏斜，长约1.6cm，宽约7mm。

金钱松

Pseudolarix amabilis (J. Nelson) Rehder

分类地位： 松科（Pinaceae）

别　　名： 水树、金松

保护等级： 二级

濒危等级： VU B2ab(iii,v)

生　　境： 生于海拔 100~1500m 的针阔混交林中。

国内分布： 江苏南部、安徽、浙江、福建、江西、湖南、四川东部、湖北西部、河南东南部。

致濒因素： 生境退化或丧失。

形态特征

乔木，高达 40m，胸径达 1.5m；树干通直，树皮粗糙，灰褐色，裂成不规则的鳞片状块片；枝平展，树冠宽塔形；一年生长枝淡红褐色或淡红黄色，无毛，有光泽，二三年生枝淡黄灰色或淡褐灰色，稀淡紫褐色，老枝及短枝呈灰色、暗灰色或淡褐灰色；矩状短枝生长极慢，有密集成环节状的叶枕。叶条形，柔软，镰状或直，上部稍宽，长 2~5.5cm，宽 1.5~4mm（幼树及萌生枝之叶长达 7cm，宽 5mm），先端锐尖或尖，上面绿色，中脉微明显，下面蓝绿色，中脉明显，每边有 5~14 条气孔线，气孔带较中脉带为宽或近于等宽；长枝之叶辐射伸展，短枝之叶簇状密生，平展成圆盘形，秋后叶呈金黄色。雄球花黄色，圆柱状，下垂，长 5~8mm，梗长 4~7mm；雌球花紫红色，直立，椭圆形，长约 1.3cm，有短梗。球果卵圆形或倒卵圆形，长 6~7.5cm，径 4~5cm，成熟前绿色或淡黄绿色，熟时淡红褐色，有短梗；中部的种鳞卵状披针形，长 2.8~3.5cm，基部宽约 1.7cm，两侧耳状，先端钝有凹缺，腹面种翅痕之间有纵脊凸起，脊上密生短柔毛，鳞背光滑无毛；苞鳞长约种鳞的 1/4~1/3，卵状披针形，边缘有细齿；种子卵圆形，白色，长约 6mm，种翅三角状披针形，淡黄色或淡褐黄色，上面有光泽，连同种子几乎与种鳞等长。花期 4 月，球果 10 月成熟。

短叶黄杉

Pseudotsuga brevifolia W. C. Cheng et L. K. Fu

分类地位： 松科（Pinaceae）

别　　名： 油松、红松、米松京

保护等级： 二级

濒危等级： VU B2ab(iii,v)；C2a(i)

生　　境： 生于海拔约 1250m 的阳坡疏林中。

国内分布： 广西、贵州。

致濒因素： 生境退化或丧失。

形态特征

乔木；树皮褐色，纵裂成鳞片状；一年生枝干后红褐色，有较密的短柔毛，尤以凹槽处为多，或主枝的毛较少或几无毛，二三年生枝灰色或淡褐色，无毛或近无毛；冬芽近圆球形，芽鳞多数，覆瓦状排列，红褐色，常向外开展，宽卵形，先端钝或宽圆形，边缘有睫毛。叶近辐射伸展或排列成不规则两列，条形，较短，长 0.7~1.5（稀达 2）cm，宽 2~3.2mm，上面绿色，下面中脉微隆起，有 2 条白色气孔带，气孔带由 20~25（稀达 30）条气孔线所组成，绿色边带与中脉带近等宽，先端钝圆有凹缺，基部宽楔形或稍圆，有短柄。球果熟时淡黄褐色、褐色或暗褐色，卵状椭圆形或卵圆形，长 3.7~6.5cm，径 3~4cm；种鳞木质，坚硬，拱凸呈蚌壳状，中部种鳞横椭圆状斜方形，长 2.2~2.5cm，宽约 3.3cm，上部宽圆，鳞背密生短毛，露出部分毛渐稀少；苞鳞露出部分反伸或斜展，先端三裂，中裂呈渐尖的窄三角形，长约 3mm，侧裂三角状，较中裂片稍短，外缘具不规则细锯齿，苞鳞中部较窄，向下逐渐增宽；种子斜三角状卵形，下面淡黄色，有不规则的褐色斑纹，长约 1cm，种翅淡红褐色，有光泽，上面中部常有短毛，宽约 7.5mm，连同种子长约 2cm。

黄杉

Pseudotsuga sinensis Dode

分类地位： 松科（Pinaceae）

别　　名： 狗尾树、浙皖黄杉、罗汉松、短片花旗松

保护等级： 二级

濒危等级： VU B1b(iii,v)c(i,ii,iv)

生　　境： 生于海拔 600~3300m 的山地。

国内分布： 安徽南部、浙江、福建北部、江西东北部、湖北西部、湖南西北部、广西、贵州北部、云南东北部、四川东部、陕西南部。

致濒因素： 生境退化或丧失。

形态特征　线形叶通常长 2~3cm，下面气孔带粉白色，绿色边带明显。球果中部种鳞近扇形或扇状斜方形，基部宽楔形，两侧有凹缺或无，背面密被褐色短毛或无毛；苞鳞中裂片长约 3mm。种子腹面上部密被褐色短毛，种翅稍长于种子或近等长，种子连翅稍短于种鳞。花期 3—4 月，球果 10 月成熟。

翠柏

Calocedrus macrolepis Kurz

分类地位： 柏科（Cupressaceae）

别　　名： 长柄翠柏、大鳞肖楠

保护等级： 二级

生　　境： 散生于山坡林中，有时成小面积纯林。

国内分布： 贵州、云南、广东、广西、海南。

致濒因素： 生境受破坏，遭到人为砍伐，自然更新困难。

形态特征　乔木，高达 30~35m；树皮红褐色、灰褐色或褐灰色，幼时平滑，老则纵裂；小枝互生，两列状，生鳞叶的小枝直展、扁平、排成平面，两面异形，下面微凹。鳞叶两对交叉对生，成节状，小枝上下两面中央的鳞叶扁平，两侧之叶对折，瓦覆着中央之叶的侧边及下部，与中央之叶几相等长，先端微急尖，直伸或微内曲。雌雄球花分别生于不同短枝的顶端，雄球花矩圆形或卵圆形，黄色，每一雄蕊具 3~5 个花药。着生雌球花及球果的小枝圆柱形或四棱形，其上着生 6~24 对交叉对生的鳞叶，鳞叶背部拱圆或具纵脊；球果矩圆形、椭圆柱形或长卵状圆柱形，熟时红褐色；种鳞 3 对，木质，扁平；种子近卵圆形或椭圆形，微扁，暗褐色，上部有两个大小不等的膜质翅。

岩生翠柏

Calocedrus rupestris Aver.

分类地位：柏科（Cupressaceae）

保护等级：二级

生　　境：生于石灰岩山顶、山脊或陡峭的悬崖边。
国内分布：广西、贵州。
致濒因素：人类活动对石灰岩植被的破坏，以及曾经大肆砍伐。

形态特征

常绿乔木，高可达25m，树冠广圆形，树皮棕灰色至灰色，纵裂，片状剥落，树脂道多，树脂丰富，呈橙黄色，有松香味。鳞叶交叉对生，先端宽钝状至钝状，叶基下延，两面异型，叶背通常绿色或具不显著白色气孔带。雌雄同株。雄球花单生枝顶，具9~11对雄蕊，雄蕊钝圆至宽钝状，具不规则的边缘，先端钝状或宽钝状；花药宽卵形至近圆形；着生雌球花及球果的小枝圆柱形或四棱形，具6~8枚鳞片；球果绿褐色，单生或成对生于枝顶，卵形，当年成熟时开裂；种鳞2对，扁平，木质或有时稍革质，宽卵状；下面一对可育，熟时开裂，通常种子2粒，先端弯曲而圆，表面粗糙，无尖头；上面一对不育；种子卵圆形或椭圆形，先端急尖，微扁，上部具2个不等大的翅。

红桧

Chamaecyparis formosensis Matsum.

分类地位: 柏科（Cupressaceae）
别　　名: 台湾扁柏、松梧、薄皮松罗

保护等级: 二级
濒危等级: EN A2d

生　　境: 生于海拔 1000~2900m 的山区森林。
国内分布: 台湾。
致濒因素: 自然种群小，稀有。

形态特征

乔木，高达 57m，地上径达 6.5m；树皮淡红褐色，生鳞叶的小枝扁平，排成一平面。鳞叶菱形，长 1~2mm，先端锐尖，背面有腺点，有时具纵脊，小枝上面之叶绿色，微有光泽，下面之叶有白粉。球果矩圆形或矩圆状卵圆形，长 10~12mm，径 6~9mm；种鳞 5~6 对，顶部具少数沟纹，中央稍凹，有尖头；种子扁，倒卵圆形，红褐色，微有光泽，两侧具窄翅，连翅长 2~2.2mm，宽 1.8~2mm。

岷江柏木

Cupressus chengiana S. Y. Hu

分类地位： 柏科（Cupressaceae）

保护等级： 二级
濒危等级： VU D2

生　　境： 生于海拔 1200~2900m 的干燥阳坡。
国内分布： 甘肃南部、四川北部至西部。

乔木，高达 30m，胸径 1m；枝叶浓密，生鳞叶的小枝斜展，不下垂，不排成平面，末端鳞叶枝粗，径 1~1.5mm，很少近 2mm，圆柱形。鳞叶斜方形，长约 1mm，交叉对生，排成整齐的四列，背部拱圆，无蜡粉，无明显的纵脊和条槽，或背部微有条槽，腺点位于中部，明显或不明显。二年生枝带紫褐色、灰紫褐色或红褐色，三年生枝皮鳞状剥落。成熟的球果近球形或略长，径 1.2~2cm；种鳞 4~5 对，顶部平，不规则扁四边形或五边形，红褐色或褐色，无白粉；种子多数，扁圆形或倒卵状圆形，长 3~4mm，宽 4~5mm，两侧种翅较宽。

巨柏

Cupressus gigantea W. C. Cheng & L. K. Fu

分类地位：柏科（Cupressaceae）
别　　名：雅鲁藏布江柏木

保护等级：一级
濒危等级：VU A1acd

生　　境：生于海拔 3000~3400m 地带沿江地段的漫滩和有灰石露头的阶地阳坡的中下部，组成稀疏的纯林。
国内分布：云南、西藏。

形态特征

乔木，高 30~45m，胸径 1~3m，稀达 6m；树皮纵裂成条状；生鳞叶的枝排列紧密，粗壮，不排成平面，常呈四棱形，稀呈圆柱形，常被蜡粉，末端的鳞叶枝径粗 1~2mm，不下垂；二年生枝淡紫褐色或灰紫褐色，老枝黑灰色，枝皮裂成鳞状块片。鳞叶斜方形，交叉对生，紧密排成整齐的四列，背部有钝纵脊或拱圆，具条槽。球果矩圆状球形，长 1.6~2cm，径 1.3~1.6cm；种鳞 6 对，木质，盾形，顶部平，多呈五角形或六角形，或上部种鳞呈四角形，中央有明显而凸起的尖头，能育种鳞具多数种子；种子两侧具窄翅。

福建柏

Fokienia hodginsii (Dunn) A. Henry et Thomas

分类地位：柏科（Cupressaceae）

别　　名：滇福建柏、广柏、滇柏、建柏

保护等级：二级

濒危等级：VU A2c

生　　境：生于海拔 100~1800m 的山地森林中。

国内分布：福建、广东北部、广西、贵州、湖南南部、江西西部、四川东南部、云南东南部、浙江南部。

致濒因素：野外资源量较少，生境恶化。

形态特征 乔木，高达 17m；生鳞叶的小枝扁平。鳞叶 2 对交叉对生，成节状，中央之叶呈楔状倒披针形，通常长 4~7mm，宽 1~1.2mm，上面之叶蓝绿色，下面之叶中脉隆起，两侧具凹陷的白色气孔带，侧面之叶对折，近长椭圆形，较中央之叶为长，通常长 5~10mm，宽 2~3mm，先端渐尖或微急尖，通常直而斜展，背侧面具 1 条凹陷的白色气孔带；生于成龄树上之叶较小。球果近球形，径 2~2.5cm；种鳞顶部多角形，表面皱缩稍凹陷，中间有一小尖头突起。种子顶端尖，具 3~4 棱，长约 4mm，上部有两个大小不等的翅。花期 3—4 月，种子翌年 10—11 月成熟。

水松

Glyptostrobus pensilis (Staunt. ex D. Don) K. Koch

分类地位：柏科（Cupressaceae）

别　　名：水莲松、水杉枞

保护等级：一级

濒危等级：CR B1ab(iii)

生　　境：为喜光树种，喜温暖湿润的气候及水湿的环境，耐水湿不耐低温，对土壤的适应性较强，除盐碱土之外，在其他各种土壤上均能生长。水分较多的冲渍土上生长最好。

国内分布：我国特有树种，分布于福建、广东南部、广西南部、海南、江西东部、四川东部、云南东南部、浙江。

 形态特征

半常绿乔木，生于潮湿土壤者树干基部膨大，具圆棱，并有高达 70cm 的膝状呼吸根。叶螺旋状排列，基部下延，有三型；鳞叶较厚，长约 2mm，贴生于一至二年生主枝上；线叶扁平，质薄，长 1~3cm，宽 1.5~4mm，生于幼树一年生枝或大树萌芽枝上，常排成两列；线形锥状叶长 0.4~1.1cm，生于大树一年生短枝上，辐射伸展成三列状；后两种叶片于秋后同枝条一同脱落。球花单生于具鳞叶的小枝顶端，雄蕊、球鳞、苞鳞均螺旋状排列，珠鳞 20~22 枚，苞鳞大于珠鳞。球果直立，倒卵状球形，长 2~2.5cm；种鳞木质，倒卵形，背面上部有 6~10 枚三角状尖齿，微反曲；苞鳞与种鳞几全部合生，仅先端分离，成三角状外曲的尖头；发育种鳞具 2 粒种子。种子椭圆形，微扁，具向下生长的长翅，翅长 4~7mm。花期 2—3 月，球果 9—10 月成熟。

水杉

Metasequoia glyptostroboides Hu & W. C. Cheng

分类地位： 柏科（Cupressaceae）

保护等级： 一级

濒危等级： CR B2b(iii,v)c(i,ii,iv)；C2a(ii)

生　　境： 生于海拔 750~1500m 的林中。

国内分布： 四川东部石柱县、湖北西部利川县、湖南西北部龙山及桑植等地。

致濒因素： 物种内在因素。

形态特征　乔木，高达 35m，胸径达 2.5m；树干基部常膨大；树皮灰色、灰褐色或暗灰色，幼树裂成薄片脱落，大树裂成长条状脱落，内皮淡紫褐色；枝斜展，小枝下垂，幼树树冠尖塔形，老树树冠广圆形，枝叶稀疏；一年生枝光滑无毛，幼时绿色，后渐变成淡褐色，二三年生枝淡褐灰色或褐灰色；侧生小枝排成羽状，长 4~15cm，冬季凋落；主枝上的冬芽卵圆形或椭圆形，顶端钝，长约 4mm，径 3mm，芽鳞宽卵形，先端圆或钝，长宽几相等，约 2~2.5mm，边缘薄而色浅，背面有纵脊。叶条形，长 0.8~3.5（常 1.3~2）cm，宽 1~2.5（常 1.5~2）mm，上面淡绿色，下面色较淡，沿中脉有两条较边带稍宽的淡黄色气孔带，每带有 4~8 条气孔线，叶在侧生小枝上列成二列，羽状，冬季与枝一同脱落。球果下垂，近四棱状球形或矩圆状球形，成熟前绿色，熟时深褐色，长 1.8~2.5cm，径 1.6~2.5cm，梗长 2~4cm，其上有交对生的条形叶；种鳞木质，盾形，通常 11~12 对，交叉对生，鳞顶扁菱形，中央有一条横槽，基部楔形，高 7~9mm，能育种鳞有 5~9 粒种子；种子扁平，倒卵形，间或圆形或矩圆形，周围有翅，先端有凹缺，长约 5mm，径 4mm；子叶 2 枚，条形，长 1.1~1.3cm，宽 1.5~2mm。

台湾杉

Taiwania cryptomerioides Hayata

分类地位： 柏科（Cupressaceae）

别　　名： 土杉、台杉、台湾松、秃杉

保护等级： 二级

濒危等级： VU D2

生　　境： 生于海拔 1800~2600m 的林中。

国内分布： 台湾中央山脉、湖北西部、贵州东南部、云南西部、四川、西藏。

致濒因素： 为优良珍贵用材树种，被过度砍伐。

乔木，高达 60m，胸径 3m；枝平展，树冠广圆形。大树之叶钻形，腹背隆起，背脊和先端向内弯曲，长 3~5mm，两侧宽 2~2.5mm，腹面宽 1~1.5mm，稀长至 9mm，宽 4.5mm，四面均有气孔线，下面每边 8~10 条，上面每边 8~9 条；幼树及萌生枝上之叶的两侧呈扁的四棱钻形，微向内侧弯曲，先端锐尖，长达 2.2cm，宽约 2mm。雄球花 2~5 个簇生枝顶，雄蕊 10~15 枚，每枚雄蕊有 2~3 个花药，雌球花球形，球果卵圆形或短圆柱形；中部种鳞长约 7mm，宽 8mm，上部边缘膜质，先端中央有突起的小尖头，背面先端下方有不明显的圆形腺点；种子长椭圆形或长椭圆状倒卵形，扁平，两侧具窄翅，两端有缺口；连翅长 6mm，径 4.5mm。球果 10—11 月成熟。

朝鲜崖柏

Thuja koraiensis Nakai

分类地位： 柏科（Cupressaceae）

别　　名： 朝鲜柏、长白侧柏

保护等级： 二级

濒危等级： CR D

生　　境： 喜空气湿润、土壤富有腐殖质的山谷地区，但在土壤瘠薄的山脊及裸露的岩石缝上也能生长；生于海拔700~1400m的山地。

国内分布： 黑龙江老爷岭、吉林长白山山区。

致濒因素： 生境受破坏严重。

形态特征 乔木，高达10m，胸径30~75cm；幼树树皮红褐色，平滑，有光泽，老树树皮灰红褐色，浅纵裂；枝条平展或下垂，树冠圆锥形；当年生枝绿色，二年生枝红褐色，三四年生枝灰红褐色。叶鳞形，中央之叶近斜方形，长1~2mm，先端微尖或钝，下方有明显或不明显的纵脊状腺点，侧面的叶船形，宽披针形，先端钝尖、内弯，长与中央之叶相等或稍短；小枝上面的鳞叶绿色，下面的鳞叶被或多或少的白粉。雄球花卵圆形，黄色。球果椭圆状球形，长9~10mm，径6~8mm，熟时深褐色；种鳞4对，交叉对生，薄木质，最下部的种鳞近椭圆形，中间两对种鳞近矩圆形，最上部的种鳞窄长，近顶端有突起的尖头；种子椭圆形，两侧有翅，长约4mm，翅宽1.5mm。

崖柏

Thuja sutchuenensis Franch.

分类地位：柏科（Cupressaceae）
别　名：四川侧柏、崖柏树

保护等级：一级
濒危等级：EN A1cd

生　境：生于海拔约 1400m 的石灰岩山地。
国内分布：重庆。
致濒因素：生境受破坏，被长期砍伐利用。

形态特征

灌木或乔木；枝条密，开展，生鳞叶的小枝扁。叶鳞形，生于小枝中央之叶斜方状倒卵形，有隆起的纵脊，有的纵脊有条形凹槽，长 1.5~3mm，宽 1.2~1.5mm，先端钝，下方无腺点，侧面之叶船形，宽披针形，较中央之叶稍短，宽 0.8~1mm，先端钝，尖头内弯，两面均为绿色，无白粉。雄球花近椭圆形，长约 2.5mm，雄蕊约 8 对，交叉对生，药隔宽卵形，先端钝。幼小球果长约 5.5mm，椭圆形，种鳞 8 片，交叉对生，最外面的种鳞倒卵状椭圆形，顶部下方有一鳞状尖头。未见成熟球果。

罗汉松

Podocarpus macrophyllus (Thunb.) Sweet

分类地位：罗汉松科（Podocarpaceae）

别　　名：土杉、罗汉杉、狭叶罗汉松

保护等级：二级

濒危等级：VU B1b(iii,v)c(i,ii,iv)+ 2b(iii,v)c(i,ii,iv)

生　　境：栽培于庭园作观赏树。野生的树木极少。

国内分布：浙江、福建、台湾、江西、湖北、湖南、广西、云南及贵州野生和栽培，山东、河南、安徽、江苏、广东及四川栽培。

形态
特征

乔木，高达 20m，胸径达 60cm；树皮灰色或灰褐色，浅纵裂，成薄片状脱落；枝开展或斜展，较密。叶螺旋状着生，条状披针形，微弯，长 7~12cm，宽 7~10mm，先端尖，基部楔形，上面深绿色，有光泽，中脉显著隆起，下面带白色、灰绿色或淡绿色，中脉微隆起。雄球花穗状、腋生，常 3~5 个簇生于极短的总梗上，长 3~5cm，基部有数枚三角状苞片；雌球花单生叶腋，有梗，基部有少数苞片。种子卵圆形，径约 1cm，先端圆，熟时肉质假种皮紫黑色，有白粉，种托肉质圆柱形，红色或紫红色，柄长 1~1.5cm。花期 4~5 月，种子 8—9 月成熟。

云南穗花杉

Amentotaxus yunnanensis H. L. Li

分类地位：红豆杉科（Taxaceae）

保护等级：二级
濒危等级：VU A2cd

生　　境：生于海拔 1000~1600m 的石灰岩山地林中。
国内分布：云南东南部、贵州西南部、广西西部。
致濒因素：生境受破坏，自然种群数量下降明显。

形态特征　乔木，高达15m；大枝开展，树冠广卵形；一年生枝绿色或淡绿色，二三年生枝淡黄色、黄色或淡黄褐色。叶列成两列，条形、椭圆状条形或披针状条形，通常直，稀上部微弯，长3.5~10cm，宽8~15mm，先端钝或渐尖，基部宽楔形或近圆形，几无柄，边缘微向下反曲，上面绿色，中脉显著隆起，下面淡绿色，中脉近平或微隆起，两侧的气孔带干后褐色或淡黄白色，宽3~4mm，较绿色边带宽1倍或稍宽；萌生枝及幼树之叶的气孔带较窄。雄球花穗常4~6穗，雄蕊有4~8个花药。种子椭圆形，假种皮成熟时红紫色，微被白粉，顶端有小尖头露出，基部苞片宿存，背有棱脊，梗较粗，下部扁平，上部扁四棱形。花期4月，种子10月成熟。

贡山三尖杉

Cephalotaxus griffithii Hook. f.

分类地位： 红豆杉科（Taxaceae）

保护等级： 二级

濒危等级： CR B2ab(iii,v)

生　　境： 生于海拔约 1900m 的混交林中。

国内分布： 云南。

致濒因素： 生境受破坏，生存力弱。

形态特征

常绿乔木，高达 20m，胸径 40cm；树皮紫色，平滑；小枝常对生，基部有宿存芽鳞。叶交互对生或近对生，排列成两列，薄革质，线状披针形，微弯或直，长 4.5~10cm，宽 4~7mm，上部渐窄，先端成渐尖的长尖头，基部圆形，具短柄，上面深绿色，腹面中脉隆起，背面有 2 条白色气孔带，绿色中脉明显。雌雄异株；雄球花 6~11 个聚生成头状花序，基部有交叉对生的苞片，每苞片基部着生 2 枚胚珠。种子倒卵状椭圆形，长 3.5~4.5cm，假种皮熟时绿褐色，种梗长 1.5~2cm。种子 9—11 月成熟。

海南粗榧

Cephalotaxus hainanensis Li

分类地位：红豆杉科（Taxaceae）

保护等级：二级

生　　境：散生于林中。

国内分布：云南、西藏、广东、广西、海南。

致濒因素：生境受破坏，生存能力弱。

乔木，通常高 10~20m，胸径 30~50cm，稀达 110cm；树皮通常浅褐色或褐色，稀黄褐色或红紫色，裂成片状脱落。叶条形，排成两列，通常质地较薄，向上微弯或直，长 2~4cm，宽 2.5~3.5mm，基部圆截形，稀圆形，先端微急尖、急尖或近渐尖，干后边缘向下反曲，上面中脉隆起，下面有 2 条白色气孔带。雄球花的总梗长约 4mm。种子通常微扁，倒卵状椭圆形或倒卵圆形，长 2.2~2.8cm，顶端有突起的小尖头，成熟前假种皮绿色，熟后常呈红色。

篦子三尖杉

Cephalotaxus oliveri Mast.

分类地位：红豆杉科（Taxaceae）
别　　名：阿里杉、梳叶圆头杉、花枝杉

保护等级：二级
濒危等级：VU A2cd

生　　境：生于海拔 300~1800m 的阔叶树林或针叶树林中。
国内分布：江西、湖北、湖南、贵州、四川、云南、重庆、广东、广西。
致濒因素：森林被砍伐，生境受破坏。

形态特征

灌木，高达 4m；树皮灰褐色。叶条形，质硬，平展成两列，排列紧密，通常中部以上向上方微弯，稀直伸，长 1.5~3.2（多为 1.7~2~5）cm，宽 3~4.5mm，基部截形或微呈心形，几无柄，先端凸尖或微凸尖，上面深绿色，微拱圆，中脉微明显或中下部明显，下面气孔带白色，较绿色边带宽 1~2 倍。雄球花 6~7 个聚生成头状花序，径约 9mm，总梗长约 4mm，基部及总梗上部有 10 余枚苞片，每一雄球花基部有 1 枚广卵形的苞片，雄蕊 6~10 枚，花药 3~4 个，花丝短；雌球花的胚珠通常 1~2 枚发育成种子。种子倒卵圆形、卵圆形或近球形，长约 2.7cm，径约 1.8cm，顶端中央有小凸尖，有长梗。花期 3—4 月，种子 8—10 月成熟。

白豆杉

Pseudotaxus chienii (W. C. Cheng) W. C. Cheng

分类地位： 红豆杉科（Taxaceae）
别　　名： 短水松

保护等级： 二级
濒危等级： VU A2cd

生　　境： 生于常绿阔叶树林及落叶阔叶树林中。
国内分布： 广东北部、广西北部、湖南西北部至南部、江西西南部、浙江南部。

形态特征　灌木，高达 4m；树皮灰褐色，裂成条片状脱落；一年生小枝圆，近平滑，稀有或疏或密的细小瘤状突起，褐黄色或黄绿色，基部有宿存的芽鳞。叶条形，排列成两列，直或微弯，长 1.5~2.6cm，宽 2.5~4.5mm，先端凸尖，基部近圆形，有短柄，两面中脉隆起，上面光绿色，下面有两条白色气孔带，宽约 1.1mm，较绿色边带为宽或几等宽。种子卵圆形，长 5~8mm，径 4~5mm，上部微扁，顶端有突起的小尖，成熟时肉质杯状假种皮白色，基部有宿存的苞片。花期 3 月下旬至 5 月，种子 10 月成熟。

密叶红豆杉

Taxus contorta Griff.

分类地位： 红豆杉科（Taxaceae）

保护等级： 一级
濒危等级： EN D

生　境： 生长于海拔 2500~3400m 的喜马拉雅山山区。
国内分布： 西藏
致濒因素： 木材心边材区别明显，纹理均匀，结构细致，硬度大，韧性强，干后少挠裂，为优良的材用植物和药用植物，遭人类砍伐和乱挖严重。

形态特征　植物体为乔木或大灌木，一年生枝绿色，干后呈淡褐黄色、金黄色或淡褐色，二三年生枝淡褐色或红褐色。叶条形，排列成彼此重叠的不规则 2 列，通常狭直，密集，宽约 2mm，上下等宽，先端急尖，基部两侧对称，背面中脉带与气孔带同色，均密生均匀细小乳头状突起。种子长圆形，长约 6.5mm，上部两侧微有钝脊，顶端有突尖，基部有椭圆形的种脐，生于红色肉质杯状的假种皮中。

东北红豆杉

Taxus cuspidata Siebold & Zucc.

分类地位： 红豆杉科（Taxaceae）
别　　名： 宽叶紫杉、米树、赤柏松、紫杉

保护等级： 一级
濒危等级： EN A2cd

生　　境： 生于气候冷湿的酸性土地带，常散生于海拔 500~1000m 的林中。
国内分布： 黑龙江东南部、吉林东部、辽宁。

形态特征

乔木，高达 20m，胸径达 1m；树皮红褐色，有浅裂纹；枝条平展或斜上直立，密生；小枝基部有宿存芽鳞，一年生枝绿色，秋后呈淡红褐色，二三年生枝呈红褐色或黄褐色；冬芽淡黄褐色，芽鳞先端渐尖，背面有纵脊。叶排成不规则的 2 列，斜上伸展，约成 45°角，条形，通常直，稀微弯，长 1~2.5cm，宽 2.5~3mm，稀长达 4cm，基部窄，有短柄，先端通常凸尖，下面有两条灰绿色气孔带，气孔带较绿色边带宽 2 倍，干后呈淡黄褐色，中脉带上无角质乳头状突起点。雄球花有雄蕊 9~14 枚，各具 5~8 个花药。种子紫红色，有光泽，卵圆形，长约 6mm，上部具 3~4 条钝脊，顶端有小钝尖头，种脐通常三角形或四方形，稀矩圆形。花期 5—6 月，种子 9—10 月成熟。

红豆杉

Taxus wallichiana var. *chinensis* (Pilger) Florin

分类地位：红豆杉科（Taxaceae）

别　　名：观音杉、红豆树、扁柏、卷柏

保护等级：一级

濒危等级：EN A1cd

生　　境：生于海拔1000~1200m以上的高山上部。

国内分布：陕西南部、甘肃南部、四川、云南、贵州西部及东北部、广西北部、湖南东北部、湖北西部及安徽南部、重庆、江西。

致濒因素：可供用材，种子含油，可药用，过度砍伐。

形态特征　乔木，高达30m，胸径达60~100cm；树皮灰褐色、红褐色或暗褐色，裂成条片脱落；大枝开展，一年生枝绿色或淡黄绿色，秋季变成绿黄色或淡红褐色，二三年生枝黄褐色、淡红褐色或灰褐色；冬芽黄褐色、淡褐色或红褐色，有光泽，芽鳞三角状卵形，背部无脊或有纵脊，脱落或少数宿存于小枝的基部。叶排列成两列，条形，微弯或较直，长1~3（多为1.5~2.2）cm，宽2~4（多为3）mm，上部微宽，先端微急尖或急尖，上面深绿色，有光泽，下面淡黄绿色，有两条气孔带，中脉带上有密生均匀而微小的圆形角质乳头状突起点，常与气孔带同色，稀色较浅。雄球花淡黄色，雄蕊8~14枚，花药4~8（多为5~6）个。种子生于杯状红色肉质的假种皮中，间或生于近膜质盘状的种托之上，常呈卵圆形，上部渐窄，稀倒卵状，长5~7mm，径3.5~5mm，微扁或圆，上部常具2条钝棱脊，稀上部三角状具三条钝脊，先端有突起的短钝尖头，种脐近圆形或宽椭圆形，稀三角状圆形。

南方红豆杉

Taxus wallichiana var. *mairei* (Lemee & H. Léveillé) L. K. Fu & Nan Li

分类地位： 红豆杉科（Taxaceae）

别　　名： 血柏、红叶水杉、海罗松、榧子木、赤椎、杉公子、美丽红豆杉、蜜柏

保护等级： 一级

濒危等级： VU A2d

生　　境： 耐荫树种，喜温暖湿润的气候，通常生长于山脚腹地较为潮湿处。自然生长在海拔 1000~1200m 的山谷、溪边、缓坡腐殖质丰富的酸性土壤中。

国内分布： 河南、陕西、甘肃、安徽、浙江、湖南、湖北、四川、贵州、云南、福建、台湾、广东、广西。

致濒因素： 多属鸟类取食带传播，故很分散、零星。由于材质好，色泽美观，破坏更为严重。

 形态特征

乔木，高达 30m，胸径达 60~100cm；树皮灰褐色、红褐色或暗褐色，裂成条片脱落；大枝开展，一年生枝绿色或淡黄绿色，秋季变成绿黄色或淡红褐色，二三年生枝黄褐色、淡红褐色或灰褐色；冬芽黄褐色、淡褐色或红褐色，有光泽，芽鳞三角状卵形，背部无脊或有纵脊，脱落或少数宿存于小枝的基部。叶常较宽长，多呈弯镰状，通常长 2~3.5（~4.5）cm，宽 3~4（~5）mm，上部常渐窄，先端渐尖，下面中脉带上无角质乳头状突起点，或局部有成片或零星分布的角质乳头状突起点，或与气孔带相邻的中脉带两边有一至数条角质乳头状突起点，中脉带明晰可见，其色泽与气孔带相异，呈淡黄绿色或绿色，绿色边带亦较宽而明显；雄球花淡黄色，雄蕊 8~14 枚，花药 4~8（多为 5~6）个。种子通常较大，微扁，多呈倒卵圆形，上部较宽，稀柱状矩圆形，长 7~8mm，径 5mm，种脐常呈椭圆形。

须弥红豆杉

Taxus wallichiana Zucc. var. wallichiana

分类地位： 红豆杉科（Taxaceae）

保护等级： 一级
濒危等级： VU A2cd

生　　境： 生长于海拔 2000~3500m 的山区。
国内分布： 四川、云南、西藏。
致濒因素： 由于材质好，色泽美观，破坏更为严重。

中国濒危保护植物 彩色图鉴

形态特征

常绿乔木或灌木，树高可达 30m，胸径可达 1.9m，树冠倒卵形或广卵形，枝条疏或密生。树皮灰褐色、灰紫色、红褐色、黄褐色或淡紫褐色，较薄，有浅裂沟，裂成鳞状或条状薄片脱落。枝条水平展开，梢部下垂，柔软，小枝条不规则互生，一年生枝平滑无毛，呈绿色，秋后（或干后）呈金黄绿色或黄绿色，二年生枝淡褐色、褐色或黄褐色。冬芽绿黄色，芽鳞窄，先端渐尖，背部具纵脊，脱落或部分宿存于小枝基部。叶质地薄而软，条状披针形或披针状条形，常呈弯镰状，边缘向下反卷或反曲（干叶明显），上部渐窄，尖端渐尖或微急尖，叶柄短，长 1.5~4.7cm（通常 2.5~3.0cm），宽 2~3mm；螺旋状排列，叶柄基部扭转，呈假二列羽状展开；叶面深绿色或绿色，中脉稍隆起，中脉两侧外陷较深，叶背颜色较浅，呈淡灰绿色，中脉两侧各有一条淡黄色气孔带，中脉及气孔带上密生均匀微小角质乳头状突起。雌雄异株，小孢子叶球淡褐黄色，长 5~6mm，径约 3mm，单生于叶腋，基部为数层鳞片所包，直立或小穗状，雄蕊 9~11 枚，各有 5~8 个花药，呈盾状梅花形；大孢子叶球生于腋生的短枝上，其短枝被交互对生的数对鳞片叶所包。种子卵圆形至卵状广椭圆形，紫褐色，先端锐形或凸头，两侧微具钝脊，种脐近圆形或椭圆形，着生于肉质杯状假种皮中，成熟种子先端露出，凹陷或凸出于假种皮 1~2mm，种子长 5~6mm，直径 3~4mm，微扁，成熟时假种皮红色。

巴山榧树

Torreya fargesii Franch.

分类地位：红豆杉科（Taxaceae）
别　　名：球果榧、蓖子杉、紫柏、铁头枞、巴山榧

保护等级：二级
濒危等级：VU A2cd

生　　境：生于海拔 1000~1800m 的山地混交林中。
国内分布：陕西南部、甘肃南部、四川东部和东北部及峨眉山、湖北西部、湖南西北部、安徽、江西。
致濒因素：生境受破坏，人为采伐。

形态特征　乔木，高达 12m；树皮深灰色，不规则纵裂；一年生枝绿色，二三年生枝呈黄绿色或黄色，稀淡褐黄色。叶条形，稀条状披针形，通常直，稀微弯，长 1.3~3cm，宽 2~3mm，先端微凸尖或微渐尖，具刺状短尖头，基部微偏斜，宽楔形，上面亮绿色，无明显隆起的中脉，通常有两条较明显的凹槽，延伸不达中部以上，稀无凹槽，下面淡绿色，中脉不隆起，气孔带较中脉带为窄，干后呈淡褐色，绿色边带较宽，约为气孔带的一倍。雄球花卵圆形，基部的苞片背部具纵脊，雄蕊常具 4 个花药，花丝短，药隔三角状，边具细缺齿。种子卵圆形、圆球形或宽椭圆形，肉质假种皮微被白粉，径约 1.5cm，顶端具小凸尖，基部有宿存的苞片；骨质种皮的内壁平滑；胚乳周围显著地向内深皱。花期 4—5 月，种子9—10 月成熟。

九龙山榧树

Torreya grandis var. *jiulongshanensis* Z. Y. Li et al.

分类地位：红豆杉科（Taxaceae）
别　　名：九龙山榧

保护等级：二级
濒危等级：CR C2a(i)

生　　境：生于海拔约 800m 的山地中。
国内分布：浙江南部。
致濒因素：生境受破坏，自然种群过小。

形态特征 乔木，高达20m；树皮浅黄灰色、深灰色或灰褐色，不规则纵裂。一年生枝绿色，无毛，二三年生枝黄绿色、淡褐黄色或暗绿黄色，稀淡褐色。叶条形或条状披针形，列成两列，通常直，先端渐尖，向上方微弯，有刺状尖头，长2.5~4.5cm，宽2~3mm，基部偏斜，上面光绿色，无隆起的中脉，下面淡绿色，气孔带常与中脉带等宽，绿色边带与气孔带等宽或稍宽。雄球花圆柱状，长约8mm，基部的苞片有明显的背脊，雄蕊多数，各有花药4个，药隔先端宽圆有缺齿；胚珠先端略呈暗红色。种子基部削尖，呈楔形或锥形，胚乳内皱，长2~4.5cm，径1.5~2.5cm，熟时假种皮淡紫褐色，有白粉，顶端微凸，基部具宿存的苞片，胚乳微皱；初生叶三角状鳞形。假种皮倒卵球状圆锥形，先端圆形，骤尖。花期4月，种子翌年10月成熟。

长叶榧树

Torreya jackii Chun

分类地位：红豆杉科（Taxaceae）

别　　名：浙榧、长叶榧

保护等级：二级

濒危等级：EN A2cd

生　　境：生于海拔 400~1000m 的山地林中。

国内分布：浙江南部、福建北部及江西东北部。

致濒因素：生境受破坏，肆意采伐；种子成熟期长，天然更新能力差，种群严重减少。

形态特征 乔木，高达 12m，胸径约 20cm；树皮灰色或深灰色，裂成不规则的薄片脱落，露出淡褐色的内皮；小枝平展或下垂，一年生枝绿色，后渐变成绿褐色，二三年生枝红褐色，有光泽。叶列成两列，质硬，条状披针形，上部多向上方微弯，镰状，长 3.5~9cm，宽 3~4mm，上部渐窄，先端有渐尖的刺状尖头，基部渐窄，楔形，有短柄，上面光绿色，有两条浅槽及不明显的中脉，下面淡黄绿色，中脉微隆起，气孔带灰白色。种子倒卵圆形，肉质假种皮被白粉，长 2~3cm，顶端有小凸尖，基部有宿存苞片，胚乳周围向内深皱。种子成熟于秋天。

云南榧树

Torreya yunnanensis Cheng et L. K. Fu

分类地位: 红豆杉科（Taxaceae）

别　名: 杉松果、云南榧

保护等级: 二级

生　境: 海拔 2000~3400m 的高山林中。

国内分布: 云南。

致濒因素: 生境受破坏,人为采伐。雌雄异株,传粉不易,结实率低,常2—3年结实一次,果实又常遭野鼠等啮食,故更新不良,林内幼苗、幼树稀少。

形态特征

乔木,高达 20m,胸径达 1m,树皮淡褐色或灰褐色,不规则纵裂;小枝无毛,微有光泽,一至二年生枝绿色至黄色或淡褐黄色,三年生枝黄色、淡褐黄色或淡黄褐色;冬芽四棱状长圆锥形或四棱状卵圆形,芽鳞淡褐黄色或黄色,有光泽,质地较厚,交叉对生,排成四行,具明显的背脊。叶基部扭转列成二列,条形或披针状条形,长 2~3.6cm,宽 3~4mm,上部常向上方稍弯,微呈镰状,先端渐尖,有刺状长尖头,基部宽楔形,上面光绿色,微拱圆,无明显隆起的中脉,有两条常达中上部的纵凹槽,下面中脉平或下凹,每边有一条较中脉带窄或等宽的气孔带,气孔带干时呈淡褐色;边带较宽,约为气孔带的二至三倍,叶柄短,干时黄色。雌雄异株,雄球花单生叶腋,卵圆形,具 8~12 对交叉对生的苞片,成四行排列,苞片背部具纵脊,边缘薄,雄蕊多数,花药 4 个,稀 3 个,药室纵裂,药隔斜方形,或先端不规则二裂,边缘有缺齿,花丝粗短;雌球花成对生于叶腋,无梗,每一雌球花有两对交叉对生的苞片和 1 枚侧生的小苞片,苞片背部有纵脊,胚珠 1 枚,直立,生于珠托上。种子连同假种皮近圆球形,径约 2cm,顶端有突起的短尖头,种皮木质或骨质,坚硬,外部平滑,内壁有两条对生的纵脊,胚乳倒卵圆形,周围向内深皱,两侧各有一条纵凹槽,与种皮内壁两侧的纵脊相嵌合,顶端有长椭圆形、深褐色凹痕,中央有极小的尖头。

莼菜

Brasenia schreberi J. F. Gmel.

分类地位： 莼菜科（Cabombaceae）
别　　名： 水案板

保护等级： 二级
濒危等级： CR A3c+4acd；B2ab(ii,iii,iv,v)

生　　境： 生于池塘、河湖或沼泽中。
国内分布： 北京、江苏、安徽、浙江、江西、湖北、湖南、四川、云南。
致濒因素： 环境污染导致生境丧失；过度利用。

形态特征

多年生水生草本；根状茎具叶及匍匐枝，后者在节部生根，并生具叶枝条及其他匍匐枝。叶椭圆状矩圆形，长3.5~6cm，宽5~10cm，下面蓝绿色，两面无毛，从叶脉处皱缩；叶柄长25~40cm，叶柄和花梗均有柔毛。花直径1~2cm，暗紫色；花梗长6~10cm；萼片及花瓣条形，长1~1.5cm，先端圆钝；花药条形，约长4mm；心皮条形，具微柔毛。坚果矩圆卵形，有3个或更多成熟心皮；种子1~2粒，卵形。花期6月，果期10—11月。

雪白睡莲

Nymphaea candida C. Presl

分类地位：睡莲科（Nymphaeaceae）

保护等级：二级
濒危等级：EN A2c；C1

生　　境：生于池沼中。
国内分布：新疆北部、西北部及中部。
致濒因素：野生很少见。生境受破坏、园艺观赏对本种的威胁严重。

形态特征　多年生草本。根状茎直立或斜升，不分枝。叶片近圆形，直径 10~25cm，纸质，背面无毛，几乎不盾形，基部深心形，基部裂片邻接或重叠，边缘全缘。花直径（6~）10~20cm，浮水。花萼生于略四角形的花托上；萼片披针形，长 3~5cm，具不明显脉，早落或在开花后腐烂。花瓣 20~25 片，白色，卵状长圆形，长 3~5.5cm，逐渐向雄蕊过渡。内轮花丝披针形，比花药宽；顶部的药隔没有附属物。心皮完全合生，子房室间的壁单一。柱头具（5~）6~14（~20）条辐射线；心皮附属物三角形渐尖。果半球状，2.5~3cm。种子椭圆形，3~4mm，平滑。花期 6—8 月，果期 8 月。染色体 2n=112，160。

地枫皮

Illicium difengpi B. N. Chang et al.

分类地位：五味子科（Schisandraceae）
别　　名：追地枫、钻地枫、矮顶香、枫榔

保护等级：二级
濒危等级：EN B1ab(i,iii,v)

生　　境：常生于海拔 200~500m 的石灰岩石山山顶与
有土的石缝中或石山疏林下。
国内分布：广西东部至东北部。
致濒因素：采挖严重，资源近于枯竭；分布面积狭小，已
知分布点少于 10 个，生境明显退化。

灌木，高 1~3m，全株均具八角的芳香气味，根外皮暗红褐色，内皮红褐色。嫩枝褐色。较粗，直径 3~5mm，树皮有纵向皱纹，质松脆易折断，折断面颗粒性，气芳香。叶常 3~5 片聚生或在枝的近顶端簇生，革质或厚革质，倒披针形或长椭圆形，长（7~）10~14cm，宽（2~）3~5cm，先端短尖或近圆形，基部楔形，边缘稍外卷，两面密布褐色细小油点；中脉在叶上面下凹，干后网脉在两面比较明显；叶柄较粗壮，直径 1.5~4mm，长 13~25mm。花紫红色或红色，腋生或近顶生，单朵或 2~4 朵簇生；花梗长 12~25mm；花被片（11~）15~17（~20），最大一片宽椭圆形或近圆形，长 15mm，宽 10mm，肉质；雄蕊 20~23 枚，稀 14~17 枚，长 3~4mm；心皮常为 13 枚，长 4.5~5.5mm，花柱长 2.5~3.5mm，子房长 2~2.5mm。果梗长 1~4cm；聚合果直径 2.5~3cm，蓇葖 9~11 枚，长 12~16mm，宽 9~10mm，厚 3mm，顶端常有向内弯曲的尖头，长 3~5mm；种子长 6~7mm，宽 4.5mm，厚 1.5~2.5mm。花期 4—5 月，果期 8—10 月。

马蹄香

Saruma henryi Oliv.

分类地位：马兜铃科（Aristolochiaceae）

保护等级：二级

濒危等级：EN A2c+3c；B1ab(i,iii)

生　　境：生于海拔 600~1600m 的山谷林下及沟边草丛中。

国内分布：江西、湖北、贵州、四川、甘肃、陕西及河南。

致濒因素：虽然分布范围广，但是生境受破坏严重，个体数量下降。

形态特征　多年生直立草本，茎高 50~100cm，被灰棕色短柔毛，根状茎粗壮，直径约 5mm；有多数细长须根。叶心形，长 6~15cm，顶端短渐尖，基部心形，两面和边缘均被柔毛；叶柄长 3~12cm，被毛。花单生，花梗长 2~5.5cm，被毛；萼片心形，长约 10mm，宽约 7mm；花瓣黄绿色，肾心形，长约 10mm，宽约 8mm，基部耳状心形，有爪；雄蕊与花柱近等高，花丝长约 2mm，花药长圆形，药隔不伸出；心皮大部离生，花柱不明显，柱头细小，胚珠多数，着生于心皮腹缝线上。蒴果蓇葖状，长约 9mm，成熟时沿腹缝线开裂。种子三角状倒锥形，长约 3mm，背面有细密横纹。花期 4—7月。

金耳环

Asarum insigne Diels

分类地位： 马兜铃科（Aristolochiaceae）

别　　名： 马蹄细辛、一块瓦、小犁头

保护等级： 二级

濒危等级： VU A2c；B1ab(i,iii,v)；D1

生　　境： 生于海拔 450~700m 的山坡林下。

国内分布： 江西西北部、广东北部、广西东北部。

致濒因素： 生境破碎化或丧失，过度利用，野生种群缩减。

形态特征

多年生草本；根状茎粗短，根丛生，稍肉质，有浓烈的麻辣味。叶片长卵形、卵形或三角状卵形，先端急尖或渐尖，基部耳状深裂，两侧裂片长约4cm，宽4~6cm，通常外展，叶面中脉两旁有白色云斑，偶无，具疏生短毛，叶背可见细小颗粒状油点，脉上和叶缘有柔毛；叶柄长10~20cm，有柔毛。花紫色，花梗长2~9.5cm，常弯曲；花被管钟状，中部以上扩展成一环突，然后缢缩，喉孔窄三角形，无膜环，花被裂片宽卵形至肾状卵形，中部至基部有一半圆形垫状斑块，斑块直径约1cm，白色；药隔伸出，锥状或宽舌状，或中央稍下凹；子房下位，外有6棱，花柱6条，顶端2裂，裂片长约1mm；柱头侧生。花期3—4月。

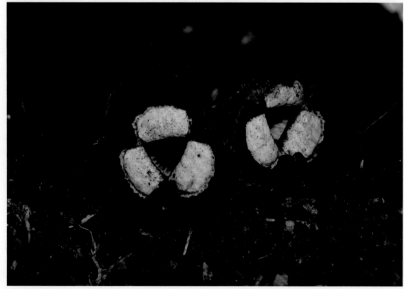

云南肉豆蔻

Myristica yunnanensis Y. H. Li

分类地位： 肉豆蔻科（Myristicaceae）

保护等级： 二级

濒危等级： EN A2c+3c；B1ab(i,iii,v)

生　　境： 生于海拔 540~650m 的山坡或沟谷密林中。

国内分布： 云南南部。

致濒因素： 分布面积狭小，已知分布点少于 10 个，生境明显退化。

形态特征

乔木，高 15~30m，胸径 30~70cm；树干基部有少量气根；树皮灰褐色；幼枝和芽密被锈色微柔毛，不久即脱落，老枝有时密生明显的小瘤突，无毛，暗褐色。叶坚纸质，圆状披针形或长圆状倒披针形，长（24~）30~38（~45）cm，宽 8~14（~18）cm，先端短渐尖，基部楔形、宽楔形至近圆形，表面暗绿色，具光泽，无毛，背面锈褐色，密被锈色树枝状毛，不甚脱落；侧脉在 20 对以上，多达 32 对，表面下陷，背面隆起；第三级小脉不明显；叶柄长 2.2~3.5（~4）cm，无毛。雄花序腋生或从落叶腋生出，2 歧或 3 歧式假伞形排列，花序长 2.5~4cm，每个小花序有花 3~5 朵；总花梗粗壮，长 1.6~1.8cm，密被锈色绒毛；雄花壶形，开展时长 5~6mm，宽 4~5mm；花被裂片 3 枚，三角状卵形，先端钝，镊合状，外面密被锈色短绒毛，里面无毛，暗紫色；小苞片卵状椭圆形，着生于花被基部，紧包雄花，脱落后留有明显的疤痕；雄蕊 7~10 枚，合生成柱状，花药细长，线形外向，紧贴于雄蕊柱，柱顶端微突出，基部被毛，小花梗约与雄花等长；雌花未见。果序通常着生于叶腋或落叶腋部，基部具明显的叶痕，序轴颇粗壮，密被锈色绒毛，着成熟果 1~2 个；果椭圆形，先端偏斜，具小突尖，基部具环状花被痕，痕宽 1.5~2.5mm，成熟果长 4~5.5cm，直径约 3cm，外面密被具节的锈色绵羊毛状毛；具粗壮的短柄，长约 6mm，直径约 5mm；果皮厚，干时约 4~5mm；假种皮成熟时深红色，成条裂状；种子卵状椭圆形，先端浑圆，基部稍截平，长 3.5~4.2cm，直径 2.2~2.4cm，干时暗褐色，具粗浅的沟槽；种皮薄壳质，易裂。花期 9—12 月，果期 3—6 月。

大叶木兰

Lirianthe henryi (Dunn) N. H. Xia & C. Y. Wu

分类地位： 木兰科（Magnoliaceae）
别　　名： 大叶木兰、思茅玉兰、大叶玉兰

保护等级： 二级
濒危等级： EN D

生　　境： 生于海拔 540~1500m 的密林中。
国内分布： 云南南部。
致濒因素： 由于长期滥伐，在其主要分布区仅见残存萌发的小树，很少乔木，成熟个体数少于 50 株。

形态特征

常绿乔木，高可达 20m，嫩枝被平伏毛，后脱落无毛。叶革质，倒卵状长圆形，长 20~65cm，宽 7~22cm，先端圆钝或急尖，基部阔楔形，上面无毛，中脉凸起，下面疏被平伏柔毛；侧脉每边 14~20 条，网脉稀疏，干时两面凸起；叶柄长 4~11cm，嫩时被平伏毛；托叶痕几达叶柄顶端。花蕾卵圆形，苞片无毛；花梗向下弯垂，长约 8cm，有 2 苞片脱落痕，无毛；花被片 9，外轮 3 片绿色，卵状椭圆形，先端钝圆，长 6~6.5cm，宽 3~3.5cm，中内两轮乳白色，厚肉质，倒卵状匙形，长 5.5~6cm，内轮 3 片较狭小；雄蕊长 1.2~1.5cm，花药长 1~1.2cm，药隔伸出成尖或钝尖头；雌蕊群狭椭圆形，长 3.5~4cm，具 85~95 枚雌蕊，无毛；心皮狭长椭圆形，长 1.5~2cm，宽 2~3mm，背面有 4~5 棱，花柱长 4~9mm。聚合果卵状椭圆形，长 10~15cm，径 3~5cm。花期 5 月，果期 8—9 月。

馨香玉兰

Lirianthe odoratissima (Y. W. Law & R. Z. Zhou) N. H. Xia & C. Y. Wu

分类地位： 木兰科（Magnoliaceae）

别　　名： 馨香木兰、馨香玉兰

保护等级： 二级

生　　境： 生于常绿阔叶林。

国内分布： 云南东南部。

致濒因素： 只分布于滇南地区，林下没有小苗更新，个体数量很少。

形态特征

常绿乔木，高 5~6m，嫩枝密被白色长毛；小枝淡灰褐色。叶革质，卵状椭圆形，椭圆形或长圆状椭圆形，长 8~14（~30）cm，宽 4~7（~10）cm，先端渐尖或短急尖，基部楔形或阔楔形，叶面深绿色，叶背淡绿色，被白色弯曲毛；侧脉每边 9~13 条，在叶面凹下，干时两面网脉凸起；托叶与叶柄连生，托叶痕几达叶柄全长。花直立，花蕾卵圆形，长 3~3.5cm，直径 2~2.2cm，花白色，极芳香，花被片 9，凹弯，肉质，外轮 3 片较薄，倒卵形或长圆形，长 5~6cm，宽 2.5~3cm，具约 9 条纵脉纹；中轮 3 片倒卵形，长 5~6cm，宽 2~3cm，内轮 3 片倒卵状匙形，长 4~4.5cm，宽 2~2.5cm；雄蕊约 175 枚，长约 3cm，花药长约 2cm，内向开裂，花丝长约 5mm，药隔伸出三角短尖。果未见。

香木莲

Manglietia aromatica Dandy

分类地位： 木兰科（Magnoliaceae）

保护等级： 二级
濒危等级： VU A2c

生　　境： 生于海拔 900~1600m 的山地、丘陵常绿阔叶林中。
国内分布： 广西西南部、云南东南部、贵州。
致濒因素： 生境退化或丧失；数量稀少、珍贵，受威胁严重。

乔木，高达 35m，胸径 1.2m，树皮灰色，光滑；新枝淡绿色，除芽被白色平伏毛外全株无毛，各部揉碎有芳香；顶芽椭圆柱形，长约 3cm，直径约 1.2cm。叶薄革质，倒披针状长圆形，倒披针形，长 15~19cm，宽 6~7cm，先端短渐尖或渐尖，1/3 以下渐狭至基部稍下延，侧脉每边 12~16 条，网脉稀疏，干时两面网脉明显凸起；叶柄长 1.5~2.5cm，托叶痕长为叶柄的 1/4~1/3。花梗粗壮，果时长 1~1.5cm，直径 0.6~0.8cm，苞片脱落痕 1 处，距花下约 5~7mm；花被片白色，11~12 片，4 轮排列，每轮 3 片，外轮 3 片，近革质，倒卵状长圆形，长 7~11cm，宽 3.5~5cm，内数轮厚肉质，倒卵状匙形，基部成爪，长 9~11.5cm，宽 4~5.5cm；雄蕊约 100 枚，长 1.5~1.8cm，花药长 0.7~1cm，药隔伸出长 2mm 的尖头；雌蕊群卵球形，长 1.8~2.4cm，心皮无毛。聚合果鲜红色，近球形或卵状球形，直径 7~8cm，成熟蓇葖沿腹缝及背缝开裂。花期 5—6 月，果期 9—10 月。

大叶木莲

Manglietia dandyi (Gagnepain) Dandy

分类地位： 木兰科（Magnoliaceae）

保护等级： 二级

濒危等级： EN A2c

生　　境： 生于海拔 450~1000m 的山地林中、沟谷两旁。

国内分布： 广西西部、云南东南部。

致濒因素： 分布范围广，种群相对较多，田间地头有分布，结实率低。

形态特征

乔木，高达 30~40m，胸径 80~100cm；小枝、叶下面、叶柄、托叶、果柄、佛焰苞状苞片均密被锈褐色长绒毛。叶革质，常 5~6 片集生于枝端，倒卵形，先端短尖，2/3 以下渐狭，基部楔形，长 25~50cm，宽 10~20cm，上面无毛，侧脉每边 20~22 条，网脉稀疏，干时两面均凸起；叶柄长 2~3cm；托叶痕为叶柄长的 1/3~2/3。花梗粗壮，长 3.5~4cm，径约 1.5cm，紧靠花被下具 1 片厚约 3mm 的佛焰苞状苞片；花被片厚肉质，9~10 片，3 轮，外轮 3 片倒卵状长圆形，长 4.5~5cm，宽 2.5~2.8cm，腹面具约 7 条纵纹，内面 2 轮较狭小；雄蕊群被长柔毛，雄蕊长 1.2~1.5cm，花药长 0.8~1cm，药室分离，宽约 1mm，药隔伸出一长约 1mm 的三角尖；花丝宽扁，长约 2mm；雌蕊群卵圆形，长 2~2.5cm，具 60~75 枚雌蕊，无毛；雌蕊长约 1.5cm，具 1 条纵沟直至花柱末端。聚合果卵球形或长圆状卵圆形，长 6.5~11cm；蓇葖长 2.5~3cm，顶端尖，稍向外弯，沿背缝及腹缝开裂；果梗粗壮，长 1~3cm，直径 1~1.3cm。花期 6 月，果期 9—10 月。

大果木莲

Manglietia grandis Hu et Cheng

分类地位：木兰科（Magnoliaceae）

保护等级：二级

濒危等级：VU A2acd

生　　境：生于海拔 1200m 的山谷密林中。

国内分布：广西西南部、云南东南部。

致濒因素：用作木材；居群数量显著下降。

形态特征

乔木，高达 12m，小枝粗壮，淡灰色，无毛。叶革质，椭圆状长圆形或倒卵状长圆形，长 20~35.5cm，宽 10~13cm，先端钝尖或短突尖，基部阔楔形，两面无毛，上面有光泽，下面有乳头状突起，常灰白色，侧脉每边 17~26 条，干时两面网脉明显；叶柄长 2.6~4cm，托叶无毛，托叶痕约为叶柄的 1/4。花红色，花被片 12，外轮 3 片较薄，倒卵状长圆形，长 9~11cm，具 7~9 条纵纹，内 3 轮肉质，倒卵状匙形，长 8~12cm，宽 3~6cm；雄蕊长 1.4~1.6cm，花药长约 1.3cm，药隔伸出约 1mm 长的短尖头；雌蕊群卵圆形，长约 4cm，每心皮背面中肋凹至花柱顶端。聚合果长圆状卵圆形，长 10~12cm，果柄粗壮，直径 1.3cm，成熟蓇葖长 3~4cm，沿背缝线及腹缝线开裂，顶端尖，微内曲。花期 5 月，果期 9—10 月。

厚叶木莲

Manglietia pachyphylla Chang

分类地位：木兰科（Magnoliaceae）

保护等级：二级
濒危等级：VU B2ab(ii)；C2a(i)

生　　境：生于山地林。
国内分布：广东中南部。
致濒因素：结实率低。

形态特征

乔木，高达 16m，胸径 30cm，树皮灰黑色；小枝粗壮，被白粉；无毛，芽具淡黄色或深褐色长柔毛。叶厚革质，坚硬，倒卵状椭圆形或倒卵状长圆形，长 12~32cm，宽 6~10cm，先端短急尖，基部楔形，上面深绿色，有光泽，下面浅绿色，两面均无毛，侧脉每边 12~14 条，两面均不显著，网脉不明显；叶柄粗壮，长 3~5cm；基部托叶痕长 2~3mm。花梗粗壮，径约 1cm，无毛，花被下约 5mm 处具 1 处苞片脱落痕；花芳香，白色，花被片 9（~10），外轮 3 片倒卵形，长 7~8cm，宽 3~3.5cm，中轮 3 片倒卵形，肉质，长 5.5~6cm，内轮有时 4 片，倒卵形，基部收狭成爪，肉质，长约 5cm，宽约 2.5cm，最内一片较狭长，长 5.5cm，宽约 2cm；雄蕊长约 1.2cm，两药室下部靠合，上部稍分离，花药长约 1cm，药隔突出成钝圆头，花丝长约 1mm，雌蕊群卵圆形，长约 2.2cm，径约 1.8cm，雌蕊长 5mm，具 1~2mm 长的花柱，胚珠 10~12 枚，2 列。聚合果椭圆形，长约 7cm，径约 4.5cm；蓇葖 38~46 枚，长 2~2.5cm，背面有凹沟，顶端有短喙；种子 3~4 粒，扁球形，径 5~6mm。花期 5 月，果期 9—10 月。

毛果木莲

Manglietia ventii N. V. Tiep

分类地位：木兰科（Magnoliaceae）

保护等级：二级

濒危等级：EN B2ab(i,ii,iii,v)；D

生　　境：生于森林。

国内分布：云南东南部。

致濒因素：成熟个体数少于 250 株，结实率低。

形态特征

常绿乔木，高达 30m，直径 40cm，外芽鳞、嫩枝、叶柄、叶背、佛焰苞状苞片背面及雌蕊群密被淡黄色平伏柔毛，老枝上残留有毛。叶椭圆形，长 9~18cm，宽 4~6cm，先端短渐尖，基部楔形，侧脉每边 9~15 条，网脉致密，干时两面凸起；叶柄长 1~3.5cm；托叶痕长 7~1.5mm。花梗长 2~3cm，紧贴花被片下具 1 片佛焰苞状苞片，外面具凸起小点；花被片 9，肉质，外轮 3 片倒卵形，长 3.5~4.5cm，外面基部被黄色短柔毛，中内两轮卵形或狭卵形，内轮基部具爪；雄蕊长 8~12mm，花药长 6~8mm，稍分离，药隔伸出 1~2mm 的尖头，花丝长 1~2mm；雌蕊群倒卵状球形，长 2.5~3cm，密被黄色平伏毛，仅露出柱头，雌蕊 30~80 枚，狭长，长 1~1.2cm，腹面纵纹直达花柱顶端。胚珠两列，8~10 枚。聚合果倒卵状球形或长圆状卵圆形，长 6~10cm，残留有黄色长柔毛；蓇葖狭椭圆形，顶端具长 5~7mm 的喙。种子横椭圆形，长 6~7mm，高约 5mm，腹面有纵沟和小凹穴，背面具不规则的沟棱，基部有短尖。花期 4—5 月，果期 8—9 月。

焕镛木

Woonyoungia septentrionalis (Dandy) Y. W. Law

分类地位：木兰科（Magnoliaceae）

别　　名：单性木兰

保护等级：一级

濒危等级：VU A2ac；B1ab(ii,v)+ 2ab(ii,v)

生　　境：生于海拔 300~600m 的石灰岩山地林中。

国内分布：广西北部、贵州东南部、云南东南部。

致濒因素：自然发芽率极低，林下幼苗和幼树极为罕见，自然繁殖更新能力严重衰退。

形态特征

乔木，高达 18m。小枝绿色，初被平伏柔毛。幼叶在芽内对折，叶革质，椭圆状长圆形或倒卵状长圆形，长 8~15cm，先端钝圆微缺，基部宽楔形，无毛，全缘，侧脉 12~17 对；叶柄长 2~3.5cm，初被灰色柔毛，后脱落，托叶贴生叶柄，叶柄具托叶痕。雌雄异株，花单生枝顶。雄花花被片 5 片，白带淡绿色，内凹，外轮 3 片倒卵形，内轮 2 片较小；雄蕊群淡黄色，倒卵圆形，雄蕊多数，花药线形，内侧向开裂，药隔舌状短尖；雌花花被片外轮 3 片内凹，倒卵形，内轮 8~11 片线状倒披针形；雌蕊群无柄，倒卵圆形，心皮 6~9 枚，合生，每心皮含胚珠 2 枚。聚合果近球形；蓇葖革质，背缝开裂。种子 1~2 粒，悬于丝状木质部螺纹导管。特有单种属。花期 5—6 月，果期 10—11 月。

峨眉拟单性木兰

Parakmeria omeiensis Cheng

分类地位： 木兰科（Magnoliaceae）

保护等级： 一级

濒危等级： CR B1ab(i,iii,v)；D

生　　境： 生于海拔 1200~1300m 的林中。

国内分布： 四川峨眉山。

致濒因素： 已知分布地点仅 1 个，成熟个体数 20 株，猴子食用种子，生殖系统脆弱。

形态特征　常绿乔木，高达 25m，胸径 40cm；树皮深灰色。叶革质，椭圆形、狭椭圆形或倒卵状椭圆形，长 8~12cm，宽 2.5~4.5cm，先端短渐尖而尖头钝，基部楔形或狭楔形，上面深绿色，有光泽，下面淡灰绿色，有腺点，侧脉每边 8~10 条，叶柄长 1.5~2cm。花雄花两性花异株；雄花花被片 12，外轮 3 片浅黄色较薄，长圆形，先端圆或钝圆，长 3~3.8cm，宽 1~1.4cm，内 3 轮较狭小，乳白色，肉质；倒卵状匙形，雄蕊约 30 枚，长 2~2.2cm。花药长 1~1.2cm，花丝长 2~4mm，药隔顶端伸出成钝尖，药隔及花丝深红色，花托顶端短钝尖；两性花花被片与雄花同，雄蕊 16~18 枚；雌蕊群椭圆形，长约 1cm，具雌蕊 8~12 枚。聚合果倒卵圆形，长 3~4cm，种子倒卵圆形，径 6~8mm，外种皮红褐色。花期 5 月，果期 9 月。

云南拟单性木兰

Parakmeria yunnanensis Hu

分类地位：木兰科（Magnoliaceae）
别　　名：黑心绿豆

保护等级：二级
濒危等级：VU A2c；B1ab(i,iii,v)

生　　境：生于海拔 1200~1500m 的山谷密林中。
国内分布：广西、云南东南部、贵州东南部、西藏。
致濒因素：居群数量显著下降。

形态特征
常绿乔木，高达 30m，胸径 50cm，树皮灰白色，光滑不裂。叶薄革质，卵状长圆形或卵状椭圆形，长 6.5~15（~20）cm，宽 2~5cm，先端短渐尖或渐尖，基部阔楔形或近圆形，上面绿色，下面浅绿色，嫩叶紫红色，侧脉每边 7~15 条，两面网脉明显，叶柄长 1~2.5cm。花雄花两性花异株，芳香；雄花花被片 12，4 轮，外轮红色，倒卵形，长约 4cm，宽约 2cm，内 3 轮白色，肉质，狭倒卵状匙形，长 3~3.5cm，基部渐狭成爪状；雄蕊约 30 枚，长约 2.5cm，花药长约 1.5cm，药隔伸出 1mm 的短尖。花丝长约 10mm，红色，花托顶端圆；两性花花被片与雄花同而雄蕊极少，雌蕊群卵圆形，绿色，聚合果长圆状卵圆形，长约 6cm，蓇葖菱形，熟时背缝开裂；种子扁，长 6~7mm，宽约 1cm，外种皮红色。花期 5 月，果期 9—10 月。

华盖木

Pachylarnax sinica (Y. W. Law) N. H. Xia & C. Y. Wu

分类地位： 木兰科（Magnoliaceae）

别　　名： 缎子绿豆树

保护等级： 一级

濒危等级： CR B1ab(iii)；C2a(i)；D

生　　境： 生于海拔 1300~1600m 的常绿阔叶林中。

国内分布： 云南东南部。

致濒因素： 种群过小，成熟个体数仅 31 株，2 个分布点。

形态特征

常绿大乔木，高达 40m，胸径 1.2m；树皮灰白色，细纵裂；干基部稍具板根；全株无毛。小枝深绿色，径 5~9mm；老枝暗褐色。叶革质，狭倒卵形或狭倒卵状椭圆形，长 15~26（~30）cm，宽 5~8（~9.5）cm，先端圆，具长约 5mm 的急尖，尖头钝而稍弯，基部渐狭楔形，下延，边缘稍背卷，上面深绿色，有光泽，下面淡绿色，中脉两面凸起，侧脉每边 13~16 条，网脉稀疏，干时两面均凸起；叶柄长 1.5~2cm，无托叶痕，基部稍膨大。花单生枝顶，花蕾绿色，倒卵圆形或卵球形，佛焰苞状苞片紧接花被下；花被片 9，3 片 1 轮；外轮 3 片长圆状匙形，顶端钝，中轮及内轮 6 片，倒卵状匙形，较小；雄蕊约 65 枚，药室内向开裂，药隔伸出成长尖头；雌蕊群长卵球形，心皮 13~16 枚，每心皮具胚珠 3~5 枚。雌蕊群柄果时长约 1cm。聚合果成熟时绿色，干时暗褐色，倒卵圆形、椭圆状卵圆形或倒卵形，长 5~8.5cm，径 3.5~6.5cm；蓇葖厚木质，狭长圆状椭圆形或倒卵状椭圆形，长 2.5~4cm，径 1.5~2.5cm，沿腹缝线全裂及顶端 2 浅裂，背面具粗皮孔；每心皮有种子 1~3 粒，种子横椭圆形，两侧扁，宽 1~1.3cm，高约 7mm，腹孔凹入，中有凸点，背棱稍微凸。染色体 2n=38*。

宝华玉兰

Yulania zenii (W. C. Cheng) D. L. Fu

分类地位： 木兰科（Magnoliaceae）

保护等级： 二级

濒危等级： CR B1ab(ii)+2ab(ii)；D

生　　境： 海拔约 220m 的丘陵地。

国内分布： 江苏。

致濒因素： 分布面积狭小，仅有 1 个已知分布点，生境遭受破坏，成熟个体数小于 50 株。

 形态特征

落叶乔木，高达 11m，胸径达 30cm，树皮灰白色，平滑。嫩枝绿色，无毛，老枝紫色，疏生皮孔；芽狭卵形，顶端稍弯，被长绢毛。叶膜质，倒卵状长圆形或长圆形，长 7~16cm，宽 3~7cm，先端宽圆具渐尖头，基部阔楔形或圆钝，上面绿色，无毛，下面淡绿色，中脉及侧脉有长弯曲毛，侧脉每边 8~10 条；叶柄长 0.6~1.8cm，初被长柔毛，托叶痕长为叶柄长的 1/5~1/2。花蕾卵形，花先叶开放，有芳香，直径约 12cm；花梗长 2~4mm，密被长毛；花被片 9，近匙形，先端圆或稍尖，长 6.8~7.8cm，宽 2.7~3.8cm，内轮较狭小，白色，背面中部以下淡紫红色，上部白色；雄蕊长约 11mm，花药长约 7mm，两药室分开，内侧向开裂，药隔伸出成短尖，花丝紫色，长约 4mm；雌蕊群圆柱形，长约 2cm，心皮长约 4mm，花柱长约 1mm。聚合果圆柱形，长 5~7cm；成熟蓇葖近圆形，有疣点状凸起，顶端钝圆。花期 3—4 月，果期 8—9 月。

长蕊木兰

Alcimandra cathcartii (Hook. f. & Thomson) Dandy

分类地位： 木兰科（Magnoliaceae）

保护等级： 二级
濒危等级： VU A2c

生　　境： 生于海拔 1800~2700m 的山地林中。
国内分布： 云南、西藏东南部。
致濒因素： 野外种群小，自然更新能力差。

形态特征 乔木，高达 50m，胸径达 50m；嫩枝被柔毛；顶芽长锥形，被白色长毛。叶革质，卵形或椭圆状卵形，长 8~14cm，先端渐尖或尾状渐尖，基部圆或阔楔形，上面有光泽，侧脉每边 12~15 条，纤细，末端与密致的网脉网结而不明显，叶柄长 1.5~2cm，无托叶痕。花白色，佛焰苞状苞片绿色，紧接花被片，花梗长约 1.5cm；花被片 9，有透明油点，具约 9 条脉纹，外轮 3 片长圆形，长 5.5~6cm，宽 2~2.2cm；内两轮倒卵状椭圆形，比外轮稍短小，药隔伸长成短尖；雄蕊长约 4cm，花药长约 2.8cm，内向开裂；雌蕊群圆柱形，长约 2cm，直径约 3mm，具约 30 枚雌蕊，雌蕊群柄长约 1cm。聚合果长 3.5~4cm；蓇葖扁球形，有白色皮孔。花期 5 月，果期 8—9 月。

合果木

Michelia baillonii (Pierre) Finet & Gagnepain

分类地位： 木兰科（Magnoliaceae）
别　　名： 山缅桂、山桂花、合果含笑、山白兰

保护等级： 二级
濒危等级： VU A2c

生　　境： 生长在森林中。
国内分布： 云南南部。
致濒因素： 少量分布，居群稳定。

形态特征 大乔木，高可达 35m，胸径 1m，嫩枝、叶柄、叶背被淡褐色平伏长毛；叶椭圆形、卵状椭圆形或披针形，长 6~22（~25）cm，宽 4~7cm，先端渐尖，基部楔形、阔楔形，上面初被褐色平伏长毛，中脉凹入，残留有长毛，侧脉每边 9~15 条，网脉细密，干时两面凸起；叶柄长 1.5~3cm，托叶痕为叶柄长的 1/3 或 1/2 以上。花芳香，黄色，花被片 18~21，6 片 1 轮，外 2 轮倒披针形，长 2.5~2.7cm，宽约 0.5cm，向内渐狭小，内轮披针形，长约 2cm，宽约 2mm，雄蕊长 6~7mm，花药长约 5mm，药隔伸出成短锐尖，花丝长 11.2mm；雌蕊群狭卵圆形，长约 5mm，心皮完全合生，密被淡黄色柔毛，花柱红色，长约 1mm，雌蕊群柄长约 3mm，密被淡黄色柔毛；花梗长 1~1.5cm。聚合果肉质，倒卵圆形，椭圆状圆柱形，长 6~10cm，宽约 4cm，成熟心皮完全合生，具圆点状凸起皮孔，干后不规则小块状脱落；心皮中脉木质化，扁平，弯钩状，宿存于粗壮的果轴上。花期 3—5 月，果期 8—10 月。

石碌含笑

Michelia shiluensis Chun et Y. F. Wu

分类地位：木兰科（Magnoliaceae）

保护等级：二级
濒危等级：EN A2c；D

生　　境：生于海拔 200~1500m 的常绿阔叶林、沟壑、路边等。
国内分布：海南。
致濒因素：只有 1 个分布点，成熟个体数少于 250 株，结实率低。

形态特征 乔木，高达 18m，胸径 30cm，树皮灰色。顶芽狭椭圆形，被橙黄色或灰色有光泽的柔毛。小枝、叶、叶柄均无毛。叶革质，稍坚硬，倒卵状长圆形，长 8~14（~20）cm，宽 4~7（~8）cm，先端圆钝，具短尖，基部楔形或宽楔形，上面深绿色，下面粉绿色，无毛，侧脉每边 8~12 条，网脉干后两面均凸起；叶柄长 1~3cm，具宽沟，无托叶痕。花白色，花被片 9 枚，3 轮，倒卵形，长 3~4.5cm，宽 1.5~2.5cm；雄蕊长 2~2.5cm，花丝红色；雌蕊群长 1.4~2.1cm，被微柔毛；心皮卵圆形，长 2.5~4mm。聚合果长 4~5cm，果梗长 2~3cm；蓇葖有时仅数个发育，倒卵圆形或倒卵状椭圆形，长 8~12mm，顶端具短喙。种子宽椭圆形，长约 8mm。花期 3—5 月，果期 6—8 月。

峨眉含笑

Michelia wilsonii Finet et Gagnep.

分类地位： 木兰科（Magnoliaceae）

保护等级： 二级

濒危等级： VU A2c；B1ab(iii)

生　　境： 生于海拔 600~2000m 的山区林中。

国内分布： 湖北西南部、云南东南部、贵州、四川、重庆、湖南、江西。

致濒因素： 园林绿化致生境破坏严重。

形态特征

乔木，高可达 20m；嫩枝绿色，被淡褐色稀疏短平伏毛，老枝节间较密，具皮孔；顶芽圆柱形。叶革质，倒卵形、狭倒卵形或倒披针形，长 10~15cm，宽 3.5~7cm，先端短尖或短渐尖，基部楔形或阔楔形，上面无毛，有光泽，下面灰白色，疏被白色有光泽的平伏短毛，侧脉纤细，每边 8~13 条，网脉细密，干时两面凸起；叶柄长 1.5~4cm，托叶痕长 2~4mm。花黄色，芳香，直径 5~6cm；花被片带肉质，9~12 片，倒卵形或倒披针形，长 4~5cm，宽 1~2.5cm，内轮的较狭小；雄蕊长 15~20mm，花药长约 12mm，内向开裂，药隔伸出长约 1mm 的短尖头，花丝绿色，长约 2mm；雌蕊群圆柱形，长 3.5~4cm；雌蕊长约 6mm，子房卵状椭圆形，密被银灰色平伏细毛，花柱约与子房等长；胚珠约 14 枚。花梗具 2~4 苞片脱落痕。聚合果长 12~15cm，果托扭曲；蓇葖紫褐色，长圆形或倒卵圆形，长 1~2.5cm，具灰黄色皮孔，顶端具弯曲短喙，成熟后 2 瓣开裂。花期 3—5 月，果期 8—9 月。

夏蜡梅

Calycanthus chinensis W. C. Cheng & S. Y. Chang ex P. T. Li

分类地位： 蜡梅科（Calycanthaceae）
别　　名： 黄梅花、蜡木、大叶柴、牡丹木、夏梅

保护等级： 二级
濒危等级： EN D

生　　境： 生于海拔 600~1000m 的山地沟边林荫下。
国内分布： 浙江北部。
致濒因素： 分布面积狭小，生境明显退化。

形态特征　高 1~3m；树皮灰白色或灰褐色，皮孔突起；小枝对生，无毛或幼时被疏微毛；芽藏于叶柄基部之内。叶宽卵状椭圆形、卵圆形或倒卵形，叶缘全缘或有不规则的细齿，叶面有光泽，略粗糙，无毛。花被片螺旋状着生于杯状或坛状的花托上，外面的花被片 12~14，倒卵形或倒卵状匙形，白色，边缘淡紫红色，有脉纹，内面的花被片 9~12，向上直立，顶端内弯，椭圆形，中部以上淡黄色，中部以下白色，内面基部有淡紫红色斑纹；雄蕊 18~19 枚，花药密被短柔毛，药隔短尖；心皮 11~12 枚，着生于杯状或坛状的花托之内，被绢毛，花柱丝状伸长。果托钟状或近顶口紧缩，密被柔毛，顶端有 14~16 个披针状钻形的附生物；瘦果长圆形，被绢毛。花期 5 月中下旬，果期 10 月上旬。

润楠

Machilus nanmu (Oliver) Hemsley

分类地位： 樟科（Lauraceae）
别　　名： 滇楠

保护等级： 二级
濒危等级： EN B1ab(i,iii)；C1

生　　境： 生于山地阔叶林中。
国内分布： 四川、云南东北部。
致濒因素： 分布面积狭小，种群和个体数量都大大减少；生境明显退化。

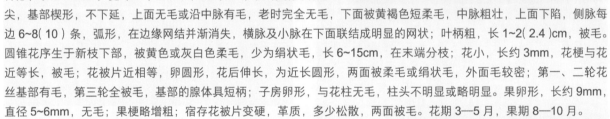

 形态特征　乔木，高达 40m 以上，胸径约 40cm。芽鳞密被黄褐色短柔毛。小枝较细，直径约 3mm，近圆柱形或略显棱角，一年生枝密被黄褐色短柔毛，二年生枝无毛或有疏柔毛。叶薄革质，椭圆形或椭圆状倒披针形，长 8~18cm，宽（2~）3.5~6（~10）cm，先端渐尖或短尖，基部楔形，不下延，上面无毛或沿中脉有毛，老时完全无毛，下面被黄褐色短柔毛，中脉粗壮，上面下陷，侧脉每边 6~8(10) 条，弧形，在边缘网结并渐消失，横脉及小脉在下面联结成明显的网状；叶柄粗，长 1~2(2.4)cm，被毛。圆锥花序生于新枝下部，被黄色或灰白色柔毛，少为绢状毛，长 6~15cm，在末端分枝；花小，长约 3mm，花梗与花近等长，被毛；花被片近相等，卵圆形，花后伸长，为近长圆形，两面被柔毛或绢状毛，外面毛较密；第一、二轮花丝基部有毛，第三轮全被毛，基部的腺体具短柄；子房卵形，与花柱无毛，柱头不明显或略明显。果卵形，长约 9mm，直径 5~6mm，无毛；果梗略增粗；宿存花被片变硬，革质，多少松散，两面被毛。花期 3—5 月，果期 8—10 月。

闽楠

Phoebe bournei (Hemsl.) Yang

分类地位: 樟科（Lauraceae）

别　　名: 竹叶楠、兴安楠木

保护等级: 二级

濒危等级: VU A2c

生　　境: 生于海拔 1500m 以下常绿阔叶林中。

国内分布: 浙江、福建、江西、湖北、湖南、广东、广西、贵州。

致濒因素: 优质木材树种，人为过度砍伐。

形态特征　大乔木，高达 15~20m，树干通直，分枝少；老的树皮灰白色，新的树皮带黄褐色。小枝有毛或近无毛。叶革质或厚革质，披针形或倒披针形，长 7~13（~15）cm，宽 2~3（~4）cm，先端渐尖或长渐尖，基部渐狭或楔形，上面发亮，下面有短柔毛，脉上被伸展长柔毛，有时具缘毛，中脉上面下陷，侧脉每边 10~14 条，上面平坦或下陷，下面突起，横脉及小脉多而密，在下面结成十分明显的网格状；叶柄长 5~11（~20）mm。花序生于新枝中下部，被毛，长 3~7（~10）cm，通常 3~4 个，为紧缩不开展的圆锥花序，最下部分枝长 2~2.5cm；花被片卵形，长约 4mm，宽约 3mm，两面被短柔毛；第一二轮花丝疏被柔毛，第三轮密被长柔毛，基部的腺体近无柄，退化雄蕊三角形，具柄，有长柔毛；子房近球形，与花柱无毛，或上半部与花柱疏被柔毛，柱头帽状。果椭圆形或长圆形，长 1.1~1.5cm，直径约 6~7mm；宿存花被片被毛，紧贴。花期 4 月，果期 10—11 月。

浙江楠

Phoebe chekiangensis C. B. Shang

分类地位：樟科（Lauraceae）

别　　名：浙江紫楠

保护等级：二级

濒危等级：VU A2c

生　　境：生于海拔 1000m 以下丘陵沟谷或山坡林中。

国内分布：浙江、江西及福建。

致濒因素：优质木材树种，人为采伐过度，种群数量少。

形态特征　大乔木，树干通直，高达 20m，胸径达 50cm；树皮淡褐黄色，薄片状脱落，具明显的褐色皮孔。小枝有棱，密被黄褐色或灰黑色柔毛或绒毛。叶革质，倒卵状椭圆形或倒卵状披针形，少为披针形，长 7~17cm，宽 3~7cm，通常长 8~13cm，宽 3.5~5cm，先端突渐尖或长渐尖，基部楔形或近圆形，上面初时有毛，后变无毛或完全无毛，下面被灰褐色柔毛，脉上被长柔毛，中、侧脉上面下陷，侧脉每边 8~10 条，横脉及小脉多而密，下面明显；叶柄长 1~1.5cm，密被黄褐色绒毛或柔毛。圆锥花序长 5~10cm，密被黄褐色绒毛；花长约 4mm，花梗长 2~3mm；花被片卵形，两面被毛，第一、二轮花丝疏被灰白色长柔毛，第三轮密被灰白色长柔毛，退化雄蕊箭头形，被毛；子房卵形，无毛，花柱细，直或弯，柱头盘状。果椭圆状卵形，长 1.2~1.5cm，熟时外被白粉；宿存花被片革质，紧贴。种子两侧不等，多胚性。花期 4—5 月，果期 9—10 月。

楠木

Phoebe zhennan S. Lee et F. N. Wei

分类地位：樟科（Lauraceae）
别　　名：雅楠、桢楠

保护等级：二级
濒危等级：VU A2+3cd

生　　境：生于海拔 1500m 以下的阔叶林中。
国内分布：四川、贵州、湖北、湖南。
致濒因素：优质木材树种，盗伐严重，野外种群数量显著下降。

形态特征

大乔木，高达 30 余米，树干通直。芽鳞被灰黄色贴伏长毛。小枝通常较细，有棱或近于圆柱形，被灰黄色或灰褐色长柔毛或短柔毛。叶革质，椭圆形，少为披针形或倒披针形，长 7~11（13）cm，宽 2.5~4cm，先端渐尖，尖头直或呈镰状，基部楔形，末端钝或尖，上面光亮无毛或沿中脉下半部有柔毛，下面密被短柔毛，脉上被长柔毛，中脉在上面下陷成沟，下面明显突起，侧脉每边 8~13 条，斜伸，上面不明显，下面明显，近边缘网结，并渐消失，横脉在下面略明显或不明显，小脉几乎看不见，不与横脉构成网格状；叶柄细，长 1~2.2cm，被毛。聚伞状圆锥花序十分开展，被毛，长（6）7.5~12cm，纤细，在中部以上分枝，最下部分枝通常长 2.5~4cm，每伞形花序有花 3~6 朵，一般为 5 朵；花中等大，长 3~4mm，花梗与花等长；花被片近等大，长 3~3.5mm，宽 2~2.5mm，外轮卵形，内轮卵状长圆形，先端钝，两面被灰黄色长或短柔毛，内面较密；第一、二轮花丝长约 2mm，第三轮长 2.3mm，均被毛，第三轮花丝基部的腺体无柄，退化雄蕊三角形，具柄，被毛；子房球形，无毛或上半部与花柱被疏柔毛，柱头盘状。果椭圆形，长 1.1~1.4cm，直径 6~7mm；果梗微增粗；宿存花被片卵形，革质、紧贴，两面被短柔毛或外面被微柔毛。花期 4—5 月，果期 9—10 月。

油丹

Alseodaphnopsis hainanensis (Merr.) H. W. Li & J. Li

分类地位： 樟科（Lauraceae）

别　　名： 海南峨眉楠、硬壳果、黄丹公、三次香、黄丹

保护等级： 二级

濒危等级： VU A2c；B1ab(i,iii,v)

生　　境： 生于海拔 700~1700m 的山谷及密林中。

国内分布： 广东、海南。

致濒因素： 人为砍伐，居群数量显著下降，分布面积狭小，生境明显退化。

形态特征

乔木，高达 25m，除幼嫩部分外全体无毛。枝及幼枝圆柱形，灰白色，幼枝基部有多数密集的鳞片痕。顶芽小，有灰色或锈色绢毛。叶多数，聚集于枝顶，长椭圆形，先端圆形，基部急尖，革质，上面光亮，下面带绿白色，边缘反卷，侧脉 12~17 对，纤细，叶柄粗壮，腹凹背凸。圆锥花序生于枝条上部叶腋内，无毛，少分枝；总梗伸长，与花梗近肉质；花梗纤细，果时增粗。花被裂片稍肉质，长圆形，先端微急尖，外面无毛，内面被白色绢毛。能育雄蕊长约 2.5mm，被疏柔毛，花药椭圆状四方形，钝头，与花丝等长，其花丝基部有一对具柄腺体。子房卵珠形，花柱纤细，柱头不明显。果球形或卵形，鲜时绿色，干时黑色，直径 1.5~2.5cm。花期 7 月，果期 10 月至翌年 2 月。

舟山新木姜子

Neolitsea sericea (Bl.) Koidz.

分类地位： 樟科（Lauraceae）

保护等级： 二级

濒危等级： EN A3c；B1ab(i,iii,v)；D

生　　境： 生于山坡林中。

国内分布： 江苏、浙江、上海。

致濒因素： 有数个小的种群；个体居群数量在保护区内常见。浙江大部分地区均有分布。

形态
特征

乔木，高达 10m，胸径达 30cm；树皮灰白色，平滑。嫩枝密被金黄色丝状柔毛，老枝紫褐色，无毛。顶芽圆卵形，鳞片外面密被金黄色丝状柔毛。叶互生，椭圆形至披针状椭圆形，长 6.6~20cm，宽 3~4.5cm，两端渐狭，而先端钝，革质，幼叶两面密被金黄色绢毛，老叶上面毛脱落呈绿色而有光泽，下面粉绿，有贴伏黄褐或橙褐色绢毛，离基三出脉，侧脉每边 4~5 条，第一对侧脉离叶基部 6~10mm 处发出，斜展，靠叶缘一侧有 4~6 条小支脉，先端弧曲联结，其余侧脉自中脉中部或中上部发出，中脉和侧脉在叶两面均突起，横脉两面明显；叶柄长 2~3cm，颇粗壮，初时密被金黄色丝状柔毛，后毛渐脱落变无毛。伞形花序簇生叶腋或枝侧，无总梗；每一花序有花 5 朵；花梗长 3~6mm，密被长柔毛；花被裂片 4 枚，椭圆形，外面密被长柔毛，内面基部有长柔毛；雄花能育雄蕊 6 枚，花丝基部有长柔毛，第三轮基部腺体肾形，有柄；具退化雌蕊；雌花退化雄蕊基部有长柔毛；子房卵圆形，无毛，花柱稍长，柱头扁平。果球形，径约 1.3cm；果托浅盘状；果梗粗壮，长 4~6mm，有柔毛。花期 9—10 月，果期翌年 1—2 月。

天竺桂

Cinnamomum japonicum Sieb.

分类地位： 樟科（Lauraceae）

别　　名： 山玉桂、土桂、土肉桂、山肉桂、竺香、大叶天竺桂、普陀樟、浙江樟

保护等级： 二级

濒危等级： VU A2c

生　　境： 生于海拔 1000m 以下的常绿阔叶林中。

国内分布： 安徽、江苏、浙江、福建、台湾、江西、湖北。

致濒因素： 有数个健康的种群；生境破碎，随着人类活动分布范围慢慢缩小。

形态特征

常绿乔木，高 10~15m，胸径 30~35cm。枝条细弱，圆柱形，极无毛，红色或红褐色，具香气。叶近对生或在枝条上部者互生，卵圆状长圆形至长圆状披针形，长 7~10cm，宽 3~3.5cm，先端锐尖至渐尖，基部宽楔形或钝形，革质，上面绿色，光亮，下面灰绿色，晦暗，两面无毛，离基三出脉，中脉直贯端，在叶片上部有少数支脉，基生侧脉自叶基 1~1.5cm 处斜向生出，向叶缘一侧有少数支脉，有时自叶基处生出一对稍为明显隆起的附加支脉，中脉及侧脉两面隆起，细脉在上面密集而呈明显的网结状，但在下面呈细小的网孔；叶柄粗壮，腹凹背凸，红褐色，无毛。圆锥花序腋生，长 3~4.5（10）cm，总梗长 1.5~3cm，与长 5~7mm 的花梗均无毛，末端为 3~5 朵花的聚伞花序。花长约 4.5mm。花被筒倒锥形，短小，长 1.5mm，花被裂片 6 枚，卵圆形，长约 3mm，宽约 2mm，先端锐尖，外面无毛，内面被柔毛。能育雄蕊 9 枚，内藏，花药长约 1mm，卵圆状椭圆形，先端钝，4 室，第一、二轮花药药室内向，第三轮花药药室外向，花丝长约 2mm，被柔毛，第一、二轮花丝无腺体，第三轮花丝近中部有一对圆状肾形腺体。退化雄蕊 3 枚，位于最内轮。子房卵珠形，长约 1mm，略被微柔毛，花柱稍长于子房，柱头盘状。果长圆形，长 7mm，宽达 5mm，无毛；果托浅杯状，顶部极开张，宽达 5mm，边缘极全缘或具浅圆齿，基部骤然收缩成细长的果梗。花期 4—5 月，果期 7—9 月。

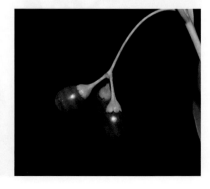

拟花蔺

Butomopsis latifolia (D. Don) Kunth

分类地位：泽泻科（Alismataceae）

保护等级：二级

濒危等级：VU B1ab(iii)

生　　境：生于海拔 560~860m 的沼泽湿地、浅水沟，偶见于水稻田中。

国内分布：云南南部。

致濒因素：生境破碎化或丧失，水体污染严重影响其生长繁殖，自然种群过小。

形态特征　一年生草本，半水生或沼生。叶基生；叶片长 5~15cm，宽 1~5cm，先端锐尖，基部楔形，具 3~7 脉；叶柄长 12~16cm，基部宽鞘状。花葶长 10~30cm；伞形花序具花 3~15朵，基部苞片长约 1.3cm；花具梗，长 5~12cm，基部有膜质小苞片，外轮花被片广椭圆形，先端圆或稍凹，边缘干膜质，长约 5mm，宽约 3mm，内轮花被片白色，比外轮大，长约 6mm，宽约 4mm；花丝长 1.5~3mm，基部稍宽，花药狭，长 1~1.5mm；子房圆柱形，长约 5mm，柱头黄色，外弯。蓇葖果长约 10cm。种子小，长约 0.5mm，多数，褐色。

长喙毛茛泽泻

Ranalisma rostrata Stapf

分类地位： 泽泻科（Alismataceae）

保护等级： 二级

濒危等级： CR A2c+3c+4c；B2ab(iii)

生　　境： 生于池沼浅水中。

国内分布： 浙江、江西、湖南。

形态特征

有匍匐茎的植物。叶柄长 12~32cm；叶全缘；漂浮或地上叶卵形到卵形椭圆形，长 3~4.5cm，宽 3~3.5cm，基部近心形，先端亚尖。花 1~3 朵在花葶的先端；苞片 2，匙形，约 7mm。萼片宽椭圆形，约 5mm。花瓣倒卵形椭圆形，通常约等长于萼片。雄蕊约 2.5mm；花药椭圆形。心皮拥挤，具顶端，宿存花柱；插座长方形。瘦果呈钝角；喙 3~5mm。

浮叶慈姑

Sagittaria natans Pall.

分类地位: 泽泻科(Alismataceae)

别　　名: 浮叶慈菇

保护等级: 二级

生　　境: 生于池塘、水甸子、小溪及沟渠等静水或缓流水体中。

国内分布: 黑龙江、吉林、辽宁、内蒙古、新疆。

致濒因素: 可有性繁殖；10 多个分布点；湿地退化，每个分布点规模还可。

形态特征

多年生水生浮叶草本。根状茎匍匐。沉水叶披针形或叶柄状；浮水叶宽披针形、圆形或箭形，长 5~17cm；箭形叶在顶裂片与侧裂片之间缢缩或否，顶裂片长 4.5~12cm，宽 0.7~7cm，先端急尖、钝圆或微凹，叶脉 3~7 条，平行，侧裂片稍不等长，长约 1.2~6cm，向后直伸或多少向两侧斜展，末端钝圆或渐尖，叶脉 3 条；叶柄长 20~50cm 或更长，基部鞘状，下部具横脉，向上渐无。花葶高 30~50cm，粗壮，直立，挺水。花序总状，长 5~25cm，具花 2~6 轮，每轮(2~)3 花，苞片基部多少合生，膜质，长约 3~10mm，先端钝圆或渐尖。花单性，稀两性；外轮花被片长 3~4mm，宽约 3mm，广卵形，先端近圆形，边缘膜质，不反折，内轮花被片白色，长约 8~10mm，宽约 5.5mm，倒卵形，基部缢缩；雌花 1~2 轮，花梗长 0.6~1cm，粗壮，心皮多数，两侧压扁，分离，密集呈球形；花柱自腹侧伸出，斜上；雄花多轮，有时具不孕雌蕊，雄蕊多数，不等长；花丝长约 0.5~1mm 或稍长，通常外轮较短，花药长 1~1.5mm，黄色，椭圆形至矩圆形。瘦果两侧压扁，背翅边缘不整齐，斜倒卵形，长 2~3mm，宽 1~2.2mm，果喙位于腹侧，直立或斜上。花果期 6—9 月。

海菜花

Ottelia acuminata (Lévl. et Vant.) Dandy var. *acuminata*

分类地位：水鳖科（Hydrocharitaceae）
别　　名：异叶水车前、龙爪菜

保护等级：二级
濒危等级：VU A2c；C1

生　　境：生于湖泊、池塘、沟渠及水田中。
国内分布：广东、广西、海南、四川、贵州、云南。
致濒因素：水体污染，生境破碎化。

沉水草本。茎短缩。叶基生，叶形变化较大，线形、长椭圆形、披针形、卵形以及阔心形，基部心形或少数渐狭，边缘全缘，波状或有细锯齿，先端钝；叶柄长短因水深浅而异，深水湖中叶柄长达 200~300cm，浅水田中柄长仅 4~20cm，柄上及叶背沿脉常具肉刺。花单性，雌雄异株；佛焰苞无翅，具 2~6 棱，无刺或有刺；雄佛焰苞内含 40~50 朵雄花，花梗长 4~10cm，萼片 3，开展，绿色或深绿色，披针形，长 8~15mm，宽 2~4mm，花瓣 3 片，白色，基部黄色或深黄色，倒心形，长 1~3.5cm，宽 1.5~4cm；雄蕊 9~12 枚，黄色，花丝扁平，花药卵状椭圆形，退化雄蕊 3 枚，线形，黄色；雌佛焰苞内含 2~3 朵雌花，花梗短，花萼、花瓣与雄花的相似，花柱 3 条，橙黄色，2 裂至基部，裂片线形，长约 1.4cm；子房下位，三棱柱形，有退化雄蕊 3 枚，线形，黄色，长 3~5mm。果三角形圆筒状至纺锤状，褐色，长约 8cm，棱上有明显的肉刺和疣凸。种子多数，无毛。花果期 5—10 月。染色体 2n=22。

靖西海菜花

Ottelia acuminata var. *jingxiensis* H. Q. Wang et X. Z. Sun

分类地位：水鳖科（Hydrocharitaceae）

保护等级：二级

生　　境：生于流水河湾处或溪沟中。

国内分布：广西。

致濒因素：分布狭窄，水体污染，生境破碎化。

沉水草本。根茎短，长约 2cm，径约 5mm。叶基生，同型；叶片长椭圆形或带状椭圆形，先端渐尖或钝，基部渐狭或浅心形，全缘，略有波状皱褶，长 24~50cm，宽 8~14cm；叶脉 9 条，在叶背面凸起，光滑；叶柄长 30~60cm，宽 5~8mm，扁平状三棱形，基部具鞘，白色，宽约 2.5cm。花单性，雌雄异株；佛焰苞扁平状椭圆形，光滑，长 3~6cm，宽 1.2~2.6cm，中部隆起呈龙骨状，其上具 3 肋，两侧棱明显，先端 2 齿裂；佛焰苞梗扁圆柱形，长 10~90cm，宽约 5mm，弯曲或螺旋状扭曲；雄佛焰苞内含雄花 60~190 朵，甚至更多，花梗三棱形至圆形，长 8~9cm，直径约 1.8cm，开花于佛焰苞外；萼片 3，阔披针形，长 1.8~2cm，宽 0.5~0.7cm，向外反卷，绿色；花瓣 3 片，倒卵形，先端微凹，有纵纹，白色，基部黄色，长约 2.5cm，宽 3.5~4cm；雄蕊 12 枚，2 轮，内轮较外轮长，花丝扁平，淡黄色，密被绒毛；退化雄蕊 3 枚，线形，扁平，绿色，长 8~12mm，先端 2 裂，裂片长 1~3mm；退化雌蕊球形，淡黄色，具 6 槽；雌佛焰苞内含雌花 8~9 朵，花后花序梗作螺旋状扭曲；萼片和花瓣与雄花的相似，稍小；退化雄蕊 3 枚，长约 5mm；子房三棱形，淡紫色，长 5.5~8cm，宽 0.3~0.7cm，1 室，侧膜胎座。果实三棱形，具疣点，长于佛焰苞。种子多数，长椭圆形，有极稀疏的毛。花期 6—10 月。染色体 2n=22。

龙舌草

Ottelia alismoides (L.) Pers.

分类地位：水鳖科（Hydrocharitaceae）
别　　名：水车前、水白菜

保护等级：二级
濒危等级：VU A2ac+3ac

生　　境：生于湖泊、沟渠、水塘、水田或积水洼地。
国内分布：黑龙江、河北、河南、江苏、安徽、浙江、台湾、福建、江西、湖北、湖南、广东、香港、海南、广西、贵州、四川、云南。
致濒因素：水体污染，近年来种群数量急剧下降。

形态特征

沉水草本，具须根。茎短缩。叶基生，膜质；叶片因生境条件的不同而形态各异，多为广卵形、卵状椭圆形、近圆形或心形，长约20cm，宽约18cm或更大，常见叶形尚有狭长形、披针形乃至线形，长达8~25cm，宽仅1.5~4cm，全缘或有细齿；在植株个体发育的不同阶段，叶形常依次变更初生叶线形，后出现披针形、椭圆形、广卵形等叶；叶柄长短随水体的深浅而异，多变化于2~40cm之间。两性花，偶见单性花，即雌雄异株杂性；佛焰苞椭圆形至卵形，长2.5~4cm，宽1.5~2.5cm，顶端2~3浅裂，有3~6条纵翅，翅有时成折叠的波状，有时极窄，在翅不发达的脊上有时出现瘤状凸起；总花梗长40~50cm；花无梗，单生；花瓣白色、淡紫色或浅蓝色；雄蕊3~9（~12）枚，花丝具腺毛，花药条形，黄色，长3~4mm，宽0.5~1mm，药隔扁平；子房下位，近圆形，心皮3~9（~10）枚，侧膜胎座；花柱6~10条，2深裂。果长2~5cm，宽0.8~1.8cm。种子多数，纺锤形，细小，长1~2mm，种皮上有纵条纹，被有白毛。花期4—10月。染色体2n=44。

水菜花

Ottelia cordata (Wall.) Dandy

分类地位：水鳖科（Hydrocharitaceae）

保护等级：二级
濒危等级：LC

生　　境：生于淡水沟或池塘中。
国内分布：海南。
致濒因素：生境破碎化和丧失，更新困难。

形态特征　一年生或多年生水生草本。须根多数，长 15~30cm，径约 2mm。茎极短。叶基生，异型；沉水叶长椭圆形、披针形或带形，全缘，长 30~60cm，宽 4.5~10cm，薄纸质，淡绿色，光滑无毛，叶脉 5~7 条；叶柄长 30~50cm，基部有鞘，带形叶则近于无柄；浮水叶阔披针形或长卵形，长 10~20cm，宽 4~10cm，先端急尖或渐尖，基部心形，全缘，较沉水叶厚，革质，色深具光泽；叶脉 9 条；叶柄长 50~120cm，基部有鞘。花单性，雌雄异株；佛焰苞腋生，具长梗，长卵圆形，具 6 条纵棱，上面有排列成行的疣点，顶端不规则 2 裂，长 3.4~8cm，宽 1.5~2cm；雄佛焰苞内有雄花 10~30 朵，同时 2~4 朵伸出苞外开花，雄花梗长 5cm 以上；萼片 3，广披针形，长 1.5~2.8cm，宽约 0.5cm，淡黄色；花瓣 3 片，倒卵形，白色，基部带黄色，长 2.5~4.5cm，具纵条纹；雄蕊 12 枚，排列为 2 轮，外轮比内轮短，花丝上密被绒毛，花药长 6mm，药隔明显；退化雄蕊 3 枚，与萼片对生，长 1.5~1.9cm，黄色，扁平，先端 2 裂，有乳头状凸起，裂片长约 5mm；腺体 3，黄红色，与花瓣对生；退化雌蕊 1 枚，圆球形，具 3 浅沟；雌佛焰苞内含雌花 1 朵，花被与雄花花被相似，稍大；子房下位，长圆形，光滑，通常隔成不完全的 9~15 室，侧膜胎座；花柱 9~18 条，长 1.5~1.7cm，先端 2 裂，扁平状，裂缝间具毛状乳头；退化雄蕊 3~8 枚；腺体 3 枚，与花瓣对生。果实长椭圆形，长 4~4.5cm，直径 1.6~2cm。种子多数，纺锤形，长 1.1~1.3cm，光滑。花期 5 月。染色体 2n=22。

芒苞草

Acanthochlamys bracteata P. C. Kao

分类地位: 翡若翠科 (Velloziaceae)

保护等级: 二级

濒危等级: VU B2ab(i,ii)

生　　境: 生于海拔 2700~3400m 的干旱河谷灌丛、稀疏针叶林、亚高山草甸。

国内分布: 四川西部及西藏东南部。

致濒因素: 分布区狭窄，生境破碎化或丧失，种群波动大。

形态特征

植株高 1.5~5cm，密丛生。根状茎坚硬，根较长。叶近直立，长 2.5~7cm，宽约 0.3mm，腹背面均具一纵沟，老叶则多少中空；鞘披针形，浅棕色，老时常破裂。花茎长 2~5.5cm；聚伞花序缩短成头状，外形近扫帚状；花红色或紫红色；苞片宿存，在花序基部的 2 枚长 8~10mm，具近革质的浅棕色的鞘；其余的苞片稍短，每花约有 8~18 枚，具膜质的白色的鞘；花被长 3.5~6.5mm，宽约 2mm；外轮裂片卵形，顶端钝或急尖，具 3 脉；内轮裂片卵形，较小，略比外轮的狭；花药长圆形，不等大；子房长圆形；花柱长 2~3mm，柱头裂片长约 0.3mm。蒴果顶端海绵质且呈白色，喙长约 1mm；种子两端近浑圆或钝。花期 6 月，果期 8 月。

凌云重楼

Paris cronquistii (Takhtajan) H. Li

分类地位： 藜芦科（Melanthiaceae）

保护等级： 二级

濒危等级： VU A2c；B1ac(i,iii)

生　境： 生于海拔 900~2100m 的石灰石山坡、山谷林下、山谷阴湿地、石坡灌丛、峡谷森林、苔藓林。

国内分布： 广西西南部、重庆、贵州、四川、云南东南部。

形态特征 植株高可达 1m。根状茎长 2~8.5cm，径 2~3cm。茎高达 1m，绿色，常暗紫色，粗糙。叶 6~7 片，卵形，长 11~17cm，宽 5.5~11cm，基部心形，稀圆，绿色，上面具紫色斑块，下面常紫色或绿色具紫斑；叶柄长 2.5~7.6cm，紫色。花基数 5~6，与叶数相等；雄蕊 3 轮；萼片绿色，披针形或卵状披针形，长 3.5~11cm，宽 1.3~2cm；花瓣黄绿色，丝状，有时稍宽，长 3.2~8cm，斜伸，短于萼片；雄蕊长（15~）19~30cm，高出柱头，花丝淡绿色，长 0.3~1cm，花药长 1~1.5cm，药隔凸出部分长 1~6mm，锐尖；子房绿或淡紫色，具 5~6 棱，1 室，侧膜胎座 5~6 个，胚珠多数；柱头裂片 5~6 枚。蒴果初绿色，后红色，开裂。种子近球形，外种皮红色多汁。花期 4—6 月，果期 10—11 月。染色体 2n=10（a）。

金线重楼

Paris delavayi Franchet

分类地位：藜芦科（Melanthiaceae）

保护等级：二级
濒危等级：VU A2acd+3cd+4cd

生　　境：生于海拔 1300~2100m 的常绿阔叶林、竹林或灌丛中。
国内分布：湖北、湖南西北部、广西东北部、贵州东北部、四川、云南东北部、重庆、海南、江西。
致濒因素：对生境要求高，数量稀少。

形态特征　根状茎长 1.5~5cm，径约 1.5cm。茎高达 60cm，叶 6~8，绿色，窄披针形或卵状披针形，长 5~12cm，宽 2~4.2cm，叶柄长 0.6~2.5cm。花梗长 1~15cm；花基数 3~6，少于叶数；萼片紫绿色或紫色，长 1.5~4cm，宽 0.3~1cm，反折，有时斜升；花瓣常暗紫色，稀黄绿色，长 0.5~1.5cm，宽 0.5~0.7mm；雄蕊 2 轮，花丝长 3~5mm，药隔凸出部分紫色，线形，长 1.5~4mm；子房圆锥形，绿色或上部紫色，1 室，侧膜胎座 3~6 个，长 1.5~7mm，花柱紫色，宿存。蒴果圆锥状，绿色。外种皮红色，多汁。花期 4—5 月，果期 9—10 月。染色体 2n=10（a）。

海南重楼

Paris dunniana H. Léveillé

分类地位： 藜芦科（Melanthiaceae）

保护等级： 二级

濒危等级： VU A2acd+3cd+4cd

生　　境： 生于海拔 1100m 以下的林中。

国内分布： 云南东南部、贵州中南部、广西西部、海南中南部。

致濒因素： 生境退化严重，种群数量小，有性繁殖能力极弱，种群处于衰退状态。

根状茎粗。茎高达 1.6m，径达 2.2cm，绿色或暗紫色。叶 4~8 片，倒卵状长圆形，长（17~）23~30cm，宽（7.5~）9.7~14cm，先端具长 1~2cm 的尖头；叶柄长（3.5~）5~8cm。花梗长 0.6~1.4m；花基数（5~）6~8；萼片绿色，膜质，长圆状披针形，长 6.6~10cm，宽 1.5~2.4cm；花瓣绿色，丝状，长于萼片，雄蕊（3）4~6 轮，长 2~3cm，花丝长 0.8~1.3cm，花药长 1.2~2cm，药隔锐尖；子房淡绿色、紫色，具棱，长 8mm，径 5mm，1 室，侧膜胎座 6~8 个，胚珠多数，柱头 6~8 裂。蒴果成熟时淡绿色，近球形，径 4cm，开裂。种子径约 4mm，外种皮橙黄色，肉质，多汁。花期 3—4 月，果期 10—11 月。染色体 2n=10（a）。

白花重楼

Paris polyphylla var. *alba* H. Li & R. J. Mitchell

分类地位：藜芦科（Melanthiaceae）

濒危等级：VU A2acd+3cd+4cd

生　境：海拔 1500 以上的山地林荫下。

国内分布：贵州、湖北、云南。

致濒因素：特有，对生境要求较高，同时由于药用而导致居群规模减小，种群个体数量稀少。采挖或砍伐是直接致危因子。

形态特征

多年生草本。植株高 35~100cm，无毛；根状茎粗厚，直径达 1~2.5cm，外面棕褐色，密生多数环节和许多须根。茎通常紫红色，直径（0.8~）1~1.5cm，基部有灰白色干膜质的鞘 1~3 枚。叶（5~）7~10 枚，矩圆形、椭圆形或倒卵状披针形，长 7~15cm，宽 2.5~5cm，先端短尖或渐尖，基部圆形或宽楔形；叶柄明显，长 2~6cm，紫红色。花梗长 5~16（~30）cm；外轮花被片绿色，（3~）4~6 枚，狭卵状披针形，长（3~）4.5~7cm；内轮花被片狭条形，通常比外轮长；雄蕊 8~12 枚，花药短，长 5~8mm，与花丝近等长或稍长，药隔突出部分长 0.5~1（~2）mm；子房近球形，具棱，顶端具一盘状花柱基，花柱粗短，具（4~）5 个分枝。蒴果紫色，直径 1.5~2.5cm，3~6 瓣裂开。种子多数，具鲜红色多浆汁的外种皮。花期 4—7 月，果期 8—11 月。

华重楼

Paris polyphylla var. chinensis (Franch.) Hara

分类地位：藜芦科（Melanthiaceae）

保护等级：二级

濒危等级：VU A2acd+3cd+4cd

生　　境：生于海拔 600~2800m 的林下、竹林或沟边草丛中。

国内分布：江苏、安徽、浙江、福建、台湾、江西、湖北、湖南、广东、广西、贵州、云南、四川。

形态特征

叶5~8枚轮生，通常7枚，倒卵状披针形、矩圆状披针形或倒披针形，基部通常楔形。内轮花被片狭条形，通常中部以上变宽，宽约 1~1.5mm，长 1.5~3.5cm，长为外轮的 1/3 至近等长或稍超过；雄蕊 8~10 枚，花药长 1.2~1.5（~2）cm，长为花丝的 3~4 倍，药隔突出部分长 1~1.5（~2）mm。花期 5—7 月。果期 8—10 月。

平伐重楼

Paris vaniotii H. Lév.

分类地位：藜芦科（Melanthiaceae）

保护等级：二级

濒危等级：EN A2acd+3cd+4cd

生　　境：喜生于林下腐殖土中。

国内分布：贵州、湖南、云南、重庆、湖北、四川。

致濒因素：作为药材被采挖破坏，个体数量稀少，野外极难见到。

形态特征　草本，植株高 30~70cm。根状茎长 3~3.5cm，宽 1.2cm。叶 5 或 6 片；叶柄长 1~1.5cm；叶片椭圆形或倒披针形，长 7.5~14cm，宽 2.5~5.5cm，基部下楔形。外花被片 5，绿色，披针形，长 2.5~3.5cm，宽 7~12mm，基部逐渐缩小成一个短爪；内有花被片丝状线形，长 3.5~5cm，宽 1~2mm。花丝长 3.5~4.5mm；花药长 5.5~9mm。子房绿色，5 室，分隔不明显；花柱基部增大，柱头裂片 5 枚。花期 6 月。染色体 2n=10。

安徽贝母

Fritillaria anhuiensis S. C. Chen & S. F. Yin

分类地位： 百合科（Liliaceae）

别　　名： 皖贝母

保护等级： 二级

濒危等级： VU B2ab(ii)

生　　境： 生于海拔 600~900m 的山坡灌丛草地或沟谷林下。

国内分布： 安徽、河南、湖北，浙江栽培作药用。

形态特征
植株高达 50cm。鳞茎径 1~2cm，由 2~3 肾形大鳞片包着 6~50 枚米粒状、卵圆形、窄披针形、近棱角形的小鳞片，小鳞片大小不等。叶 6~18 片，多对生或轮生，长 10~15cm，宽 0.5~2（~3.5）cm，先端不卷曲。花 1~2（3~4）朵，淡黄白或黄绿色，具紫色斑点或方格，在栽培植株中有时出现具纯白或紫色花植株；叶状苞片与下面叶合生或不合生，先端不卷曲；花梗长 1~3cm；花被片长圆形或窄椭圆形，长 3~5cm，蜜腺窝明显突出，蜜腺长圆形，长约 0.5cm，离花被片基部约 1cm；花丝无小乳突；柱头裂片长 2~6mm。蒴果棱上具宽翅，翅宽 0.5~1cm。花期 3—4 月。

米贝母

Fritillaria davidii Franch.

分类地位：百合科（Liliaceae）

别　　名：米百合

保护等级：二级

濒危等级：EN A2b；B1ab(i,iii)

生　　境：生于河边草地或岩石缝中，以及阴湿多岩石之地。

国内分布：四川西部。

致濒因素：生境退化或丧失、分布狭窄、居群数量少。

形态特征

植株长 10~33cm。鳞茎由 3~4 枚或更多球状鳞片和周围许多米粒状小鳞片组成，呈莲座状，直径 1~2cm。茎上无叶，仅在顶端有 3~4 枚苞片（多少花瓣状）；基生叶 1~2 枚，椭圆形或卵形，长 3~5.5cm，宽 2~2.8cm，具长达 10~24cm 的叶柄。花单朵，黄色，有紫色小方格，内面有许多小疣点；花被片长 3~4cm，宽 7~14mm，内三片稍宽于外三片；花药背着；柱头裂片长 5~6mm。花期 4 月。

梭砂贝母

Fritillaria delavayi Franch.

分类地位： 百合科（Liliaceae）

别　　名： 德氏贝母、阿皮卡

保护等级： 二级

濒危等级： VU B1ab(i,iii,v)

生　　境： 生于海拔 3800~5600m 的沙石地或流沙岩石缝中。

国内分布： 青海、四川、云南西北部及西藏。

致濒因素： 作为药用被采挖，导致栖息地破坏比较严重。

 形态特征　植株长 17~35cm，鳞茎由 2（~3）枚鳞片组成，直径 1~2cm。叶 3~5 枚（包括叶状苞片），较紧密地生于植株中部或上部，全部散生或最上面 2 枚对生，狭卵形至卵状椭圆形，长 2~7cm，宽 1~3cm，先端不卷曲。花单朵，浅黄色，具红褐色斑点或小方格；花被片长 3.2~4.5cm，宽 1.2~1.5cm，内三片比外三片稍长而宽；雄蕊长约为花被片的一半；花药近基着，花丝不具小乳突；柱头裂片很短，长不及 1mm。蒴果长 3cm，宽约 2cm，棱上翅很狭，宽约 1mm，宿存花被常多少包住蒴果。花期 6—7 月，果期 8—9 月。

轮叶贝母

Fritillaria maximowiczii Freyn

分类地位：百合科（Liliaceae）

别　　名：一轮贝母

保护等级：二级

濒危等级：EN B1ab(i,iii,v)

生　　境：生于山坡上。

国内分布：河北、黑龙江、吉林、辽宁、新疆。

致濒因素：种群数量少；作为药用被采挖，导致栖息地破坏比较严重。

形态特征

植株长 27~54cm。鳞茎由 4~5 枚或更多鳞片组成，周围又有许多米粒状小鳞片，直径 1~2cm，后者很容易脱落。叶条状或条状披针形，长4.5~10cm，宽 3~13mm，先端不卷曲，通常每 3~6 枚排成一轮，极少为二轮，向上有时还有1~2 枚散生叶。花单朵，少有 2 朵，紫色，稍有黄色小方格；叶状苞片 1 枚，先端不卷；花被片长 3.5~4cm，宽 4~14mm；雄蕊长约为花被片的 3/5；花药近基着，花丝无小乳突；柱头裂片长 6~6.5mm。蒴果长 1.6~2.2cm，宽约2cm，棱上的翅宽约 4mm。花期 6 月。

额敏贝母

Fritillaria meleagroides Patrin ex Schultes & J. H. Schultes

分类地位: 百合科（Liliaceae）

保护等级: 二级
濒危等级: VU B1ab(i,iii,v)

生　　境: 生于海拔 900~2400m 的高山草甸、河岸或洼地，有时也生于盐碱地带或沼泽地浅水中。
国内分布: 新疆北部。
致濒因素: 采挖做花卉贩卖，导致其分布区破坏。

形态特征

植株高达 40cm。鳞茎球形，径 0.5~1.5cm。叶 3~7 片，散生，线形，长 5~15cm，宽 1~5mm，先端直或稍弯曲。花单生，稀 2~4 朵，外面深紫或黑棕色，稍带灰色，内面稍带黄绿色条纹和方格纹；叶状苞片先端不卷曲；花被片长 2~3.8cm，外花被片椭圆状长圆形，宽 5~8mm，内花被片倒卵形，宽 0.7~1.2cm，蜜腺窝不明显，短小；花丝有乳突；柱头 3 裂，裂片长 4~8mm。蒴果无翅。种子多数，内具成熟的线形胚。花期 4 月。

天目贝母

Fritillaria monantha Migo

分类地位： 百合科（Liliaceae）

别　　名： 湖北贝母

保护等级： 二级

濒危等级： EN A2c

生　　境： 生于海拔 100~1600m 的林下、水边或潮湿地、石灰岩土壤及河滩地。

国内分布： 浙江西北部、安徽、江西北部、湖南西北部、湖北、四川东部、贵州东北部、河南。

致濒因素： 近年来野外未曾发现个体，只有栽培。

形态特征 植株长 45~60cm。鳞茎由 2 枚鳞片组成，直径约 2cm。叶通常对生，有时兼有散生或 3 叶轮生，矩圆状披针形至披针形，长 10~12cm，宽 1.5~2.8（~4.5）cm，先端不卷曲。花单朵，淡紫色，具黄色小方格，有 3~5 枚先端不卷曲的叶状苞片；花梗长 3.5cm 以上；花被片长 4.5~5cm，宽约 1.5cm；蜜腺窝在背面明显凸出；雄蕊长约为花被片的一半，花药近基着，花丝无小乳突；柱头裂片长 3.5~5mm。蒴果长宽各约 3cm，棱上的翅宽 6~8mm。花期 4 月，果期 6 月。

伊贝母

Fritillaria pallidiflora Schrenk

分类地位： 百合科（Liliaceae）

保护等级： 二级
濒危等级： VU B1ab(iii,v)

生　　境： 生于海拔 1300~2000m 的山地云杉林下或草坡灌丛中。
国内分布： 新疆北部。
致濒因素： 药用采集，野外还可以采集到，种群数量不多。

形态特征 植株长 30~60cm。鳞茎由 2 枚鳞片组成，直径 1.5~3~5cm，鳞片上端延伸为长的膜质物，鳞茎皮较厚。叶通常散生，有时近对生或近轮生，但最下面非真正的对生或轮生，从下向上由狭卵形至披针形，长 5~12cm，宽 1~3cm，先端不卷曲。花 1~4 朵，淡黄色，内有暗红色斑点，每花有 1~2（~3）枚叶状苞片，苞片先端不卷曲；花被片匙状矩圆形，长 3.7~4.5cm，宽 1.2~1.6cm，外三片明显宽于内三片，蜜腺窝在背面明显凸出；雄蕊长约为花被片的 2/3，花药近基着，花丝无乳突；柱头裂片长约 2mm。蒴果棱上有宽翅。花期 5 月。

甘肃贝母

Fritillaria przewalskii Maxim.

分类地位： 百合科（Liliaceae）

保护等级： 二级
濒危等级： VU B1ab(iii)

生　　境： 生于海拔 2800~4400m 的灌丛或草地中。
国内分布： 甘肃、青海、四川。
致濒因素： 药用采集，野外还可以采集到，种群数量不多。

形态特征

植株长 20~40cm。鳞茎由 2 枚鳞片组成，直径 6~13mm。叶通常最下面的 2 枚对生，上面的 2~3 枚散生，条形，长 3~7cm，宽 3~4mm，先端通常不卷曲。花通常单朵，少有 2 朵，浅黄色，有黑紫色斑点；叶状苞片 1 枚，先端稍卷曲或不卷曲；花被片长 2~3cm，内三片宽 6~7mm，蜜腺窝不很明显；雄蕊长约为花被片的一半；花药近基着，花丝具小乳突；柱头裂片通常短，长不及 1mm，极个别的长达 2mm。蒴果长约 1.3cm，宽 1~1.2cm，棱上的翅很狭，宽约 1mm。花期 6—7 月，果期 8 月。

华西贝母

Fritillaria sichuanica S. C. Chen

分类地位： 百合科（Liliaceae）
别　　名： 康定贝母

保护等级： 二级
濒危等级： VU B1ab(i,iii)

生　　境： 生于海拔 3000~4400m 的山坡草丛、灌丛内或山顶崖壁阶地。
国内分布： 青海及四川。
致濒因素： 药用采集，野外还可以采集到，种群数量不多。

植株高达 50cm。鳞茎径 0.7~1.5cm。茎生叶 4~10 片，先端不卷曲，最下叶对生，稀互生，长 3~14cm，宽 2~8mm，余叶互生，兼有对生，稀轮生。花 1~2（3）朵，钟形，黄绿色具紫斑点和方格斑，有时紫色或方格斑较多，花被片呈紫色具黄绿色斑点和方格斑；叶状苞片通常不与下面叶合生，稀与下面叶合生呈 2~3 枚轮生，先端不卷曲；花被片长 2.5~4cm，外花被片长圆状椭圆形或倒卵状椭圆形，宽 0.5~1.3cm，内花被片倒卵状长圆形，宽 3~5（~15）mm，先端卷曲或不卷曲。花期 5—6 月，蒴果具翅。

太白贝母

Fritillaria taipaiensis P. Y. Li

分类地位： 百合科（Liliaceae）

别　　名： 川东贝母

保护等级： 二级

濒危等级： EN B1ab(i,iii)

生　　境： 生于海拔 2000~3200m 的山坡草丛、灌丛内或山沟石壁阶地草丛中。

国内分布： 山西、陕西南部、宁夏南部、甘肃南部、四川、重庆、湖北西部、河南西部。

致濒因素： 有药用价值，人为采挖，破坏生境。

形态特征

植株长 30~40cm。鳞茎由 2 枚鳞片组成，直径 1~1.5cm。叶通常对生，有时中部兼有 3~4 枚轮生或散生，条形至条状披针形，长 5~10cm，宽 3~7（~12）mm，先端通常不卷曲，有时稍弯曲。花单朵，绿黄色，无方格斑，通常仅在花被片先端近两侧边缘有紫色斑带；每花有 3 枚叶状苞片，苞片先端有时稍弯曲，但不卷曲；花被片长 3~4cm，外三片狭倒卵状矩圆形，宽 9~12mm，先端浑圆；内三片近匙形，上部宽 12~17mm，基部宽 3~5mm，先端骤凸而钝，蜜腺窝几不凸出或稍凸出；花药近基着，花丝通常具小乳突；花柱分裂部分长 3~4mm。蒴果长 1.8~2.5cm，棱上只有宽 0.5~2mm 的狭翅。花期 5—6 月，果期 6—7 月。

托星贝母

Fritillaria tortifolia X. Z. Duan & X. J. Zheng

分类地位： 百合科（Liliaceae）
别　　名： 托里贝母、巴尔里克贝母、乌苏贝母、重瓣托里贝母

保护等级： 二级
濒危等级： VU A2c；B2ab(iii)

生　　境： 生于灌丛、高山草坡。
国内分布： 新疆西北部。
致濒因素： 作为药用被采挖，导致栖息地破坏比较严重。

x

形态特征 鳞茎的 2 或 3 鳞片，卵球形，直径 1~3cm 或更多。茎 20~40（~100）cm。叶 8~11 片，叶片线形到披针形，长 5~5.5cm，宽 0.8~2cm，基部螺旋扭曲，先端通常有卷须。花序 1（或更多）花；苞片 3，狭披针形，先端扭曲。花下垂，钟状；花梗 2.5~3cm。花被片白色、淡黄色或者棕色，具近长圆形的紫色棋盘格，约长 3cm，宽 1~2cm；蜜腺窝在背面直角凸出。雄蕊约 1.8cm；花丝白色，无毛；花药略带紫色，约 8mm。花柱 3 浅裂；裂片约 3mm。蒴果具宽翅；翅宽约 5mm。花期 4—5 月，果期 6 月。

平贝母

Fritillaria ussuriensis Maxim.

分类地位： 百合科（Liliaceae）

别　名： 坪贝、贝母、平贝

保护等级： 二级

濒危等级： VU B1ab(i,iii)

生　境： 生于海拔 500m 以下的森林、灌丛、草甸、溪边以及阴处和潮湿的地方。

国内分布： 黑龙江、吉林、辽宁东部。

致濒因素： 种群数量少，作为药用被采挖，导致栖息地破坏比较严重。

 形态特征　植株长可达 1m。鳞茎由 2 枚鳞片组成，直径 1~1.5cm，周围还常有少数小鳞茎，容易脱落。叶轮生或对生，在中上部常兼有少数散生，条形至披针形，长 7~14cm，宽 3~6.5mm，先端不卷曲或稍卷曲。花 1~3 朵，紫色而具黄色小方格，顶端的花具 4~6 枚叶状苞片，苞片先端强烈卷曲；外花被片长约 3.5cm，宽约 1.5cm，比内花被片稍长而宽；蜜腺窝在背面明显凸出；雄蕊长约为花被片的 3/5，花药近基着，花丝具小乳突，上部更多；花柱也有乳突，柱头裂片长约 6mm。花期 5—6 月。

黄花贝母

Fritillaria verticillata Willd.

分类地位： 百合科（Liliaceae）

别　　名： 浙贝母

保护等级： 二级

生　　境： 生于海拔 1300~2000m 的山坡灌丛下或草甸中。

国内分布： 新疆。

致濒因素： 在当地作为药材被采挖严重。

植株长 15~50cm。鳞茎由 2 枚鳞片组成，直径约 2cm。叶在最下面的对生，较宽而短，其余的每 3~7 枚轮生，条状披针形，长 5~9cm，宽 2~6mm，通常先端强烈卷曲。花 1~5 朵，淡黄色，顶端的具 3 枚叶状苞片，下面的具 2 枚叶状苞片；苞片先端强烈卷曲；花被片长 2~3cm，宽 1~1.5cm，内三片稍宽于外三片，蜜腺窝在背面明显凸出；雄蕊长约为花被片的一半；花药近基着，花丝无小乳突；柱头裂片长约 2mm。蒴果长 1.5~2cm，宽约 1.5cm，棱上的翅宽 2.3mm。花期 4—6 月，果期 7 月。

新疆贝母

Fritillaria walujewii Regel

分类地位： 百合科（Liliaceae）
别　名： 天山贝母

保护等级： 二级
濒危等级： EN A2c；B1ab(iii)

生　境： 生于海拔 1600~2000m 的山地草原、草甸、灌木丛下或云杉林间空地。
国内分布： 青海东北部、新疆。
致濒因素： 作为药用被采挖，导致栖息地破坏比较严重。

形态特征

植株长 20~40cm。鳞茎由 2 枚鳞片组成，直径 1~1.5cm。叶通常最下面的为对生，先端不卷曲，中部至上部对生或 3~5 枚轮生，先端稍卷曲，下面的条形，向上逐渐变为披针形，长 5.5~10cm，宽 2~9mm。花单朵，深紫色而有黄色小方格，具 3 枚先端强烈卷曲的叶状苞片；外花被片长 3.5~4.5cm，宽 1.2~1.4cm，比内花被片稍狭而长；蜜腺窝在背面明显凸出，几乎成直角；雄蕊长约为花被的一半至 2/3，花药近基着，花丝无乳突；柱头裂片长约 2~3mm。蒴果长 1.8~3cm，宽和长相近或稍狭，棱上的翅宽 4~5mm。花期 5—6 月，果期 7—8 月。

榆中贝母

Fritillaria yuzhongensis G. D. Yu & Y. S. Zhou

分类地位： 百合科（Liliaceae）

保护等级： 二级
濒危等级： EN B1b(i)c(iii)

生　　境： 生于 1800~3500m 的草坡。
国内分布： 甘肃、河南、宁夏、陕西、山西、青海。
致濒因素： 因经济价值大导致过度采挖，在野外已很难见到活体。

形态特征　鳞茎的 2 或 3 鳞片呈卵球形，直径 0.7~1.3cm。茎长 20~50cm。叶 6~9 片，基部 2 对生，其他的互生或有时近对生；叶片线形至狭披针形，长 3~8cm，宽 2~4(~6)mm，先端通常弯曲或有卷须。花序 1(或 2)花；苞片 3，先端。花下垂，钟状；花梗 7~10mm。花被片黄绿色，稍微有紫色，具近长圆形到近卵形的棋盘格，长 2~4cm，宽 0.6~1.8cm；近圆形的蜜腺窝在背面凸出。雄蕊 1.2~2.4cm；花丝具小乳突。花柱 3 裂；裂片 2~4mm；蒴果狭翅。花期 6 月。

青岛百合

Lilium tsingtauense Gilg

分类地位： 百合科（Liliaceae）

别　　名： 崂山百合

保护等级： 二级

濒危等级： VU B1ab(i,iii)

生　　境： 生于海拔 100~400m 的阳坡、林内或草丛中。

国内分布： 山东东部、安徽北部。

致濒因素： 安徽已很少见分布，山东仅在崂山和附近区域有分布。

形态特征　鳞茎近球形，高 2.5~4cm，直径 2.5~4cm；鳞片披针形，长 2~2.5cm，宽 6~8mm，白色，无节。茎高 40~85cm，无小乳头状突起。叶轮生，1~2 轮，每轮具叶 5~14 枚，矩圆状倒披针形、倒披针形至椭圆形，长 10~15cm，宽 2~4cm，先端急尖，基部宽楔形，具短柄，两面无毛，除轮生叶外还有少数散生叶，披针形，长 7~9.5cm，宽 1.6~2cm。花单生或 2~7 朵排列成总状花序；苞片叶状，披针形，长 4.5~5.5cm，宽 0.8~1.5cm；花梗长 2~8.5cm；花橙黄色或橙红色，有紫红色斑点；花被片长椭圆形，长 4.8~5.2cm，宽 1.2~1.4cm，蜜腺两边无乳头状突起；花丝长 3cm，无毛，花药橙黄色；子房圆柱形，长 8~12mm，宽 3~4mm；花柱长为子房的 2 倍，柱头膨大，常 3 裂。花期 6 月，果期 8 月。

东北杓兰

Cypripedium × *ventricosum* Sw.

分类地位：兰科（Orchidaceae）

保护等级：二级

生　　境：生于疏林下、林缘或草地上。

国内分布：黑龙江、内蒙古。

形态特征　植株高达 50cm。茎直立，通常具 3~5 枚叶。叶片椭圆形至卵状椭圆形，长 13~20cm，宽 7~11cm，无毛或两面脉上偶见有微柔毛。花序顶生，通常具 2 花；花红紫色、粉红色至白色，大小变化较大；花瓣通常多少扭转；唇瓣深囊状，椭圆形或倒卵状球形，通常囊口周围有浅色的圈；退化雄蕊长可达 1cm。花期 5—6 月。此种被认为是杓兰（C. calceolus）和大花杓兰（C. macranthum）的种间杂种。

黄花杓兰

Cypripedium flavum P. F. Hunt et Summerh

分类地位： 兰科（Orchidaceae）

保护等级： 二级

濒危等级： VU A2ac；B1ab(i,iii,v)

生　　境： 生于海拔 1800~3450m 的林下、林缘、灌丛中或草地多石湿润之地。

国内分布： 宁夏南部、甘肃南部、青海东北部、湖北西部、四川、云南西北部、西藏东南部。

致濒因素： 放牧、采矿、经济林种植及旱灾破坏栖息地，成熟个体被采挖用于园艺观赏。

形态特征

植株通常高 30~50cm，具粗短的根状茎。茎直立，密被短柔毛，尤其在上部近节处，基部具数枚鞘，鞘上方具 3~6 枚叶。叶较疏离；叶片椭圆形至椭圆状披针形，长 10~16cm，宽 4~8cm，先端急尖或渐尖，两面被短柔毛，边缘具细缘毛。花序顶生，通常具 1 花，罕有 2 花；花序柄被短柔毛；花苞片叶状、椭圆状披针形，长 4~8cm，宽约 2cm，被短柔毛；花葶子房长 2.5~4cm，密被褐色至锈色短毛；花黄色，有时有红色晕，唇瓣上偶见栗色斑点；中萼片椭圆形至宽椭圆形，长 3~3.5cm，宽 1.5~3cm，先端钝，背面中脉与基部疏被微柔毛，边缘具细缘毛；合萼片宽椭圆形，长 2~3cm，宽 1.5~2.5cm，先端几不裂，亦具类似的微柔毛和细缘毛；花瓣长圆形至长圆状披针形，稍斜歪，长 2.5~3.5cm，宽 1~1.5cm，先端钝，并有不明显的齿，内表面基部具短柔毛，边缘有细缘毛；唇瓣深囊状，椭圆形，长 3~4.5cm，两侧和前沿均有较宽阔的内折边缘，囊底具长柔毛；退化雄蕊近圆形或宽椭圆形，长 6~7mm，宽 5mm，基部近无柄，多少具耳，下面略有龙骨状突起，上面有明显的网状脉纹。蒴果狭倒卵形，长 3.5~4.5cm，被毛。花果期 6—9 月。

玉龙杓兰

Cypripedium forrestii Cribb

分类地位：兰科（Orchidaceae）

别　　名：中甸杓兰

保护等级：二级

濒危等级：CR D

生　　境：生于海拔 3500m 的松林下、灌木丛生的坡地或开阔林地上。

国内分布：云南西北部。

致濒因素：罕见，量少，放牧及资源开发使栖息地受到威胁。

形态特征 植株高 3~5cm，具细长而横走的根状茎。茎直立，长 1.5~3cm，包藏于 2 枚圆锥形的鞘之内，顶端具 2 枚叶。叶近对生，平展或近铺地；叶片椭圆形或椭圆状卵形，长 5~6.5cm，宽 2.5~3.6cm，先端具短尖头，上面绿色，有较多的黑色斑点。花序顶生，具 1 花；花序柄长 1.7~2.5cm，被长柔毛；花苞片不存在；子房长 0.8~1cm，被长柔毛；花小，暗黄色，有栗色细斑点；中萼片卵形，长 2.2~2.4cm，宽 1.4~1.5cm，先端具短尖，背面中脉被毛；合萼片卵状椭圆形，长 1.8~1.9cm，宽 8~10mm，先端 2 浅裂并稍外弯，背面脉上稍被毛；花瓣斜卵形，多少围抱唇瓣，长 1.5~1.8cm，宽 5~6mm，先端急尖；唇瓣囊状，轮廓近圆形（从上面观），腹背压扁，长约 1cm，表面有乳头状突起；退化雄蕊长圆形，长 3.5mm，宽 3mm，先端钝，表面有乳头状突起。花期 6 月。

紫点杓兰

Cypripedium guttatum Sw.

分类地位： 兰科（Orchidaceae）

别　　名： 斑花杓兰

保护等级： 二级

濒危等级： EN A2ac

生　　境： 生于海拔 500~4000m 的林下、灌丛中或草地上。

国内分布： 河北、黑龙江、吉林、辽宁、内蒙古、宁夏、陕西、山东、山西、四川、西藏、云南西北部。

致濒因素： 分布较广，但采挖严重（用于园林观赏），这几年数量下降严重。

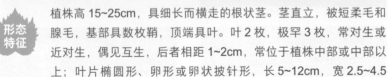

形态特征　植株高 15~25cm，具细长而横走的根状茎。茎直立，被短柔毛和腺毛，基部具数枚鞘，顶端具叶。叶 2 枚，极罕 3 枚，常对生或近对生，偶见互生，后者相距 1~2cm，常位于植株中部或中部以上；叶片椭圆形、卵形或卵状披针形，长 5~12cm，宽 2.5~4.5（~6）cm，先端急尖或渐尖，背面脉上疏被短柔毛或近无毛，干后常变黑色或浅黑色。花序顶生，具 1 花；花序柄密被短柔毛和腺毛；花苞片叶状，卵状披针形，通常长 1.5~3cm，先端急尖或渐尖，边缘具细缘毛；花梗子房长 1~1.5cm，被腺毛；花白色，具淡紫红色或淡褐红色斑；中萼片卵状椭圆形或宽卵状椭圆形，长 1.5~2.2cm，宽 1.2~1.6cm，先端急尖或短渐尖，背面基部常疏被微柔毛；合萼片狭椭圆形，长 1.2~1.8cm，宽 5~6mm，先端 2 浅裂；花瓣常近匙形或提琴形，长 1.3~1.8cm，宽 5~7mm，先端常略扩大并近浑圆，内表面基部具毛；唇瓣深囊状，钵形或深碗状，多少近球形，长与宽各约 1.5cm，具宽阔的囊口，囊口前方几乎不具内折的边缘，囊底有毛；退化雄蕊卵状椭圆形，长 4~5mm，宽 2.5~3mm，先端微凹或近截形，上面有细小的纵脊突，背面有较宽的龙骨状突起。蒴果近狭椭圆形，下垂，长约 2.5cm，宽 8~10mm，被微柔毛。花期 5—7 月，果期 8—9 月。

丽江杓兰

Cypripedium lichiangense S. C. Chen

分类地位： 兰科（Orchidaceae）

保护等级： 二级

濒危等级： CR B1b(i,ii,iii,v)c(i,ii,iv)

生　　境： 生于海拔 2600~3500m 的灌丛中或疏林内。

国内分布： 四川西南部、云南西北部、贵州。

致濒因素： 花美，采挖严重。农林牧渔业的发展如山区开荒种地、园艺观赏以及燃料的需求等对本种的威胁严重。

形态特征

植株高约 10cm，具粗壮、较短的根状茎。茎直立，长 3~7cm，包藏于 2 枚筒状鞘之内，顶端具 2 枚叶。叶近对生，铺地；叶片卵形、倒卵形至近圆形，长 8.5~19cm，宽 7~16cm，先端钝或具短尖头，上面暗绿色并具紫黑色斑点，有时还具紫色边缘。花序顶生，具 1 花；花序柄长 4~7cm，无毛；花苞片不存在；子房长 1.2~1.8cm，通常弯曲，无毛；花甚美丽，较大；萼片暗黄色而有浓密的红肝色斑点或完全红肝色，花瓣与唇瓣暗黄色而有略疏的红肝色斑点；中萼片卵形或宽卵形，长 4.2~7cm，宽 3.8~6cm，先端急尖，边缘有缘毛；合萼片椭圆形，长 3.5~5.6cm，宽 2~3.6cm，先端略有 2 齿，边缘亦有缘毛；花瓣斜长圆形，内弯而围抱唇瓣，长 4~6.5cm，宽 1.4~2.1cm，先端急尖，背面上侧有短柔毛，边缘有缘毛；唇瓣深囊状，近椭圆形，腹背压扁，长 3.3~4cm，囊的前方表面有乳头状突起但无小疣；退化雄蕊近长圆形，长 1.3~1.5cm，上面有乳头状突起。花期 5—7 月。

大花杓兰

Cypripedium macranthos Swartz

分类地位: 兰科（Orchidaceae）

别　　名: 狗匏子

保护等级: 二级

濒危等级: EN A3c

生　　境: 生于海拔 400~2400m 的亚高山草甸、透光性较好的落叶阔叶林林下或林缘，有时在受破坏后人工栽培的落叶松林林下也有出现。土壤为富含腐殖质的疏松透气壤土，生境地形一般有一定坡度，土壤湿润但又排水良好。

国内分布: 北京、河北、黑龙江、吉林、辽宁、内蒙古、山东、台湾。

致濒因素: 因采挖严重等，分布范围广，但数量少。其威胁主要来自人为采挖用于园艺观赏。

形态特征

植株高 25~50cm，具粗短的根状茎。茎直立，稍被短柔毛或变无毛，基部具数枚鞘，鞘上方具 3~4 枚叶。叶片椭圆形或椭圆状卵形，长 10~15cm，宽 6~8cm，先端渐尖或近急尖，两面脉上略被短柔毛或变无毛，边缘有细缘毛。花序顶生，具 1 花，极罕 2 花；花序柄被短柔毛或变无毛；花苞片叶状，通常椭圆形，较少椭圆状披针形，长 7~9cm，宽 4~6cm，先端短渐尖，两面脉上通常被微柔毛；花葶子房长 3~3.5cm，无毛；花大，紫色、红色或粉红色，通常有暗色脉纹，极罕白色；中萼片宽卵状椭圆形或卵状椭圆形，长 4~5cm，宽 2.5~3cm，先端渐尖，无毛；合萼片卵形，长 3~4cm，宽 1.5~2cm，先端 2 浅裂；花瓣披针形，长 4.5~6cm，宽 1.5~2.5cm，先端渐尖，不扭转，内表面基部具长柔毛；唇瓣深囊状，近球形或椭圆形，长 4.5~5.5cm；囊口较小，直径约 1.5cm，囊底有毛；退化雄蕊卵状长圆形，长 1~1.4cm，宽 7~8mm，基部无柄，背面无龙骨状突起。蒴果狭椭圆形，长约 4cm，无毛。花期 6—7 月，果期 8—9 月。染色体 2n=20，21，30。

斑叶杓兰

Cypripedium margaritaceum Franch.

分类地位：兰科（Orchidaceae）

保护等级：二级

濒危等级：EN A2c；B1ab(iii,v)

生　　境：生于海拔2500~3600m的草坡或疏林下。

国内分布：四川西南部、云南西北部。

致濒因素：采挖严重，狭域分布，森林工业发展使栖息地明显退化，种群数量减少。

形态特征

植株高约10cm，地下具较粗壮而短的根状茎。茎直立，较短，通常长2~5cm，为数枚叶鞘所包，顶端具2枚叶。叶近对生，铺地；叶片宽卵形至近圆形，长10~15cm，宽7~13cm，先端钝或具短尖头，上面暗绿色并有黑紫色斑点。花序顶生，具1花；花序柄长4~5cm，无毛；花苞片不存在；子房长1~1.5cm，常多少弯曲，有3棱，棱上疏被短柔毛；花较美丽，萼片绿黄色有栗色纵条纹，花瓣与唇瓣白色或淡黄色，有红色或栗红色斑点与条纹；中萼片宽卵形，通常长3~4cm，宽2.5~3.5cm，先端钝或具短尖头，背面脉上有短毛，边缘有乳突状缘毛；合萼片椭圆状卵形，略短于中萼片，宽2~2.5cm，先端钝并有很小的2齿，边缘亦有乳突状缘毛；花瓣斜长圆状披针形，向前弯曲并围抱唇瓣，长3~4cm，宽1.5~2cm，先端急尖，背面脉上被短毛；唇瓣囊状，近椭圆形，腹背压扁，长2.5~3cm，囊的前方表面有小疣状突起；退化雄蕊近圆形至近四方形，长约1cm，上面有乳头状突起。花期5—7月。

小花杓兰

Cypripedium micranthum Franch.

分类地位：兰科（Orchidaceae）

保护等级：二级

濒危等级：EN A2c；B1ab(iii,v)

生　　境：海拔 2000~2500m 的林下苔藓丛中。

国内分布：重庆、四川西北部至西南部。

致濒因素：草场放牧使栖息地明显退化，种群数量减少。

 形态特征　植株矮小，高 8~10cm，具细长而横走的根状茎。茎直立或稍弯曲，长 2~6cm，无毛，基部具 2~3 枚鞘，顶端生 2 枚叶。叶近对生，平展或近铺地；叶片椭圆形或倒卵状椭圆形，长 7~9cm，宽 3.5~6cm，先端具短尖头，无毛。花序顶生，直立，具 1 花；花序柄长 2~5cm，密被红锈色长柔毛，花后继续延长，到果期长可达 25cm；花苞片不存在；子房长 5~6mm，密被红锈色长柔毛；花小，淡绿色，萼片与花瓣有黑紫色斑点与短条纹，唇瓣有黑紫色长条纹，但囊口周围白色并有淡紫红色斑点；中萼片卵形，凹陷，长 1.2~1.7cm，宽 8~10mm，先端急尖或具短尖，背面密被紫色长柔毛；合萼片椭圆形，长 1~1.3cm，宽 8~9mm，先端略 2 浅裂，背面亦密被长柔毛；花瓣卵状椭圆形，长 1.3~1.4cm，宽 5~8mm，先端急尖，无毛或末端略有毛；唇瓣囊状，近椭圆形，明显的腹背压扁，长约 1cm，囊前方有乳头状突起；退化雄蕊宽椭圆形或近四方形，长约 3mm，基部略有耳。花期 5—6 月。

巴郎山杓兰

Cypripedium palangshanense T. Tang et F. T. Wang

分类地位： 兰科（Orchidaceae）

别　　名： 巴郎山杓兰

保护等级： 二级

濒危等级： EN A2c；B1ab(iii,v)

生　　境： 生于海拔 2200~2700m 的林下或灌丛中。

国内分布： 重庆、四川中部至西南部、陕西、甘肃。

致濒因素： 少见，草场放牧使栖息地明显退化，种群数量减少。

植株高 8~13cm，具细长而横走的根状茎。茎直立，无毛，大部包藏于数枚鞘之中，顶端具 2 枚叶。叶对生或近对生，平展；叶片近圆形或近宽椭圆形，长 4~6cm，宽 4~5cm，先端急尖或钝，草质，两面无毛，具 5~9 条主脉，无明显的网状支脉。花序顶生，近直立，具 1 花；花序柄纤细，被短柔毛；花苞片披针形，长 1.2~1.6cm，宽 3~4mm，先端急尖，无毛；花葶子房长 4~8mm，密被短腺毛；花俯垂，血红色或淡紫红色；中萼片披针形，长 1.4~1.8cm，宽 3~4mm，无毛或背面基部具短柔毛；合萼片卵状披针形，长 1.5~1.7cm，宽 5~6mm，先端2 浅裂；花瓣斜披针形，长 1.2~1.6cm，宽 4~5mm，先端渐尖，背面基部略被毛；唇瓣囊状，近球形，长约 1cm，具较宽阔的、近圆形的囊口；退化雄蕊卵状披针形，长约 3mm。花期 6 月。

暖地枸兰

Cypripedium subtropicum S. C. Chen & K. Y. Lang

分类地位：兰科（Orchidaceae）

保护等级：一级
濒危等级：CR

生　　境：生于海拔 1400m 的桤木林下。
国内分布：西藏东南部、广西、云南。
致濒因素：生境破碎，分布区较大，成熟个体数不详，人工种植桉树
　　　　　林及采矿采石使栖息地明显退化。

形态特征　植株高达 1.5m，具粗短的根状茎和直径 2~3mm 的肉质根。茎直立，直径约 1cm，被短柔毛，基部具数枚鞘，中部以上具 9~10 枚叶；鞘长 2.5~9.5cm，被短柔毛。叶片椭圆状长圆形至椭圆状披针形，长 21~33cm，宽 7.7~10.5cm，先端渐尖，上面无毛，背面被短柔毛，边缘多少具缘毛，基部收狭而成长 1~2cm 的柄。花序顶生，总状，具 7 花；花序柄长约 21cm；花序轴长 15cm，被淡红色毛；花苞片线状披针形，长 1~2.8cm，宽 1.5~3cm，多少反折；被淡红色毛；花雁子房长约 4.5cm，密被腺毛和淡褐色疏柔毛；花黄色，唇瓣上有紫色斑点；中萼片卵状椭圆形，长 3.5~3.9cm，宽 2.2~2.5cm，先端尾状渐尖，背面被淡红色毛；合萼片宽卵状椭圆形，略宽于中萼片，先端 2 浅裂，背面亦被毛；花瓣近长圆状卵形，长 3~3.6cm，宽 9~11mm，内表面脉上和背面被淡红色毛；唇瓣深囊状，倒卵状椭圆形，长 4~4.6cm，宽约 3cm，囊内基部具毛，囊外无毛；退化雄蕊近舌状，长 5mm，宽 1.5mm，先端钝，略向上弯曲，基部有柄。花期 7 月。

卷萼兜兰

Paphiopedilum appletonianum (Gower) Rolfe

分类地位： 兰科（Orchidaceae）

保护等级： 一级

濒危等级： EN A2ac

生　　境： 生于海拔 300~1200m 的林下阴湿、多腐殖质土壤或岩石上。

国内分布： 海南（东方、感恩、陵水、定安）、广西南部。

致濒因素： 狭域分布，毁林开荒及以园艺观赏为目的的采挖致使其栖息地质量下降。

形态特征

地生植物。叶基生，二列，4~8 枚；叶片狭椭圆形，长 22~25cm，宽 2~4（~5）cm，先端急尖并常有 2~3 枚小齿，上面有深浅绿色相间的网格斑（明显或不甚明显），背面淡绿色并在基部有紫晕，无毛，基部收狭而成叶柄状并对折而互相套叠。花葶直立，长 17~25cm 或过之，并在果期继续延长达 60cm，紫褐色，疏被短柔毛，顶端通常生 1 花；花苞片 2 枚，大的 1 枚宽卵形，围抱子房，长 2~2.7cm，宽约 1.4cm，先端具 3 小齿，背面有龙骨状突起并被短柔毛，边缘具缘毛；小的线形，长 1.4cm，亦被毛；花梗子房长 4~5（~6）cm，被短柔毛；花直径 8~9cm；中萼片绿白色并有绿色脉，基部常有紫晕，合萼片亦为绿白色并具深色脉，花瓣下半部有暗褐色与灰白色相间的条纹或斑及黑色斑点，上半部淡紫红色，唇瓣末端淡黄绿色至灰色，其余部分淡紫红色并有绿色的囊口边缘，退化雄蕊中央深绿色，边缘淡绿色；中萼片宽卵形，长 3.5~4cm，宽 2~2.6cm，先端短渐尖，上部边缘内卷，基部边缘外卷，背面被微柔毛并在中部以上具龙骨状突起；合萼片卵状椭圆形，长 2.5~3cm，宽 1.5~1.7cm，先端具 3 小齿，背面亦稍被毛；花瓣近匙形，长 4.5~6cm，上部宽 1.5~2cm，先端近急尖并略有 2~3 个小齿，中部至基部边缘波状并在上侧近边缘处具 10 余个黑色疣点，下侧边缘亦有少数黑疣点；唇瓣倒盔状，基部具宽阔的长 1.5~2cm 的柄；囊近狭椭圆形，长 2~3cm，宽 1.5~1.8cm，囊口极宽阔，两侧各具 1 个直立的耳，有时前侧还有 2 个小耳，前方边缘不内折，两侧内折裂片上常有黑色疣点，囊底有毛；退化雄蕊横椭圆形或近圆形，长 6~8mm，宽 7~9mm，先端有明显凹缺，缺口中央具短尖，基部略呈心形，上面中央有不甚明显的突起。花期 1—5 月。

杏黄兜兰

Paphiopedilum armeniacum S. C. Chen et F. Y. Liu

分类地位： 兰科（Orchidaceae）

别　　名： 金豆兜兰

保护等级： 一级

濒危等级： CR A2ac；B1ab(i,iii,v)

生　　境： 生于海拔 1400~2100m 的石灰岩壁积土处或多石排水良好的草坡。

国内分布： 云南西北部（丽江、中甸）、西藏南部（亚东、吉隆）。

致濒因素： 人为滥挖滥采和走私出境猖獗；生态环境破坏、产地范围小、原生种群小等原因，已处于灭绝边缘。

形态特征　地生或半附生植物，地下具细长而横走的根状茎；根状茎直径 2~3mm，有少数稍肉质而被毛的纤维根。叶基生，二列，5~7 枚；叶片长圆形，坚革质，长 6~12cm，宽 1.8~2.3cm，先端急尖或有时具弯缺与细尖，上面有深浅绿色相间的网格斑，背面有密集的紫色斑点并具龙骨状突起，边缘有细齿，基部收狭成叶柄状并对折而套叠。花葶直立，长 15~28cm，淡紫红色与绿色相间，被褐色短毛，顶端生 1 花；花苞片卵状披针形或卵形，长 1.3~1.8cm，淡绿黄色并有紫红色斑点，稍被毛；花葶子房长 3.5~4cm，被白色短柔毛；子房有 6 条钝的纵棱；花大，直径 7~9cm，纯黄色，仅退化雄蕊上有浅栗色纵纹；中萼片卵形或卵状披针形，长 2.2~4.8cm，宽 1.4~2.2cm，先端近急尖，背面近顶端与基部具长柔毛，边缘具缘毛；合萼片与中萼片相似，长 2~3.5cm，宽 1.2~2cm，先端钝而不裂，背面具长柔毛并有 2 条钝的龙骨状突起，边缘具缘毛；花瓣大，宽卵状椭圆形、宽卵形或近圆形，长 2.8~5.3cm，宽 2.5~4.8cm，先端急尖或近浑圆，内表面基部具白色长柔毛，边缘具缘毛；唇瓣深囊状，近椭圆状球形或宽椭圆形，长 4~5cm，宽 3.5~4cm，基部具短爪，囊口近圆形，整个边缘内折，但先端边缘较狭窄，囊底有白色长柔毛和紫色斑点；退化雄蕊宽卵形或卵圆形，长 1~2cm，宽 1~1.5cm，先端急尖，背面具钝的龙骨状突起。花期 2—4 月。

小叶兜兰

Paphiopedilum barbigerum T. Tang et F. T. Wang

分类地位： 兰科（Orchidaceae）

保护等级： 一级

濒危等级： EN A2ac；B1ab(i,iii,v)

生　　境： 生于海拔 800~1500m 的石灰岩山地荫蔽多石之地或岩隙中。

国内分布： 广西北部、贵州。

致濒因素： 栖息地明显退化，种群数量减少。

 形态特征　地生或半附生植物。叶基生，二列，5~6枚；叶片宽线形，长 8~19cm，宽 7~18mm，先端略钝或有时具 2 小齿，基部收狭成叶柄状并对折而互相套叠，无毛或近基部边缘略有缘毛。花葶直立，长 8~16cm，有紫褐色斑点，密被短柔毛，顶端生 1 花；花苞片绿色，宽卵形，围抱子房，长 1.5~1.9（~2.8）cm，宽 1.1~1.3cm，背面下半部疏被短柔毛或仅基部有毛；花梗子房长 2.6~5.5cm，密被短柔毛；花中等大；中萼片中央黄绿色至黄褐色，上端与边缘白色，合萼片与中萼片同色但无白色边缘，花瓣边缘奶油黄色至淡黄绿色，中央有密集的褐色脉纹或整个呈褐色，唇瓣浅红褐色；中萼片近圆形或宽卵形，长 2.8~3.2cm，宽 2.2~2.7（~4）cm，先端钝，基部有短柄，背面被短柔毛；合萼片明显小于中萼片，卵形或卵状椭圆形，长 2.3~2.5cm，宽 1.2~1.5cm，先端钝或浑圆，背面亦被毛；花瓣狭长圆形或略带匙形，长 3~4cm，宽约 1cm，边缘波状，先端钝，基部疏被长柔毛；唇瓣倒盔状，基部具宽阔的长 1.5~2cm 的柄；囊近卵形，长 2~2.5cm，宽 1.5~2cm，囊口极宽阔，两侧各具 1 个直立的耳，两耳前方的边缘不内折，囊底有毛；退化雄蕊宽倒卵形，长 6~7mm，宽 7~8mm，基部略有耳，上面中央具 1 个脐状突起。花期 10—12 月。

巨瓣兜兰

Paphiopedilum bellatulum (Rchb. F.) Stein

分类地位： 兰科（Orchidaceae）

保护等级： 一级
濒危等级： EN A3c

生　　境： 生于海拔 1000~1800m 的石灰岩岩隙或多石土壤地。
国内分布： 广西西部、云南东南部至西南部、贵州。
致濒因素： 该物种对环境变化敏感，只能在特定海拔、土壤、遮阴率等条件下生存，现面临包括基础设施建设和旅游业开发、以园艺或贸易为目的的过度采集、生态失调、踩踏、气候变化、干旱、采伐森林、水土流失等多种直接或间接威胁。

形态特征　地生或半附生植物，通常较矮小。叶基生，二列，4~5枚；叶片狭椭圆形或长圆状椭圆形，长 14~18cm，宽 5~6cm，先端钝并有不对称的裂口，上面有深浅绿色相间的网格斑，背面密布紫色斑点，中脉在背面略呈龙骨状突起，基部略收狭成柄并对折而互相套叠。花葶直立，很短，长一般不超过 10cm，紫褐色，被长柔毛，顶端生 1 花；花苞片卵形，长 2.2~2.6cm，宽 1.5~2cm，先端急尖，背面中脉稍被毛，边缘具细缘毛；花雁子房长 3~3.5cm；花直径 6~7cm，白色或带淡黄色，具紫红色或紫褐色粗斑点，仅退化雄蕊上的斑点较细；中萼片横椭圆形至宽卵形，长 3~3.5cm，宽 3.5~4cm，先端浑圆或钝并常有短尖头，背面被短柔毛并有龙骨状中脉；合萼片明显小于中萼片，长 2~2.5cm，宽 2.5~3cm，背面也有短柔毛；花瓣巨大，宽椭圆形或宽卵状椭圆形，长 5~6cm，宽 3~4.5cm，边缘有细缘毛；唇瓣深囊状，椭圆形，有时向末端稍变狭，长 2.5~4cm，宽 1.5~2cm，基部具很短的爪，囊口宽阔，整个边缘内弯，但前方内弯边缘狭窄，囊底有毛；退化雄蕊近圆形或略带方形，长 8~11mm，宽 8~9mm，先端钝或略有 3 齿。花期 4—6 月。

同色兜兰

Paphiopedilum concolor (Bateman) Pfitz.

分类地位： 兰科（Orchidaceae）
别　　名： 大化兜兰、无点兜兰

保护等级： 一级
濒危等级： VU D1+2

生　　境： 生于海拔 300~1400m 的石灰岩山地多腐殖质土壤、岩壁缝隙或积土处。
国内分布： 广西西部、贵州西南部、云南。
致濒因素： 贵州只在兴义发现 2 个分布点，数量不足 200 株。

形态特征

地生或半附生植物，具粗短的根状茎和少数稍肉质而被毛的纤维根。叶基生，二列，4~6 枚；叶片狭椭圆形至椭圆状长圆形，长 7~18cm，宽 3.5~4.5cm，先端钝并略有不对称，上面有深浅绿色（或有时略带灰色）相间的网格斑，背面具极密集的紫点或几乎完全紫色，中脉在背面呈龙骨状突起，基部收狭成叶柄状并对折而彼此套叠。花葶直立，长 5~12cm，紫褐色，被白色短柔毛，顶端通常具 1~2 花，罕有 3 花；花苞片宽卵形，长 1~2.5cm，宽 1~1.5cm，先端略钝，背面被短柔毛并有龙骨状突起，边缘具缘毛；花雕子房长 3~4.5cm，被短柔毛；花直径 5~6cm，淡黄色或罕有近象牙白色，具紫色细斑点；中萼片宽卵形，长 2.5~3cm，宽亦相近，先端钝或急尖，两面均被微柔毛，但上面有时近无毛，边缘多少具缘毛，尤以上部为甚；合萼片与中萼片相似，长宽约 2cm，亦有类似的柔毛；花瓣斜的椭圆形、宽椭圆形或菱状椭圆形，长 3~4cm，宽 1.8~2.5cm，先端钝或近斜截形，近无毛或略被微柔毛；唇瓣深囊状，狭椭圆形至圆锥状椭圆形，长 2.5~3cm，宽约 1.5cm，囊口宽阔，整个边缘内弯，但前方内弯边缘宽仅 1~2mm，基部具短爪，囊底具毛；退化雄蕊宽卵形至宽卵状菱形，长 1~1.2cm，宽 8~10mm，先端略有 3 小齿，基部收狭并具耳。花期通常 6—8 月。

长瓣兜兰

Paphiopedilum dianthum T. Tang et F. T. Wang

分类地位： 兰科（Orchidaceae）

保护等级： 一级

濒危等级： VU A2ac；B1ab(i,iii,v)

生　　境： 生于海拔 1000~2250m 的林缘或疏林中树干或岩石上。

国内分布： 广西西南部、贵州西南部、云南东南部。

致濒因素： 栖息地明显退化，种群数量减少。

形态特征

附生植物，较高大。叶基生，二列，2~5 枚；叶片宽带形或舌状，厚革质，干后常呈棕红色，长 15~30cm，宽 3~5cm，先端近浑圆并有裂口或小弯缺，背面中脉呈龙骨状突起，无毛，基部收狭成叶柄状并对折而彼此套叠，长度一般可达 6~7cm。花葶近直立，长 30~80cm，绿色，无毛或较少略被短柔毛；总状花序具 2~4 花；花苞片宽卵形，长与宽各约长 2cm，先端钝并常有 3 小齿，近无毛；花雌子房长达 5.5cm，无毛；花大；中萼片与合萼片白色而有绿色的基部和淡黄绿色脉，花瓣淡绿色或淡黄绿色并有深色条纹或褐红色晕，唇瓣绿黄色并有浅栗色晕，退化雄蕊淡绿黄色而有深绿色斑块；中萼片近椭圆形，长 4~5.5cm，宽 1.8~2.5cm，先端具短尖，边缘向后弯卷，内表面基部具短柔毛，背面中脉呈龙骨状突起；合萼片与中萼片相似，但稍宽而短，背面略有 2 条龙骨状突起；花瓣下垂，长带形，长 8.5~12cm，宽 6~7mm，扭曲，从中部至基部边缘波状，可见数个具毛的黑色疣状突起或长柔毛，有时疣状突起与长柔毛均不存在；唇瓣倒盔状，基部具宽阔的长达 2cm 的柄；囊近椭圆状圆锥形或卵状圆锥形，长 2.5~3cm，宽 2~2.5cm，囊口极宽阔，两侧各有 1 个直立的耳，两耳前方边缘不内折，囊底有毛；退化雄蕊倒心形或倒卵形，长 1~1.2cm，宽 8~9mm，先端有弯缺，上面基部有 1 个角状突起，沿突起至蕊柱有微柔毛，背面有龙骨状突起，边缘具细缘毛。蒴果近椭圆形，长 达 4cm，宽 约 1.5cm。花期 7—9 月，果期 11 月。

白花兜兰

Paphiopedilum emersonii Koop.& P. J. Cribb

分类地位： 兰科（Orchidaceae）

保护等级： 一级
濒危等级： CR A2cd

生　　境： 生于海拔约 780m 的石灰岩灌丛中有腐殖土的岩壁或岩缝中。
国内分布： 广西北部、贵州南部。
致濒因素： 该物种对环境变化敏感，只能在特定海拔、土壤、遮阴率等条件下生存，现面临包括基础设施建设和旅游业开发、以园艺或贸易为目的的过度采集、生态失调、踩踏、气候变化、干旱、采伐森林、水土流失等多种直接或间接威胁。

形态特征

地生或半附生植物，通常较矮小。叶基生，二列，3~5 枚；叶片狭长圆形，长 13~17cm，宽 3~3.7cm，先端近急尖，上面深绿色，通常无深浅绿色相间的网格斑，但细心观察在一些叶上可看到极淡的网格斑，背面淡绿色并在基部可有紫红色斑点，中脉在背面呈龙骨状突起，基部收狭成叶柄状并对折而彼此套叠。花葶直立，长 11~12cm 或更短，淡绿黄色，被疏柔毛，顶端生 1 花；花苞片黄绿色，宽椭圆形，长达 3.8cm，宽约 2cm，近白色；花雌子房长约 5cm，被疏柔毛；花大，直径 8~9cm，白色，有时带极淡的紫蓝色晕，花瓣基部有少量栗色或红色细斑点，唇瓣上有时有淡黄色晕，通常具不甚明显的淡紫蓝色斑点，退化雄蕊淡绿色并在上半部有大量栗色斑纹；中萼片椭圆状卵形，长 4.5~4.8cm，宽 3.8~4.5cm，先端钝，两面被短柔毛，背面略有龙骨状突起；合萼片宽椭圆形，长与宽各 4.5~4.8cm，先端钝，背面略有 2 条龙骨状突起；花瓣宽椭圆形至近圆形，长约 6cm，宽约 5cm，先端钝或浑圆，两面略被细毛；唇瓣深囊状；近卵形或卵球形，长达 3.5cm，宽约 3cm，基部具短爪，囊口近圆形，整个边缘内折，囊底具毛；退化雄蕊鳄鱼头状，长达 2cm，宽约 1cm，上面中央具宽阔的纵槽，两侧边缘粗厚并近直立。花期 4—5 月。

格力兜兰

Paphiopedilum gratrixianum Rolfe

分类地位：兰科（Orchidaceae）
别　　名：沧源兜兰

保护等级：一级
濒危等级：EN A2c；D

生　　境：生长在海拔 1800~1900m 的林下多石之地。
国内分布：云南东南部。
致濒因素：只有两个居群，个体数量少，约 50 株。

地生或附生植物。叶基生，二列，通常 4~5 枚；叶片宽线形或狭长圆形，长 20~40cm，宽 2.5~4cm，先端常为不等的 2 尖裂，深黄绿色，背面近基部有紫色细斑点，无毛，基部收狭成叶柄状并对折而互相套叠。花葶直立，长 10~24cm，黄绿色，有紫色斑点和较密的长柔毛，顶端生 1 花；花苞片近椭圆形，长 4~5cm，宽 2~2.5cm，围抱子房，除背面中脉近基部处具长柔毛外余均无毛；花葶子房长 4~5cm，密被紫褐色长柔毛；花大；中萼片中央紫栗色而有白色或黄绿色边缘，合萼片淡黄绿色，花瓣具紫褐色中脉，中脉的一侧（上侧）为淡紫褐色，另一侧（下侧）色较淡或呈淡黄褐色，唇瓣亮褐黄色而略有暗色脉纹；中萼片倒卵形至宽倒卵状椭圆形，长 4.5~6cm，宽 3~3.8cm，先端钝，基部收狭，边缘具缘毛，基部边缘向后弯卷；合萼片卵形，长 3.8~5cm，宽 1.7~2.2cm，亦具类似的缘毛；花瓣倒卵状匙形，长 5~6.5cm，上部宽 2.5~2.8cm，先端钝，边缘波状并有缘毛，基部明显收狭成爪并在内表面有少量紫褐色长柔毛；唇瓣倒盔状，基部有宽阔的长 2~2.5cm 的柄；囊近椭圆状圆锥形，长 2.5~3.2cm，宽 2.4~2.7cm，囊口两侧略呈耳状；退化雄蕊倒心形，长、宽各 10~11mm，先端急尖，上面具泡状乳突和一个中央脐状突起，近基部有紫色毛。花期野外为 9—12 月。

形态特征

兰

科

格力兜兰

162

中国濒危保护植物 彩色图鉴

巧花兜兰

Paphiopedilum helenae Averyanov

分类地位： 兰科（Orchidaceae）
别　　名： 海伦兜兰

保护等级： 一级
濒危等级： EN B1ab(i,iii,v)；C1

生　　境： 生长于石灰岩山地。
国内分布： 广西西南部。
致濒因素： 狭域分布，数量稀少，栖息地及种群数量减少。

形态特征　植株矮小。叶 2~3 枚，长 8~12.5cm，宽 0.8~1.6cm，先端急尖并有不等的 2 裂，无方格斑纹，上面绿色，背面色较淡且靠近基部有淡紫色的细斑点，基部具对折的叶柄。花葶斜出，连花长 10cm，绿色，有深紫色的短柔毛；花苞片宽卵形，长 1.3cm，宽 1.2cm，内弯，背面靠近基部的沿中脉具微柔毛，边缘具缘毛；花葶子房长 2.9cm，具深紫色短柔毛；花直径 3~3.5cm；中萼片宽椭圆形，长 2.5cm，宽 2cm，先端微凹，淡绿色，背面具紫色微柔毛并在中脉下半部呈枣红色，边缘具细缘毛；合萼片宽椭圆形，长 2.2cm，宽 1.7cm，蛋黄绿色，背面被微柔毛，先端钝；花瓣狭倒卵形，长 3.1cm，宽 1cm，向基部渐狭，中脉及其上方一侧呈枣红色，中脉下方一侧淡黄绿色，内面基部有紫毛，近先端边缘具细缘毛；唇瓣盔状囊形，全长 2.5cm，宽 1.3cm，其中柄状基部长 1.3cm，淡黄绿色并有枣红色晕，囊内底部有长柔毛；退化雄蕊椭圆形，长 9cm，宽 7cm，淡黄绿色，中央有 1 个深绿色的脐状胼胝体。花直径 3~3.5cm，呈淡黄绿色，唇瓣表面、合萼片中脉下半部和花瓣的中脉及中脉上方一侧均有枣红色晕；合萼片宽度为中萼片的 4/5；花瓣近狭倒卵形，宽约 1cm，向基部渐狭。

亨利兜兰

Paphiopedilum henryanum Braem

分类地位： 兰科（Orchidaceae）

保护等级： 一级
濒危等级： CR

生　　境： 生于林缘草坡。
国内分布： 广西、云南东南部。
致濒因素： 狭域分布，毁林开荒使栖息地明显退化，种群数量减少。

形态特征

地生或半附生植物。叶基生，二列，通常 3 枚；叶片狭长圆形，长 12~17cm，宽 1.2~1.7cm，先端钝，上面深绿色，背面淡绿色或有时在基部有淡紫色晕，背面有龙骨状突起，基部收狭成叶柄状并对折而彼此套叠。花葶直立，长 16~22cm，绿色，密生褐色或紫褐色毛，顶端生 1 花；花苞片近椭圆形，绿色，围抱子房，长 2~2.6cm，宽 6~12mm，先端钝，背面被栗色微柔毛，尤以近基部及中脉上为多；花葶子房长 3~4cm，密被紫褐色短柔毛；花直径约 6cm；中萼片奶油黄色或近绿色，有许多不规则的紫褐色粗斑点，合萼片色泽相近但无斑点或具少数斑点，花瓣玫瑰红色，基部有紫褐色粗斑点，唇瓣亦玫瑰红色并略有黄白色晕与边缘；中萼片近圆形或扁圆形，长 3~3.4cm，宽 3~3.8cm，先端钝或略具短尖，上半部边缘略波状，背面被微柔毛；合萼片较狭窄，长 2.7~3.5cm，宽 1.4~1.6cm，背面亦被微柔毛；花瓣狭倒卵状椭圆形至近长圆形，长 3.2~3.6cm，宽 1.4~1.6cm，边缘多少波状，先端有不甚明显的 3 小齿，内表面基部偶见疏柔毛，边缘有缘毛；唇瓣倒盔状，基部具宽阔的、长约 1.5cm 的柄；囊近宽椭圆形，长 2.3~2.5cm，宽约 2.5cm，囊口极宽阔，两侧各具 1 个直立的耳，两耳前方边缘不内折，囊底有毛；退化雄蕊倒心形至宽倒卵形，长 6~7mm，宽 7~8mm，基部有耳，上面中央具 1 枚齿状突起。花期 7—8 月。

麻栗坡兜兰

Paphiopedilum malipoense S. C. Chen et Z. H. Tsi

分类地位：兰科（Orchidaceae）

保护等级：一级
濒危等级：EN

生　　境：生于海拔 1100~1600m 的石灰岩山坡
　　　　　林下多石处或积土岩壁上。
国内分布：广西西部、贵州西南部及云南东南部。
致濒因素：毁林开荒和过度采集使栖息地受到威胁。

形态特征　地生或半附生植物，具短的根状茎；根状茎粗 2~3mm，有少数稍肉质而被毛的纤维根。叶基生，二列，7~8 枚；叶片长圆形或狭椭圆形，革质，长 10~23cm，宽 2.5~4cm，先端急尖且稍具不对称的弯缺，上面有深浅绿色相间的网格斑，背面紫色或不同程度的具紫色斑点，极少紫点几乎消失，中脉在背面呈龙骨状突起，基部收狭成叶柄状并对折而套叠，边缘具缘毛。花葶直立，长（26~）30~40cm，紫色，具锈色长柔毛，中部常有 1 枚不育苞片，顶端生 1 花；花苞片狭卵状披针形，长 2~4cm，绿色并具紫色斑点，背面被疏柔毛，边缘有缘毛；花雌子房长 3.5~4.5cm，具长柔毛；花直径 8~9cm，黄绿色或淡绿色，花瓣上有紫褐色条纹或多少由斑点组成的条纹，唇瓣上有时有不甚明显的紫褐色斑点，退化雄蕊白色而近先端有深紫色斑块，较少斑块完全消失；中萼片椭圆状披针形，长 3.5~4.5cm，宽 1.8~2.5cm，先端渐尖或长渐尖，内表面疏被微柔毛，背面具长柔毛，边缘有缘毛；合萼片卵状披针形，长 3.5~4.5cm，宽 2~2.5cm，先端略 2 齿裂，内表面疏被微柔毛，背面具长柔毛并有不甚明显 2 条龙骨状突起，边缘亦具缘毛；花瓣倒卵形、卵形或椭圆形，长 4~5cm，宽 2.5~3cm，先端急尖或钝，两面被微柔毛，内表面基部有长柔毛，边缘具缘毛；唇瓣深囊状，近球形，长与宽各 4~4.5cm，囊口近圆形，整个边缘内折，囊底有长柔毛；退化雄蕊长圆状卵形，长达 1.3cm，宽 1.1cm，先端截形，基部近无柄，基部边缘有细缘毛，背面有龙骨状突起，上表面有 4 个脐状隆起，其中 2 个近顶端，另 2 个近基部。花期 12 月至翌年 3 月。

飘带兜兰

Paphiopedilum parishii (Rchb. F.) Stein

分类地位: 兰科（Orchidaceae）

保护等级: 一级
濒危等级: CR B1ab(ii,iii,v)+ 2ab(ii,iii,v)

生　　境: 生于海拔 1000~1100m 的林中树干上。
国内分布: 云南南部至西南部。
致濒因素: 生境退化或丧失、过度采集。

形态特征　附生植物，较高大。叶基生，二列，5~8 枚；叶片宽带形，厚革质，15~24（~35）cm，宽 2.5~4（~5）cm，先端圆形或钝并有裂口或弯缺，基部收狭成叶柄状并对折而彼此互相套叠，无毛。花葶近直立，长 30~40（~60）cm，绿色，密生白色短柔毛；总状花序具 3~5（~8）花；花苞片绿色，卵形或宽卵形，长 2~2.5（~3）cm，宽 1.5~2.5cm，膜质，背面基部偶见短柔毛；花葶子房长 3.5~4cm，被短柔毛；花较大；中萼片与合萼片奶油黄色并有绿色脉，尤其在近基部处，花瓣基部至中部淡绿黄色并有栗色斑点和边缘，中部至末端近栗色，唇瓣绿色而有栗色晕，但囊内紫褐色；中萼片椭圆形或宽椭圆形，长 3~4（~5）cm，宽 2.5~3cm，先端近急尖或短渐尖，边缘向后弯卷，背面近基部多少被毛；合萼片与中萼片相似，略小；花瓣长带形，下垂，长 8~9cm，宽 6~8（~10）mm，先端钝，强烈扭转，下部（尤其近基部处）边缘波状，偶见被毛的疣状突起或长的缘毛；唇瓣倒盔状，基部有宽阔的、长达 1.4~1.6cm 的柄；囊近卵状圆锥形，长 2~2.5cm，宽 1.5~2cm，囊口极宽阔，两侧各有 1 个直立的耳，两耳前方的边缘不内折，囊底有毛；退化雄蕊倒卵形，长 1~1.3cm，宽 7~8mm，先端具弯缺或凹缺，基部收狭。花期 6—7 月。

紫纹兜兰

Paphiopedilum purpuratum (Lindl.) Stein

分类地位：兰科（Orchidaceae）

保护等级：一级

濒危等级：EN A2ac；B1ab(i,iii,v)

生　　境：生于海拔 700m 以下的林下腐殖质丰富多石之地或溪谷旁苔藓砾石地或岩石上。

国内分布：广东南部、香港、广西南部、云南东南部。

致濒因素：数量稀少。

形态特征

地生或半附生植物。叶基生，二列，3~8 枚；叶片狭椭圆形或长圆状椭圆形，长 7~18cm，宽 2.3~4.2cm，先端近急尖并有 2~3 个小齿，上面具暗绿色与浅黄绿色相间的网格斑，背面浅绿色，基部收狭成叶柄状并对折而互相套叠，边缘略有缘毛。花葶直立，长 12~23cm，紫色，密被短柔毛，顶端生 1 花；花苞片卵状披针形，围抱子房，长 1.6~2.4cm，宽约 1cm，背面被柔毛，边缘具长缘毛；花雁子房长 3~6cm，密被短柔毛；花直径 7~8cm；中萼片白色而有紫色或紫红色粗脉纹，合萼片淡绿色而有深色脉，花瓣紫红色或浅栗色而有深色纵脉纹、绿白色晕和黑色疣点，唇瓣紫褐色或淡栗色，退化雄蕊色泽略浅于唇瓣并有淡黄绿色晕；中萼片卵状心形，长与宽各为 2.5~4cm，先端短渐尖，边缘外弯并疏生缘毛，背面被短柔毛；合萼片卵形或卵状披针形，长 2~2.8cm，宽 9~13mm，先端渐尖，背面被短柔毛，边缘具缘毛；花瓣近长圆形，长 3.5~5cm，宽 1~1.6cm，先端渐尖，上面仅有疣点而通常无毛，边缘有缘毛；唇瓣倒盔状，基部具宽阔的、长 1.5~1.7cm 的柄；囊近宽长圆状卵形，向末略变狭，长 2~3cm，宽 2.5~2.8cm，囊口极宽阔，两侧各具 1 个直立的耳，两耳前方的边缘不内折，囊底有毛，囊外被小乳突；退化雄蕊肾状半月形或倒心状半月形，长约 8mm，宽约 1cm，先端有明显凹缺，凹缺中有 1~3 个小齿，上面有极微小的乳突状毛。花期 10 月至翌年 1 月。

白旗兜兰

Paphiopedilum spicerianum (H. G. Reichenbach) Pfitzer

分类地位： 兰科（Orchidaceae）

保护等级： 一级

濒危等级： CR C2a(i)；D

生　　境： 生于常绿阔叶林中。

国内分布： 云南。

致濒因素： 国内仅分布于高黎贡山及思茅地区，受毁林开荒影响，个体数量很少，只有 5~6 株。

形态特征　地生或半附生草本。叶 4~5 枚，基生；叶片长椭圆形或狭矩圆形，长 12~25cm，宽 2~3.5cm，先端略圆钝，不等侧二裂或具 2 小齿，无毛或近基部边缘略有缘毛，背面基部具紫色斑点。花葶直立，长 18~20cm，疏被短柔毛；顶端生 1 花；苞片黄绿色；花中等大；中萼片白色，基部浅绿色，内面中脉紫红色；合萼片与花瓣、唇瓣均为浅绿色；中萼片近圆形或宽卵形，长 3.5~4cm，宽 4~4.5cm，基部有短柄，背面被短柔毛，内面被较长的紫毛，上部向前弯曲成拱形，先端钝或微凹；合萼片明显小于中萼片，卵形或卵状椭圆形，长 2.5~3cm，宽 2.2~2.5cm，先端钝或浑圆，两面亦被毛；花瓣狭长圆状披针形，长 4.5~5cm，基部宽约 1.4cm，边缘波状，中脉紫红色，仅内面基部被紫色长柔毛，先端钝；唇瓣倒盔状，基部具长 1.5cm 的柄；囊近卵形，长 2.5~3cm，宽 2.5cm，囊口两侧各具一个直立的耳，囊内壁具紫色密斑点，囊底具紫色长柔毛；退化雄蕊近菱形，中部淡紫色，边缘白色，长、宽均约为 7mm，基部边缘收缩并略呈二耳状，边缘被毛；蕊柱基部具毛。花期 10 月至翌年 1 月。

天伦兜兰

Paphiopedilum tranlienianum O. Gruss & Perner

分类地位：兰科（Orchidaceae）

保护等级：一级
濒危等级：EN A2c

生　　境：生于灌木丛中的岩石处、溪边。
国内分布：云南东南部。
致濒因素：极小种群，适宜生长于丹霞地貌，数量少。

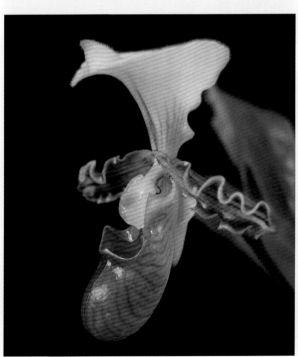

形态特征　地生或石上附生植物，叶4~6枚，狭距圆形，长10~24cm，宽1.6~2.7cm，先端2浅裂或略有3小齿，上面深绿色并具淡绿色边缘，背面浅绿色。花葶近直立或外弯，长10~15cm，绿色，密被紫红色短毛；苞片卵形，长1.8~3cm，宽1.2~1.4cm；先端边缘具白色缘毛；花雇子房3~4mm，密被紫色短柔毛；花单生，直径6~6.5cm；中萼片白色，下部2/3具紫褐色条纹；合萼片浅绿色，略有紫褐色脉；花瓣和唇瓣浅绿色，具紫褐色脉与晕；退化雄蕊浅黄绿色，具绿色脐状突起；中萼片近圆形，长2.5~3.5cm，先端急尖，基部边缘外弯，边缘具细缘毛；合萼片倒卵形，长2~3cm，宽1.7~2cm。先端近急尖；花瓣狭距圆形，长2.7~3.9cm，宽8~10mm，先端钝，近基部有紫色毛，边缘强烈波状并有白色具缘毛，唇瓣盔状；囊椭圆形，长2.2~2.4cm，宽1.5~1.8cm。囊口两侧稍呈耳状；退化雄蕊宽倒卵形，长宽为1cm×1cm，在下部有1个脐状突起。花期9月。

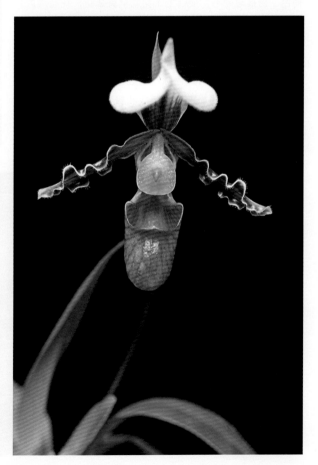

秀丽兜兰

Paphiopedilum venustum (Sims.) Pfitz.

分类地位： 兰科（Orchidaceae）

保护等级： 一级
濒危等级： EN A2c

生　　境： 生于海拔 1100~1600m 的林缘或灌丛中腐
殖质丰富处。
国内分布： 西藏东南部及南部。
致濒因素： 毁林开荒使栖息地明显退化，种群数量减少。

形态特征

地生或半附生植物。叶基生，二列，4~5
枚；叶片长圆形至椭圆形，长 10~21.5cm，
宽 2.5~5.7cm，先端急尖并常有小裂口，上
面通常有深浅绿色（或多少带褐黄色）相
间的网格斑，背面有较密集的紫色斑点，基部收狭成叶
柄状并对折而互相套叠。花葶直立，长 20~27cm，紫
褐色，密被短硬毛，顶端生 1 花或罕有 2 花；花苞片近
卵形，长 1.7~2.5cm，近兜状，背面有龙骨状突起并多
少被毛，边缘有缘毛；花梗子房长 4.2~5.3cm，被短柔
毛；花直径 6~7cm；中萼片与合萼片白色而有绿色粗脉
纹，花瓣黄白色而有绿色脉、暗红色晕和黑色粗疣点，
唇瓣淡黄色而有明显的绿色脉纹和极轻微的暗红色晕，
退化雄蕊色泽与唇瓣相似；中萼片宽卵形或近心形，长

2.7~3cm，宽 2.1~2.3cm，先端渐尖，背面被短柔毛，
尤以脉上为多，边缘具缘毛；合萼片
卵形，长 2.3~2.6cm，宽约 1.6cm，
先端急尖，背面亦具毛，边缘有缘
毛；花瓣近长圆形或倒披针状长圆
形，长 3.5~4cm，宽 1.2~1.4cm，先
端钝或近急尖，上半部边缘波状，整
个边缘均有较长的缘毛；唇瓣倒盔
状，基部具宽阔的、长 1.6~1.8cm 的
柄；囊长 2.2~2.4cm，宽 2~2.8cm，
向末端略变狭，囊口宽阔，两侧各
具 1 个直立的耳，两耳前方的边缘不
内折，囊底有毛，外表面具极细小的
乳突状毛；退化雄蕊肾状倒心形，长
6~7mm，宽 9~13mm，先端有凹缺，
凹缺中央有宽齿，上面有细小的乳
突。花期 1—3 月。

紫毛兜兰

Paphiopedilum villosum (Lindl.) Stein

分类地位：兰科（Orchidaceae）

别　　名：密毛兜兰

保护等级：一级

濒危等级：VU A2ac；B1ab(i,iii,v)

生　　境：生于海拔 1100~1700m 的林缘或林树透光处或多石、有腐殖质和苔藓的草坡上。

国内分布：云南南部至东南部。

致濒因素：受造林绿化影响，栖息地退化。

 形态特征

地生或附生植物。叶基生，二列，通常 4~5 枚；叶片宽线形或狭长圆形，长 20~40cm，宽 2.5~4cm，先端常为不等的 2 尖裂，深黄绿色，背面近基部有紫色细斑点，无毛，基部收狭成叶柄状并对折而互相套叠。花葶直立，长 10~24cm，黄绿色，有紫色斑点和较密的长柔毛，顶端生 1 花；花苞片近椭圆形，长 4~5cm，宽 2~2.5cm，围抱子房，除背面中脉近基部处具长柔毛外余均无毛；花雁子房长 4~5cm，密被紫褐色长柔毛；花大；中萼片中央紫栗色而有白色或黄绿色边缘，合萼片淡黄绿色，花瓣具紫褐色中脉，中脉的一侧（上侧）为淡紫褐色，另一侧（下侧）色较淡或呈淡黄褐色，唇瓣亮褐黄色而略有暗色脉纹；中萼片倒卵形至宽倒卵状椭圆形，长 4.5~6cm，宽 3~3.8cm，先端钝，基部收狭，边缘具缘毛，基部边缘向后弯卷；合萼片卵形，长 3.8~5cm，宽 1.7~2.2cm，亦具类似的缘毛；花瓣倒卵状匙形，长 5~6.5cm，上部宽 2.5~2.8cm，先端钝，边缘波状并有缘毛，基部明显收狭成爪并在内表面有少量紫褐色长柔毛；唇瓣倒盔状，基部有宽阔的长 2~2.5cm 的柄；囊近椭圆状圆锥形，长 2.5~3.2cm，宽 2~3cm，囊口极宽阔，两侧各有 1 个直立的耳，两耳前方边缘不内折，囊底有毛；退化雄蕊椭圆状倒卵形，长 1~1.5cm，宽 7~10mm，先端近截形而略有凹缺，基部有耳，中央具脐状突起，脐状突起上有时具不明显的小疣。花期 11 月至翌年 3 月。

彩云兜兰

Paphiopedilum wardii Summerh.

分类地位：兰科（Orchidaceae）

别　　名：多叶兜兰

保护等级：一级

濒危等级：EN

生　　境：生于海拔 1200～1700m 的山坡草丛多石积土中。

国内分布：云南。

致濒因素：对环境变化敏感，只能在特定海拔、土壤、遮阴率等条件下生存，现面临包括基础设施建设和旅游业开发、以园艺或贸易为目的的过度采集、生态失调、踩踏、气候变化、干旱、采伐森林、水土流失等多种直接或间接威胁。

形态特征

地生植物。叶基生，二列，3~5 枚；叶片狭长圆形，长 10~17cm，宽 4~5.5cm，先端钝的 3 浅裂，上面有深浅蓝绿色相间的网格斑，背面有较密集的紫色斑点，基部收狭成叶柄状并对折而互相套叠。花葶直立，长 12~25cm，紫红色，密生短柔毛，顶端生 1 花；花苞片披针形，长 2~3cm，多少围抱子房，先端急尖并略有 3 浅裂，背面有龙骨状突起，沿龙骨状突起被毛，边缘有缘毛；花雇子房长 4~6cm，被毛；花较大；中萼片与合萼片白色而有绿色粗脉纹，花瓣绿白色或淡黄绿色而有密集的暗栗色斑点或有时有紫褐色晕，唇瓣绿黄色而具暗色脉和淡褐色晕以及栗色小斑点，退化雄蕊淡黄绿色而有深绿色和紫褐色脉纹；中萼片卵形，长 4~5cm，宽 2.5~3cm，先端渐尖，背面常略被毛，边缘具缘毛；合萼片卵状披针形，长 3.5~4.5cm，宽 2~2.5cm，亦略被毛；花瓣近长圆形，长 5~6.5cm，宽约 1.5cm，先端急尖，边缘有长缘毛；唇瓣倒盔状，基部有宽阔的、长 1.5~2cm 的柄；囊近长圆状卵形，向末端略变狭，长 2.5~3cm，宽约 2cm，囊口极宽阔，两侧各有 1 个直立的耳，两耳前方的边缘不内折，囊底有毛，囊外表面被小乳突状毛，内弯侧裂片上常有小疣状突起；退化雄蕊倒心状半月形，长约 1cm，宽 1.2~1.5cm，先端有宽阔的弯缺，弯缺中央具短尖。花期 12 月至翌年 3 月。

文山兜兰

Paphiopedilum wenshanense Z. J. Liu & J. Yong Zhang

分类地位：兰科（Orchidaceae）

保护等级：一级
濒危等级：EN A2ac；B1ab(i,iii,v)

生　　境：生于石灰岩山地。
国内分布：云南东南部。
致濒因素：狭域分布，毁林开荒使栖息地质量下降，成熟个体数减少。

形态特征

陆生植物。叶 4 或 5 片，圆形；除绿色和紫色斑点的基部外，叶片背面紫色，镶嵌深和浅绿色，略带淡白色，椭圆形，5~10 × 3.5~4.5cm，钝圆形，顶端不等。
　　近直立，末端有 1~3 朵花；花梗绿色斑点，2.5~3.5cm，短柔毛；花苞片卵形椭圆形，重复，1.6~2 × 1.5~2cm，中脉有毛，细小纤毛；花雕子房 4~4.5cm，有毛。花呈白色或黄白色，直径 5~7cm；背萼片和花瓣有直径 2~2.5mm 的棕红色斑点，中央有由棕红色斑点组成的纵向条纹；退化雄蕊有较小的棕红色斑点。背侧萼片宽卵形至近圆形，2.5~3.5 × 2.5~3.5cm，顶端呈钝圆形。花瓣宽椭圆形，3.5~4 × 2.5~3cm，基部近多毛；唇椭圆形，3.5~4 × 2~2.5cm，外白色短毛，顶端边缘狭窄弯曲。花期 5 月。

手参

Gymnadenia conopsea (L.) R. Br.

分类地位： 兰科（Orchidaceae）
别　　名： 手掌参、掌参、手儿参、佛手参

保护等级： 二级
濒危等级： EN B1ab(i,iii,v)

生　　境： 生于海拔 265~4700m 的山坡林地、草地或砾石滩草丛中。
国内分布： 黑龙江、吉林东部、辽宁东北部、内蒙古、河北、河南西部、山西、陕西西南部、甘肃南部、四川、云南西北部及西藏东南部。
致濒因素： 因药用采挖严重。

形态特征

植株高 20~60cm。块茎椭圆形，长 1~3.5cm，肉质，下部掌状分裂，裂片细长。茎直立，圆柱形，基部具 2~3 枚筒状鞘，其上具 4~5 枚叶，上部具 1 至数枚苞片状小叶。叶片线状披针形、狭长圆形或带形，长 5.5~15cm，宽 1~2（~2.5）cm，先端渐尖或稍钝，基部收狭成抱茎的鞘。总状花序具多数密生的花，圆柱形，长 5.5~15cm；花苞片披针形，直立伸展，先端长渐尖成尾状，长于或等长于花；子房纺锤形，顶部稍弧曲，连花梗长约 8mm；花粉红色，罕为粉白色；中萼片宽椭圆形或宽卵状椭圆形，长 3.5~5mm，宽 3~4mm，先端急尖，略呈兜状，具 3 脉；侧萼片斜卵形，反折，边缘向外卷，较中萼片稍长或几等长，先端急尖，具 3 脉，前面的 1 条脉常具支脉；花瓣直立，斜卵状三角形，与中萼片等长，与侧萼片近等宽，边缘具细锯齿，先端急尖，具 3 脉，前面的 1 条脉常具支脉，与中萼片相靠；唇瓣向前伸展，宽倒卵形，长 4~5mm，前部 3 裂，中裂片较侧裂片大，三角形，先端钝或急尖；距细而长，狭圆筒形，下垂，长约 1cm，稍向前弯，向末端略增粗或略渐狭，长于子房；花粉团卵球形，具细长的柄和粘盘，粘盘线状披针形。花期 6—8 月。

西南手参

Gymnadenia orchidis Lindl.

分类地位：兰科（Orchidaceae）

保护等级：二级
濒危等级：VU A2c；B1ab(i,iii,v)

生　　境：生于海拔 2800~4100m 的灌丛中和草地。
国内分布：陕西南部、甘肃南部、青海东部及南部、西藏南部、云南、四川、湖北西部。
致濒因素：有药用价值，人为采挖，破坏生境。

形态特征　植株高 17~35cm。块茎卵状椭圆形，长 1~3cm，肉质，下部掌状分裂，裂片细长。茎直立，较粗壮，圆柱形，基部具 2~3 枚筒状鞘，其上具 3~5 枚叶，上部具 1 至数枚苞片状小叶。叶片椭圆形或椭圆状长圆形，长 4~16cm，宽（2.5~）3~4.5cm，先端钝或急尖，基部收狭成抱茎的鞘。总状花序具多数密生的花，圆柱形，长 4~14cm；花苞片披针形，直立伸展，先端渐尖，不成尾状，最下部的明显长于花；子房纺锤形，顶部稍弧曲，连花梗长 7~8mm；花紫红色或粉红色，极罕为带白色；中萼片直立，卵形，长 3~5mm，宽 2~3.5mm，先端钝，具 3 脉；侧萼片反折，斜卵形，较中萼片稍长和宽，边缘向外卷，先端钝，具 3 脉，前面 1 条脉常具支脉；花瓣直立，斜宽卵状三角形，与中萼片等长且较宽，较侧萼片稍狭，边缘具波状齿，先端钝，具 3 脉，前面的 1 条脉常具支脉；唇瓣向前伸展，宽倒卵形，长 3~5mm，前部 3 裂，中裂片较侧裂片稍大或等大，三角形，先端钝或稍尖；距细而长，狭圆筒形，下垂，长 7~10mm，稍向前弯，向末端略增粗或稍渐狭，通常长于子房或等长；花粉团卵球形，具细长的柄和粘盘，粘盘披针形。花期 7—9 月。

金线兰

Anoectochilus roxburghii (Wall.) Lindl.

分类地位: 兰科(Orchidaceae)

别　　名: 花叶开唇兰

保护等级: 二级

濒危等级: EN B1ab(ii)+2ab(ii)

生　　境: 生于海拔 50~1600m 的常绿阔叶林下或沟谷阴湿处。

国内分布: 浙江南部、福建、江西西部、湖南、广东、海南、广西、云南
东南部、四川南部、西藏东南部。

致濒因素: 过度利用，生境受破坏或丧失。

形态
特征

植株高 8~18cm。根状茎葡匐，具节，节上生根。茎直立，具
3~4 枚叶。叶片卵圆形或卵形，上面暗紫色或黑紫色，具金红
色带有绢丝光泽的美丽网脉，背面淡紫红色，先端近急尖或
稍钝，基部近截形或圆形。总状花序具 2~6 朵花；花白色或
淡红色；萼片背面被柔毛，中萼片卵形，凹陷呈舟状，与花瓣黏合呈兜
状；侧萼片张开，先端稍尖；花瓣与中萼片等长；唇瓣呈 Y 字形，基部
具圆锥状距，前部扩大并 2 裂，全缘，先端钝，中部收狭成爪，距上举
指向唇瓣，末端 2 浅裂，内侧在靠近距口处具 2 枚肉质的胼胝体；蕊柱
短，前面两侧各具 1 枚宽、片状的附属物；花药卵形，长 4mm；蕊喙直
立，叉状 2 裂；柱头 2 裂，离生，位于蕊喙基部两侧。花期 9—11 月。

浙江金线兰

Anoectochilus zhejiangensis Z. Wei et Y. B. Chang

分类地位： 兰科（Orchidaceae）
别　　名： 浙江开唇兰

保护等级： 二级
濒危等级： EN A2c+3c；B1ab(iii,v)

生　　境： 生于海拔 700~1200m 的山坡或沟谷的密林下阴湿处。
国内分布： 浙江南部、福建、广西东北部。
致濒因素： 狭域分布，栖息地、种群数量及成熟个体数减少。

植株高 8~16cm。根状茎匍匐，具节，节上生根。茎淡红褐色，下部集生 2~6 枚叶。叶片稍肉质，宽卵形至卵圆形，先端急尖，基部圆形，边缘微波状，全缘，上面呈鹅绒状绿紫色，具金红色带绢丝光泽的美丽网脉，背面略带淡紫红色。总状花序具 1~4 朵花；子房圆柱形，不扭转，淡红褐色，被白色柔毛；萼片淡红色，近等长，中萼片卵形，凹陷呈舟状，先端急尖，与花瓣黏合呈兜状，侧萼片长圆形，稍偏斜；花瓣白色，倒披针形；唇瓣白色，呈 Y 字形，基部具圆锥状距，两侧各具 1 枚鸡冠状褶片且其边缘具小齿的爪；距上举，向唇瓣方向翘起几成 U 字形，末端 2 浅裂，其内具 2 枚瘤状胼胝体；蕊柱短；蕊喙直立，叉状 2 裂；柱头 2 裂，离生，位于蕊喙的基部两侧。花期 7—9 月。

白及

Bletilla striata (Thunb. ex A. Murray) Rchb. f.

分类地位: 兰科（Orchidaceae）
别　　名: 白芨

保护等级: 二级
濒危等级: EN B1ab(iii)

生　　境: 生于海拔 100~3200m 的常绿阔叶林下、栎树林或针叶林下、路边草丛或岩石缝中。
国内分布: 江苏、安徽、浙江、福建西北部、江西、湖北、湖南、广东、广西、贵州、四川、陕西南部、甘肃东南部。
致濒因素: 生境受破坏或丧失，人为过度采挖。

形态特征 植株高 18~60cm。假鳞茎扁球形，上面具荸荠似的环带，富黏性。茎粗壮，劲直。叶 4~6 枚，狭长圆形或披针形，长 8~29cm，宽 1.5~4cm，先端渐尖，基部收狭成鞘并抱茎。花序具 3~10 朵花，常不分枝或极罕分枝；花序轴或多或少呈"之"字状曲折；花苞片长圆状披针形，长 2~2.5cm，开花时常凋落；花大，紫红色或粉红色；萼片和花瓣近等长，狭长圆形，长 25~30mm，宽 6~8mm，先端急尖；花瓣较萼片稍宽；唇瓣较萼片和花瓣稍短，倒卵状椭圆形，长 23~28mm，白色带紫红色，具紫色脉；唇盘上面具 5 条纵褶片，从基部伸至中裂片近顶部，仅在中裂片上面为波状；蕊柱长 10~20mm，柱状，具狭翅，稍弓曲。花期 4—5 月。

陈氏独蒜兰

Pleione chunii C. L. Tso

分类地位： 兰科（Orchidaceae）

保护等级： 二级

濒危等级： EN A3c；B1ab(i,iii,v)

生　　境： 生于海拔 1400~2800m 的林中。

国内分布： 广东北部、广西、贵州、湖北、云南西部。

致濒因素： 少见，分布地点少于 10 个，种群衰退。

形态特征　地生或岩生草本。假鳞茎卵形至圆锥形，上端有明显的颈，全长（1~）2~4（~5）cm，直径 1~2cm，绿色或浅绿色，有时有紫色斑，顶端具 1 枚叶。花葶从无叶的老假鳞茎基部发出，直立，长 5~7cm，顶端具 1 花；花苞片狭椭圆状倒披针形，兜状，长 2.5cm，宽 1~1.5cm，明显长于花雇子房，先端近急尖，浅粉色并具深色的脉；花雇子房长 1.6~2cm；花大，淡粉红色至玫瑰紫色，色泽通常向基部变浅，唇瓣中央具 1 条黄色或橘黄色条纹和多数同样色泽的流苏状毛；中萼片狭椭圆形或长圆状椭圆形，长 4.2~5cm，宽 11~15mm，先端近急尖；侧萼片斜椭圆形，较中萼片稍短而宽，先端近急尖；花瓣倒披针形或匙形，强烈反折，长 4~4.3cm，宽 14~19mm，先端浑圆或钝；唇瓣展开时宽扇形，长约 4cm，宽 5~6cm，边缘上弯并围抱蕊柱，近先端不明显 3 裂，先端微缺，上部边缘具齿或呈不规则啮蚀状，具 4~5 行沿脉而生的髯毛或流苏状毛，均从基部延伸到上部；蕊柱长 2.5~2.7cm，顶端具翅，翅自中部以下甚狭，向上渐宽，在顶端围绕蕊柱，有不规则齿缺。花期 3 月。

毛唇独蒜兰

Pleione hookeriana (Lindl.) B. S. Williams

分类地位： 兰科（Orchidaceae）

保护等级： 二级
濒危等级： VU A3c

生　　境： 生于海拔 1600~3100m 的树干上、灌木林缘苔藓覆盖的岩石或岩壁。
国内分布： 广东北部、广西、贵州东南部、云南南部、西藏南部及东南部。
致濒因素： 推测过去 3 个世代内种群数量至少减少 50%，受胁因素没有减少。

形态特征
附生草本。假鳞茎卵形至圆锥形，上端有明显的颈，全长 1~2cm，直径 0.5~1cm，绿色或紫色，基部有时有纤细的根状茎，顶端具 1 枚叶。叶在花期尚幼嫩或已长成，椭圆状披针形或近长圆形，纸质，通常长 6~10cm，宽 2~2.8cm，先端急尖，基部渐狭成柄；叶柄长 2~3cm。花葶从无叶的老假鳞茎基部发出，直立，长 6~10cm，基部有数枚膜质筒状鞘，顶端具 1 花；花苞片近长圆形，长 1~1.7cm，宽 4~5mm，与花雁子房近等长，先端钝；花雁子房长 1~2cm；花较小；萼片与花瓣淡紫红色至近白色，唇瓣白色而有黄色唇盘和褶片以及紫色或黄褐色斑点。蒴果近长圆形，长 1~2.5cm。花期 4—6 月，果期 9 月。

四川独蒜兰

Pleione limprichtii Schltr.

分类地位： 兰科（Orchidaceae）

保护等级： 二级
濒危等级： VU A3c；B1ab(i,iii,v)

生　　境： 生于腐殖质多、苔藓覆盖的岩石或岩壁上。
国内分布： 四川西南部、云南。
致濒因素： 分布地点少于 10 个，种群持续衰退。

形态特征

半附生草本。假鳞茎圆锥状卵形，上端多少有颈，长 3~4cm，直径 2~2.5cm，绿色或紫色，顶端具 1 枚叶。叶在花期尚幼嫩，长成后披针形，纸质，长达 13cm，宽 4cm，先端急尖。花葶从无叶的老假鳞茎基部发出，直立，长 10~12cm，基部有数枚膜质的筒状鞘，顶端具 1 花或稀为 2 花；花苞片倒披针形，长 2.2~2.5cm，宽 6~8mm，长于花雄子房，淡紫红色，先端急尖；花紫红色至玫瑰红色，唇瓣色泽较浅但具紫红色斑和白色褶片；中萼片狭椭圆形，长 3~3.5cm，宽 5~9mm，先端急尖；侧萼片与中萼片相似，稍斜歪，常稍宽而短于中萼片，先端急尖。

岩生独蒜兰

Pleione saxicola T. Tang et F. T. Wang ex S. C. Chen

分类地位：兰科（Orchidaceae）

保护等级：二级
濒危等级：EN B2ab(ii,iii,v)

生　　境：生于峭壁溪流处。
国内分布：西藏东南部、云南西北部。
致濒因素：已知国内分布地点少于 5 个，种群持续衰退。

形态特征　附生草本。假鳞茎近陀螺状或扁球形，顶端骤然收狭成明显的短喙，长 0.7~1.1cm，直径 1~2cm，顶端具 1 叶。叶在花期已长成，近长圆状披针形至倒披针形，纸质，长 10~18cm，宽 1.7~3.7cm，先端急尖，基部渐狭成柄；叶柄长 3~7cm。花葶从具叶的老假鳞茎基部发出，直立，长约 10cm，基部具 2~3 枚膜质筒状鞘，顶端具 1 花；花苞片倒披针形，长 2~3cm，宽约 1cm，长于花梗子房，先端急尖；花大，直径达 10cm，玫瑰红色；花瓣倒披针形，先端急尖，较萼片略短而窄。花期 9 月。

二叶独蒜兰

Pleione scopulorum W. W. Smith

分类地位：兰科（Orchidaceae）

保护等级：二级

濒危等级：EN A3c

生　　境：生于海拔 2800~4200m 的针叶林下多石草地、苔藓覆盖的岩石、溪旁岩壁或亚高山灌丛草地。

国内分布：四川南部、云南、西藏东南部。

致濒因素：推测任何 3 个世代内种群数量至少减少 30%，受胁因素没有减少。

附生或地生草本。假鳞茎通常卵形，略偏斜，上端有明显的长颈，全长 1~2.5cm，直径 0.6~1.5cm，绿色，顶端具 2 枚叶。叶在花期已长成，披针形、倒披针形或狭椭圆形，纸质，长 4~13cm，宽 1~2.3cm，先端急尖，基部收狭成柄并包藏于数枚筒状鞘之中。花葶生于两叶之间，连同叶片发自无叶老假鳞茎基部，直立，长 12~18cm，基部与尚未完全长成的叶柄共同包藏于膜质筒状鞘内，顶端具 1 花，罕有 2~3 花；花苞片围抱子房，倒披针形，长 1.8~2.7cm，短于或近等长于花葶子房，先端钝至急尖；花玫瑰红色或较少白色而带淡紫蓝色，唇瓣上常有黄色和深紫色斑。

云南独蒜兰

Pleione yunnanensis (Rolfe) Rolfe

分类地位： 兰科（Orchidaceae）

保护等级： 二级

濒危等级： VU A4ac；B1ab(i,iii,v)

生　　境： 生于海拔 1100~3500m 的林下和林缘多石地或苔藓覆盖的岩石，也见于草坡稍荫蔽的砾石地。

国内分布： 四川西南部、贵州、云南、西藏东南部。

致濒因素： 推测任何 3 个世代内种群数量至少减少 30%，受胁因素没有减少。

形态特征

地生或附生草本。假鳞茎卵形、狭卵形或圆锥形，上端有明显的长颈，全长 1.5~3cm，直径 1~2cm，绿色，顶端具 1 枚叶。叶在花期极幼嫩或未长出，长成后披针形至狭椭圆形，纸质，长 6.5~25cm，宽 1~3.5cm，先端渐尖或近急尖，基部渐狭成柄；叶柄长 1~6cm。花葶从无叶的老假鳞茎基部发出，直立，长 10~20cm，基部有数枚膜质筒状鞘，顶端具 1 花，罕为 2 花；花苞片倒卵形或倒卵状长圆形，草质或膜质，长 2~3cm，宽 5~8mm，明显短于花梗子房，先端钝；花梗子房长 3~4.5cm；花淡紫色、粉红色或有时近白色，唇瓣上具有紫色或深红色斑；花瓣倒披针形，展开，长 3.5~4cm，宽 5~7mm，先端钝，基部明显楔形。

钩状石斛

Dendrobium aduncum Wall. ex Lindl.

分类地位： 兰科（Orchidaceae）

保护等级： 二级

濒危等级： VU A3c；B2ab(ii,iii,v)

生　　境： 生于海拔 700~1000m 的山地林中树干上。

国内分布： 湖南北部、广东、香港、海南、广西、贵州、云南东南部。

致濒因素： 种群数量至少减少 50%，资源破坏极其严重；药用，生境破碎。

形态特征　茎下垂，圆柱形，长 50~100cm，粗 2~5mm，有时上部多少弯曲，不分枝，具多个节，节间长 3~3.5cm，干后淡黄色。叶长圆形或狭椭圆形，长 7~10.5cm，宽 1~3.5cm，先端急尖并且钩转，基部具抱茎的鞘。总状花序通常数个，出自落了叶或具叶的老茎上部，花序轴纤细，长 1.5~4cm，多少回折状弯曲，疏生 1~6 朵花；花序柄长 5~10mm，基部被 3~4 枚长 2~3mm 的膜质鞘；花苞片膜质，卵状披针形，长 5~7mm，先端急尖；花雇子房长约 1.5cm；花开展，萼片和花瓣淡粉红色；中萼片长圆状披针形，长 1.6~2cm，宽 7mm，先端锐尖，具 5 条脉；侧萼片斜卵状三角形，与中萼片等长而宽得多，先端急尖，具 5 条脉，基部歪斜；萼囊明显坛状，长约 1cm；花瓣长圆形，长 1.4~1.8cm，宽 7mm，先端急尖，具 5 条脉；唇瓣白色，朝上，凹陷呈舟状，展开时为宽卵形，长 1.5~1.7cm，前部骤然收狭而先端为短尾状并且反卷，基部具长约 5mm 的爪，上面除爪和唇盘两侧外密布白色短毛，近基部具 1 个绿色方形的胼胝体；蕊柱白色，长约 4mm，下部扩大，顶端两侧具耳状的蕊柱齿，正面密布紫色长毛；蕊柱足长而宽，长约 1cm，向前弯曲，末端与唇瓣相连接处具 1 个关节，内面有时疏生毛；药帽深紫色，近半球形，密布乳突状毛，顶端稍凹的，前端边缘具不整齐的齿。花期 5—6 月。

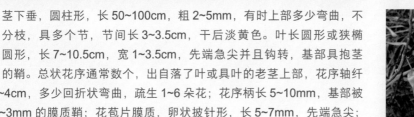

翅萼石斛

Dendrobium cariniferum Rchb. f.

分类地位： 兰科（Orchidaceae）

保护等级： 二级
濒危等级： EN B1ab(i,iii,v)；C1

生　　境： 生于海拔 1100~1700m 的阔叶林中树干上。
国内分布： 云南南部及西南部。
致濒因素： 推测任何 3 个世代内种群数量至少减少 50%，受胁
因素没有减少，资源破坏极其严重。

形态特征

茎肉质状粗厚，圆柱形或有时膨大呈纺锤形，长
10~28cm，中部粗达 1.5cm，不分枝，具 6 个以上
的节，节间长 1.5~2cm，干后金黄色。叶革质，数
枚，二列，长圆形或舌状长圆形，长达 11cm，宽
1.5~4cm，先端钝并且稍不等侧 2 裂，基部下延为抱茎的鞘，
下面和叶鞘密被黑色粗毛。总状花序出自近茎端，常具 1~2 朵
花；花序柄长 5~10mm，基部被 3~4 枚鞘；花苞片卵形，长
4~5mm，先端急尖；花葶子房长约 3cm；子房黄绿色，三棱
形；花开展，质地厚，具橘子香气；中萼片浅黄白色，卵状披
针形，长约 2.5cm，宽 9mm，先端急尖，在背面中肋隆起呈翅
状；侧萼片浅黄白色，斜
卵状三角形，与中萼片近
等大；萼囊淡黄色带橘红
色，呈角状，长约 2cm，
近先端处稍弯曲；花瓣白
色，长圆状椭圆形，长
约 2cm，宽 1cm，先端
锐尖，具 5 条脉；唇瓣
喇叭状，3 裂；侧裂片橘
红色，围抱蕊柱，近倒卵
形，前端边缘具细齿；中
裂片黄色，近横长圆形，
先端凹，前端边缘具不整
齐的缺刻，唇盘橘红色，
沿脉上密生粗短的流苏；
蕊柱白色带橘红色，长
约 7mm；药帽白色，半
球形，前端边缘密生乳突
状毛。蒴果卵球形，粗达
3cm。花期 3—4 月。

束花石斛

Dendrobium chrysanthum Wall. ex Lindl.

分类地位：兰科（Orchidaceae）
别　　名：金兰

保护等级：二级
濒危等级：VU A2ac；B1ab(i,iii,v)

生　　境：生于海拔 700~2500m 的山地密林中树干或山谷阴湿岩石上。
国内分布：广西、贵州西南部、云南、西藏东南部。
致濒因素：栖息地明显退化，种群数量减少；采挖用于园艺观赏。

形态特征

茎粗厚，肉质，下垂或弯垂，圆柱形，长 50~200cm，粗 5~15mm，上部有时稍回折状弯曲，不分枝，具多节，节间长 3~4cm，干后浅黄色或黄褐色。叶二列，互生于整个茎上，纸质，长圆状披针形，通常长 13~19cm，宽 1.5~4.5cm，先端渐尖，基部具鞘；叶鞘纸质，干后鞘口常杯状张开，常浅白色。伞状花序近无花序柄，每 2~6 花为一束，侧生于具叶的茎上部；花苞片膜质，卵状三角形，长约 3mm；花梗子房稍扁，长 3.5~6cm，粗约 2mm；花黄色，质地厚；中萼片多少凹的，长圆形或椭圆形，长 15~20mm，宽 9~11mm，先端钝，具 7 条脉；侧萼片稍凹的斜卵状三角形，长 15~20mm，基部稍歪斜而较宽，宽约 10~12mm，先端钝，具 7 条脉；萼囊宽而钝，长约 4mm；花瓣稍凹的倒卵形，长 16~22mm，宽 11~14mm，先端圆形，全缘或有时具细啮蚀状，具 7 条脉；唇瓣凹的，不裂，肾形或横长圆形，长约 18mm，宽约 22mm，先端近圆形，基部具 1 个长圆形的胼胝体并且骤然收狭为短爪，上面密布短毛，下面除中部以下外亦密布短毛；唇盘两侧各具 1 个栗色斑块，具 1 条宽厚的脊从基部伸向中部；蕊柱长约 4mm，具长约 6mm 的蕊柱足；药帽圆锥形，长约 2.5mm，几乎光滑，前端边缘近全缘。蒴果长圆柱形，长 7cm，粗约 1.5cm。花期 9—10 月。

鼓槌石斛

Dendrobium chrysotoxum Lindl.

分类地位：兰科（Orchidaceae）

别　　名：金弓石斛

保护等级：二级

濒危等级：VU A2ac；B1ab(i,iii,v)；C1

生　　境：生于海拔 520~1620m 的常绿阔叶疏林中树干或林下岩石上。

国内分布：云南。

致濒因素：造林绿化使栖息地明显退化，种群数量减少。

形态特征 茎直立，肉质，纺锤形，长 6~30cm，中部粗 1.5~5cm，具 2~5 节间，具多数圆钝的条棱，干后金黄色，近顶端具 2~5 枚叶。叶革质，长圆形，长达 19cm，宽 2~3.5cm 或更宽，先端急尖而钩转，基部收狭，但不下延为抱茎的鞘。总状花序近茎顶端发出，斜出或稍下垂，长达 20cm；花序轴粗壮，疏生多数花；花序柄基部具 4~5 枚鞘；花苞片小，膜质，卵状披针形，长 2~3mm，先端急尖；花葶子房黄色，长达 5cm；花质地厚，金黄色，稍带香气；中萼片长圆形，长 1.2~2cm，中部宽 5~9mm，先端稍钝，具 7 条脉；侧萼片与中萼片近等大；萼囊近球形，宽约 4mm；花瓣倒卵形，等长于中萼片，宽约为萼片的 2 倍，先端近圆形，具约 10 条脉；唇瓣的颜色比萼片和花瓣深，近肾状圆形，长约 2cm，宽 2.3cm，先端浅 2 裂，基部两侧多少具红色条纹，边缘波状，上面密被短绒毛；唇盘通常呈"∧"形隆起，有时具"U"形的栗色斑块；蕊柱长约 5mm；药帽淡黄色，尖塔状。花期 3—5 月。

玫瑰石斛

Dendrobium crepidatum Lindl. ex Paxt.

分类地位：兰科（Orchidaceae）

保护等级：二级

濒危等级：EN A4c；C1

生　　境：生于海拔 1000~1800m 的山地疏林中树干或沟谷岩石上。

国内分布：贵州西南部、云南西南部。

致濒因素：推测任何 3 个世代内种群数量至少减少 50%，受胁因素没有减少，资源破坏极其严重。

形态特征

　　茎悬垂，肉质状肥厚，青绿色，圆柱形，通常长 30~40cm，粗约 1cm，基部稍收狭，不分枝，具多节，节间长 3~4cm，被绿色和白色条纹的鞘，干后紫铜色。

　　叶近革质，狭披针形，长 5~10cm，宽 1~1.25cm，先端渐尖，基部具抱茎的膜质鞘。总状花序很短，从落了叶的老茎上部发出，具 1~4 朵花；花序柄长约 3mm，基部被 3~4 枚干膜质的鞘；花苞片卵形，长约 4mm，先端锐尖；花葶子房淡紫红色，长约 3.5cm；花质地厚，开展；萼片和花瓣白色，中上部淡紫色，干后蜡质状；中萼片近椭圆形，长 2.1cm，宽 1cm，先端钝，具 5 条脉；侧萼片卵状长圆形，与中萼片近等大，先端钝，基部歪斜，具 5 条脉，在背面其中肋多少龙骨状隆起；萼囊小，近球形，长约 5mm；花瓣宽倒卵形，长 2.1cm，宽 1.2cm，先端近圆形，具 5 条脉；唇瓣中部以上淡紫红色，中部以下金黄色，近圆形或宽倒卵形，长约等于宽，2cm，中部以下两侧围抱蕊柱，上面密布短柔毛；蕊柱白色，前面具 2 条紫红色条纹，长约 3mm；药帽近圆锥形，顶端收狭而向前弯，前端边缘具细齿。花期 3—4 月。

晶帽石斛

Dendrobium crystallinum Rchb. f.

分类地位： 兰科（Orchidaceae）

保护等级： 二级

濒危等级： VU A4c；C1

生　　境： 生于海拔 540~1700m 的山地林缘或疏林中树干上。

国内分布： 海南、云南南部。

致濒因素： 少见，资源破坏极其严重。

形态特征
茎直立或斜立，稍肉质，圆柱形，长 60~70cm，粗 5~7mm，不分枝，具多节，节间长 3~4cm。叶纸质，长圆状披针形，长 9.5~17.5cm，宽 1.5~2.7cm，先端长渐尖，基部具抱茎的鞘，具数条两面隆起的脉。总状花序数个，出自去年生落了叶的老茎上部，具 1~2 朵花；花序柄短，长 6~8mm，基部被 3~4 枚长 3~5mm 的鞘；花苞片浅白色，膜质，长圆形，长 1~1.5cm，先端锐尖；花梗子房长 3~4cm；花大，开展；萼片和花瓣乳白色，上部紫红色；中萼片狭长圆状披针形，长 3.2cm，宽 7mm，先端渐尖，具 5 条脉；侧萼片相似于中萼片，等大，先端渐尖，基部稍歪斜，具 5 条脉；萼囊小，长圆锥形，长 4mm，宽 2mm；花瓣长圆形，长 3.2cm，宽 1.2cm，先端急尖，边缘多少波状，具 7 条脉；唇瓣橘黄色，上部紫红色，近圆形，长 2.5cm，全缘，两面密被短绒毛；蕊柱长 4mm；药帽狭圆锥形，密布白色晶体状乳突，前端边缘具不整齐的齿。蒴果长圆柱形，长 6cm，粗 1.7cm。花期 5—7 月，果期 7—8 月。

叠鞘石斛

Dendrobium denneanum Kerr

分类地位： 兰科（Orchidaceae）
别　　名： 紫斑金兰

保护等级： 二级
濒危等级： VU A4c

生　　境： 附生于海拔 600~2500m 开阔森林的树干上。
国内分布： 广西西部、贵州南部、海南、云南西北部到东南部。
致濒因素： 推测任何 3 个世代内种群数量至少减少 50%，受胁因素没有减少；资源破坏极其严重。

形态特征 茎粗壮，高达 47cm，茎粗超过 4mm。倒披针形的叶，长达 11cm，宽 1.8~4.5cm。花期无叶，花序生于老茎顶部，长 5~14cm，7 花；花苞片突出，长 1.8~3cm。花约 5cm 宽，橙黄色，唇瓣正面具褐红色中心或大紫色斑块；无性繁殖或闭花受粉。

密花石斛

Dendrobium densiflorum Lindl. ex Wall.

分类地位： 兰科（Orchidaceae）

保护等级： 二级
濒危等级： VU A4c；B1ab(i,iii)

生　　境： 生于海拔 420~1000m 的常绿阔叶林中树干或林下岩石上。
国内分布： 广东北部、海南、广西、西藏东南部。
致濒因素： 推测任何 3 个世代内种群数量至少减少 50%，受胁因素没有减少；
资源破坏极其严重。

形态特征　茎粗壮，通常棒状或纺锤形，长 25~40cm，粗达 2cm，下部常收狭为细圆柱形，不分枝，具数个节和 4 个纵棱，有时棱不明显，干后淡褐色并且带光泽；叶常 3~4 枚，近顶生，革质，长圆状披针形，长 8~17cm，宽 2.6~6cm，先端急尖，基部不下延为抱茎的鞘。总状花序从去年或 2 年生具叶的茎上端发出，下垂，密生许多花，花序柄基部被 2~4 枚鞘；花苞片纸质，倒卵形，长 1.2~1.5cm，宽 6~10mm，先端钝，具约 10 条脉，干后多少席卷；花雁子房白绿色，长 2~2.5cm；花开展，萼片和花瓣淡黄色；中萼片卵形，长 1.7~2.1cm，宽 8~12mm，先端钝，具 5 条脉，全缘；侧萼片卵状披针形，近等大于中萼片，先端近急尖，具 5~6 条脉，全缘；萼囊近球形，宽约 5mm；花瓣近圆形，长 1.5~2cm，宽 1.1~1.5cm，基部收狭为短爪，中部以上边缘具啮齿，具 3 条主脉和许多支脉；唇瓣金黄色，圆状菱形，长 1.7~2.2cm，宽达 2.2cm，先端圆形，基部具短爪，中部以下两侧围抱蕊柱，上面和下面的中部以上密被短绒毛；蕊柱橘黄色，长约 4mm；药帽橘黄色，前后压扁的半球形或圆锥形，前端边缘截形，并且具细缺刻。花期 4—5 月。

齿瓣石斛

Dendrobium devonianum Paxt.

分类地位：兰科（Orchidaceae）

保护等级：二级

濒危等级：EN A4c；B1ab(i,iii)；C1

生　　境：生于海拔 1850m 以下的山地林中树干上。

国内分布：广西西部、贵州西南部、云南、西藏东南部。

致濒因素：采挖严重，种群数量至少减少 50%，受胁因素没有减少，资源破坏极其严重。

形态特征　茎下垂，稍肉质，细圆柱形，长 50~70（~100）cm，粗 3~5mm，不分枝，具多数节，节间长 2.5~4cm，干后常淡褐色带污黑。叶纸质，二列互生于整个茎上，狭卵状披针形，长 8~13cm，宽 1.2~2.5cm，先端长渐尖，基部具抱茎的鞘；叶鞘常具紫红色斑点，干后纸质。总状花序常数个，出自于落了叶的老茎上，每个具 1~2 朵花；花序柄绿色，长约 4mm，基部具 2~3 枚干膜质的鞘；花苞片膜质，卵形，长约 4mm，先端近锐尖；花雁子房绿色带褐色，长 2~2.5cm；花质地薄，开展，具香气；中萼片白色，上部具紫红色晕，卵状披针形，长约 2.5cm，宽 9mm，先端急尖，具 5 条紫色的脉；侧萼片与中萼片同色，相似而等大，但基部稍歪斜；萼囊近球形，长约 4mm；花瓣与萼片同色，卵形，长 2.6cm，宽 1.3cm，先端近急尖，基部收狭为短爪，边缘具短流苏，具 3 条脉，其两侧的主脉多分枝；唇瓣白色，前部紫红色，中部以下两侧具紫红色条纹，近圆形，长 3cm，基部收狭为短爪，边缘具复式流苏，上面密布短毛；唇盘两侧各具 1 个黄色斑块；蕊柱白色，长约 3mm，前面两侧具紫红色条纹；药帽白色，近圆锥形，顶端稍凹的，密布细乳突，前端边缘具不整齐的齿。花期 4—5 月。

串珠石斛

Dendrobium falconeri Hook.

分类地位: 兰科（Orchidaceae）

别　　名: 新竹石斛、红鹏石斛

保护等级: 二级

濒危等级: VU A3c；B1ab(i,iii)

生　　境: 生于海拔 800~1900m 的山谷岩石和密林中树干上。

国内分布: 台湾、湖南东南部、广西、四川南部、云南。

致濒因素: 大规模造林绿化使栖息地质量下降，种群数量减
少；采挖用于园艺观赏。

形态特征

茎悬垂，肉质，细圆柱形，长 30~40cm
或更长，粗 2~3mm，近中部或中部以
上的节间常膨大，多分枝，在分枝的节
上通常肿大而成念珠状，主茎节间较长，
达 3.5cm，分枝节间长约 1cm，干后褐黄色，有时
带污黑色。叶薄革质，常 2~5 枚，互生于分枝的
上部，狭披针形，长 5~7cm，宽 3~7mm，先端钝
或锐尖而稍钩转，基部具鞘；叶鞘纸质，通常水红
色，筒状。总状花序侧生，常减退成单朵；花序柄
纤细，长 5~15mm，基部具 1~2 枚膜质筒状鞘；花
苞片白色，膜质，卵形，长 3~4mm；花梗绿色与浅
黄绿色带紫红色斑点的子房纤细，长约 1.5cm；花
大，开展，质地薄，很美丽；萼片淡紫色或水红色
带深紫色先端；中萼片卵状披针形，长 3~3.6cm，
宽 7~8mm，先端渐尖，基部稍收狭，具 8~9 条脉；
侧萼片卵状披针形，与中萼片等大，先端渐尖，基
部歪斜，具 8~9 条脉，萼囊近球形，长约 6mm；花
瓣白色带紫色先端，卵状菱形，长 2.9~3.3cm，宽
1.4~1.6cm，先端近锐尖，基部楔形，具 5~6 条主脉
和许多支脉；唇瓣白色带紫色先端，卵状菱形，与
花瓣等长而宽得多，先端钝或稍锐尖，边缘具细锯
齿，基部两侧黄色；唇盘具 1 个深紫色斑块，上面
密布短毛；蕊柱长约 2mm；蕊柱足淡红色，长约
6mm；药帽乳白色，近圆锥形，长约 2mm，顶端
宽钝而凹，密布棘刺状毛，前端边缘撕裂状。花期
5—6 月。

流苏石斛

Dendrobium fimbriatum Hook.

分类地位： 兰科（Orchidaceae）

保护等级： 二级
濒危等级： VU A3c；B1ab(i,iii)

生　　境： 生于海拔 600~1700m 的密林中树干或山谷阴湿岩石上。
国内分布： 广西、贵州南部及西南部、云南。
致濒因素： 大规模的造林绿化使栖息地质量明显下降，种群明显减少。

形态特征 茎粗壮，斜立或下垂，质地硬，圆柱形或有时基部上方稍呈纺锤形，长 50~100cm，粗 8~12（~20）mm，不分枝，具多数节，干后淡黄色或淡黄褐色，节间长 3.5~4.8cm，具多数纵槽。叶二列，革质，长圆形或长圆状披针形，长 8~15.5cm，宽 2~3.6cm，先端急尖，有时稍 2 裂，基部具紧抱于茎的革质鞘。总状花序长 5~15cm，疏生 6~12 朵花；花序轴较细，多少弯曲；花序柄长 2~4cm，基部被数枚套叠的鞘；鞘膜质，筒状，位于基部的最短，长约 3mm，顶端的最长，达 1cm；花苞片膜质，卵状三角形，长 3~5mm，先端锐尖；花雇子房浅绿色，长 2.5~3cm；花金黄色，质地薄，开展，稍具香气；中萼片长圆形，长 1.3~1.8cm，宽 6~8mm，先端钝，边缘全缘，具 5 条脉；侧萼片卵状披针形，与中萼片等长而稍较狭，先端钝，基部歪斜，全缘，具 5 条脉；萼囊近圆形，长约 3mm；花瓣长圆状椭圆形，长 1.2~1.9cm，宽 7~10mm，先端钝，边缘微啮蚀状，具 5 条脉；唇瓣比萼片和花瓣的颜色深，近圆形，长 15~20mm，基部两侧具紫红色条纹并且收狭为长约 3mm 的爪，边缘具复流苏，唇盘具 1 个新月形横生的深紫色斑块，上面密布短绒毛；蕊柱黄色，长约 2mm，具长约 4mm 的蕊柱足；药帽黄色，圆锥形，光滑，前端边缘具细齿。花期 4—6 月。

曲茎石斛

Dendrobium flexicaule Z. H. Tsi

分类地位：兰科（Orchidaceae）

保护等级：一级
濒危等级：CR A2c

生　　境：生于海拔 1200~2000m 的山谷岩石上。
国内分布：河南西部、湖北西部、湖南东部、四川西南部、重庆。
致濒因素：野外罕见，标本也不多，推测任何 3 个世代内种群数量减少严重，受胁因素没有减少，资源破坏极其严重。

形态特征 茎圆柱形，稍回折状弯曲，长 6~11cm，粗 2~3mm，不分枝，具数节，节间长 1~1.5cm，干后淡棕黄色。叶 2~4 枚，二列，互生于茎的上部，近革质，长圆状披针形，长约 3cm，宽 7~10mm，先端钝并且稍钩转，基部下延为抱茎的鞘；花序从落了叶的老茎上部发出，具 1~2 朵花；花序柄长 1~2cm，粗约 1mm，基部被 3~4 枚长 2~4mm 的膜质鞘；花苞片浅白色，卵状三角形，长约 3mm，先端急尖；花雁子房黄绿色带淡紫，长 3~4.5cm；花开展，中萼片背面黄绿色，上端稍带淡紫色，长圆形，长 28mm，中部宽 8mm，先端钝，具 5 条脉；侧萼片背面黄绿色，上端边缘稍带淡紫色，斜卵状披针形，与中萼片等长而较宽，先端钝，具 5 条脉，萼囊黄绿色，圆锥形，长约 8mm，宽 10mm，末端近圆形；花瓣下部黄绿色，上部近淡紫色，椭圆形，长约 25mm，中部宽 13mm，先端钝，具 5 条脉；唇瓣淡黄色，先端边缘淡紫色，中部以下边缘紫色，宽卵形，不明显 3 裂，长 17mm，宽 14mm，先端锐尖，基部楔形，上面密布短绒毛，唇盘中部前方有 1 个大的紫色扇形斑块，其后有 1 个黄色的马鞍形胼胝体；蕊柱黄绿色，长约 3mm；蕊柱足长约 10mm，中部具 2 个圆形紫色斑块并且疏生上部紫色而下部黄绿色的叉状毛，末端紫色、与唇瓣结合而形成强烈增厚的关节；蕊柱齿 2 个，三角形，基部外侧紫色；药帽乳白色，近菱形，长约 2.5mm，基部前缘具不整齐的细齿，而端浅 ? 裂，裂片尖齿状。花期 5 月。

曲轴石斛

Dendrobium gibsonii Lindl.

分类地位：兰科（Orchidaceae）
别　　名：紫斑石斛

保护等级：二级
濒危等级：EN A2c；B1ab(i,iii)

生　　境：生于海拔 800~1000m 的山地疏林中树干上。
国内分布：广西西南部、云南东南及南部。
致濒因素：大规模的造林绿化使栖息地质量明显下降，种群数量明显减少；采挖用于园艺观赏。

形态特征　茎斜立或悬垂，质地硬，圆柱形，长 35~100cm，粗 7~8mm，上部有时稍弯曲，不分枝，具多节；节间长 2.4~3.4cm，具纵槽，干后淡黄色。叶革质，二列互生，长圆形或近披针形，长 10~15cm，宽 2.5~3.5cm，先端急尖，基部具纸质鞘。总状花序出自落了叶的老茎上部，常下垂；花序轴暗紫色，常折曲，长 15~20cm，疏生几朵至 10 余朵花；花序柄长 1~2cm，基部被 4~5 枚筒状或杯状鞘；鞘纸质，套叠，基部的长约 3mm，上端的长达 1cm；花苞片披针形，凹呈舟状，长 5~7mm，先端急尖；花雌子房长 2.5~3.5cm；花橘黄色，开展；中萼片椭圆形，长 1.4~1.6cm，宽 10~11mm，先端钝，具 7 条脉；侧萼片长圆形，长 1.4~1.6cm，宽 9~10mm，先端钝，基部歪斜，具 7 条脉；萼囊近球形，长约 4mm；花瓣近椭圆形，长 1.4~1.6cm，宽 8~9mm，先端钝，边缘全缘，具 5 条脉；唇瓣近肾形，长 1.5cm，宽 1.7cm，先端稍凹，基部收狭为爪；唇盘两侧各具 1 个圆形栗色或深紫色斑块，上面密布细乳突状毛，边缘具短流苏；蕊柱长约 3mm，具长约 3mm 的蕊柱足；药帽淡黄色，近半球形，无毛，前端边缘微啮蚀状。花期 6—7 月。

海南石斛

Dendrobium hainanense Rolfe

分类地位： 兰科（Orchidaceae）

保护等级： 二级

濒危等级： VU A2c；B1ab(i,iii)

生　　境： 生于海拔 1000~1700m 的山地阔叶林中树干上。

国内分布： 海南、香港。

致濒因素： 推测过去 3 个世代内种群数量至少减少 50%，受胁因素没有减
少，资源破坏极其严重。

形态特征　茎质地硬，直立或斜立，扁圆柱形，长 10~30（~45）cm，粗 2~3mm，不分枝，具多个节；节间稍呈棒状，长约 1cm。叶厚肉质，二列互生，半圆柱形，长 2~2.5cm，宽 1~2（~3）mm，先端钝，基部扩大呈抱茎的鞘，中部以上向外弯。花小，白色，单生于落了叶的茎上部；花苞片膜质，卵形，长约 1mm；花葶子房纤细，长约 6mm；中萼片卵形，长 3.3~4mm，宽 2.5mm，先端稍钝，具 3 条脉；侧萼片卵状三角形，长 3.3~4mm，宽 3.5mm，先端锐尖，基部十分歪斜，具 3 脉；萼囊长约 10mm，弯曲向前；花瓣狭长圆形，长 3.3~4mm，宽约 1mm，先端急尖，具 1 条脉；唇瓣倒卵状三角形，长约 1.5cm，近先端处宽约 7mm，先端凹缺，前端边缘波状，基部具爪，唇盘中央具 3 条较粗的脉纹从基部到达中部；蕊柱长 1~1.5mm，具长约 1cm 的蕊柱足。花期通常 9—10 月。

金耳石斛

Dendrobium hookerianum Lindl.

分类地位： 兰科（Orchidaceae）

保护等级： 二级

濒危等级： VU A2c

生　　境： 生于海拔 1000~2300m 的山谷岩石或山地林中树干上。

国内分布： 云南西部及西北部、西藏东南部。

致濒因素： 推测任何 3 个世代内种群数量至少减少 50%，受胁因素没有减少；资源破坏严重。

形态特征　多年生草本；茎下垂，圆柱形，长 30~80cm，不分枝、具多节，节间长 2~5cm，干后淡黄色。叶二列，互生于整个茎上，卵状披针形或长圆形，长 7~17cm，宽 2~3.5cm，先端长急尖，基部稍收狭并且扩大为鞘；叶鞘紧抱于茎。总状花序侧生于具叶的老茎中部，长 4~10cm，疏生 2~7 朵花；花金黄色，开展；中萼片椭圆状长圆形，长 2.4~3.5cm，宽 9~16mm，先端锐尖；侧萼片长圆形，与中萼等长，先端锐尖，基部歪斜；萼囊圆锥形，长约 8mm；花瓣长圆形，长 2.4~3.5cm，宽 10~18mm，先端近钝，边缘全缘；唇瓣近圆形，宽 2~3cm，两侧围抱蕊柱，边缘具复式流苏，上面密布短绒毛，唇盘两侧各具 1 个紫色斑块。花期 7—9 月。

美花石斛

Dendrobium loddigesii Rolfe

分类地位： 兰科（Orchidaceae）
别　　名： 粉花石斛

保护等级： 二级
濒危等级： VU A2ac

生　　境： 生于海拔 400~1500m 的山地林中树干或山谷岩石上。
国内分布： 广东、海南、广西、贵州西南部、云南南部。
致濒因素： 造林绿化使栖息地明显退化，种群数量减少。

形态特征

多年生草本；茎柔弱，常下垂，细圆柱形，长 10~45cm，粗约 3mm，节间长 1.5~2cm，干后金黄色。叶纸质，二列，互生于整个茎上，舌形，长圆状披针形或稍斜长圆形，通常长 2~4cm，宽 1~1.3cm，先端锐尖而稍钩转，基部具鞘。花白色或紫红色，每束 1~2 朵侧生于具叶的老茎上部；花序梗长 2~3mm；中萼片卵状长圆形，长 1.7~2cm，宽约 7mm，先端锐尖；侧萼片披针形，与中萼片等大，先端急尖，基部歪斜；萼囊近球形，长约 5mm；花瓣椭圆形，与中萼片等长，宽 8~9mm，先端稍钝，全缘；唇瓣近圆形，直径 1.7~2cm，上面中央金黄色，周边淡紫红色，稍凹的，边缘具短流苏，两面密布短柔毛。花期 4—5 月。

罗河石斛

Dendrobium lohohense Tang et Wang

分类地位： 兰科（Orchidaceae）

别　　名： 细黄草

保护等级： 二级

濒危等级： EN A3c；B1ab(iii,v)

生　　境： 生于海拔 980~1500m 的山地林缘或山谷岩石上。

国内分布： 湖北西部、湖南、广东北部、广西、贵州、四川、云南东南部。

致濒因素： 推测任何 3 个世代内种群数量至少减少 50%，受胁因素没有减少；资源破坏严重。

 形态特征

多年生；茎圆柱形，长达 80cm，粗 3~5mm，具多节，节间长 13~23mm，上部节上常生根而分出新枝条，干后金黄色，具数条纵条棱。叶薄革质，二列，长圆形，长 3~4.5cm，宽 5~16mm，先端急尖，基部具抱茎的鞘。总状花序减退为单朵花，侧生于具叶的茎端或叶腋，直立；花序梗无；子房常棒状肿大；花蜡黄色，开展；中萼片椭圆形，长约 15mm，宽 9mm，先端圆钝；侧萼片斜椭圆形，比中萼片稍长，但较窄，先端钝；萼囊近球形，长约 5mm；花瓣椭圆形，长 17mm，宽约 10mm，先端圆钝，具 7 条脉；唇瓣不裂，倒卵形，长 20mm，宽 17mm，基部楔形而两侧围抱蕊柱，前端边缘具不整齐的细齿。蒴果椭圆状球形，长 4cm，粗 1.2cm。花期 6 月，果期 7—8 月。

长距石斛

Dendrobium longicornu Lindl.

分类地位： 兰科（Orchidaceae）

别　　名： 长角石斛

保护等级： 二级

濒危等级： EN B1ab(iii,v)；C1

生　　境： 生于海拔 1200~1250m 的阔叶林中树干或山崖石壁上。

国内分布： 广西西南部、云南、西藏东南部。

致濒因素： 栖息地质量下降，种群衰退。

形态特征

多年生；茎圆柱形，长 7~35cm，粗 2~4mm，不分枝，节间长 2~4cm。叶狭披针形，长 3~7cm，宽 5~14mm，向先端渐尖，先端不等侧 2 裂，两面和叶鞘均被黑褐色粗毛。总状花序近茎端发出，具 1~3 朵花；花开展，除唇盘中央橘黄色外，其余为白色；萼片先端急尖，在背面中肋稍隆起呈龙骨状；中萼片卵形，长 1.5~2cm，宽约 7mm，侧萼片斜卵状三角形，近蕊柱一侧等长于中萼片；萼囊狭长，劲直，呈角状的距，稍短于花葶子房；花瓣长圆形或披针形，与中萼片等长，稍窄，先端锐尖，边缘具不整齐的细齿；唇瓣近倒卵形或菱形，前端近 3 裂；侧裂片近倒卵形；中裂片先端浅 2 裂，边缘通常具波状皱褶和不整齐的齿；唇盘沿脉纹密被短而肥的流苏。花期 9—11 月。

杓唇石斛

Dendrobium moschatum (Buch.-Ham.) Sw.

分类地位：兰科（Orchidaceae）

保护等级：二级
濒危等级：EN A4c

生　　境：生于海拔 1300m 以下的疏林中树干上。
国内分布：云南西部及西南部。
致濒因素：推测任何 3 个世代内种群数量至少减少 50%，受胁因素没有减少。

形态特征

多年生；茎直立，长达 1m，粗 6~8mm，不分枝，节间长约 3cm。叶革质，互生于茎的上部，长圆形至卵状披针形，长 10~15cm，宽 1.5~3cm，先端渐尖或不等侧 2 裂，基部具紧抱于茎的纸质鞘。总状花序生于茎近端，下垂，长约 20cm，疏生数至 10 余朵花；花序梗长约 5cm；花深黄色，白天开放，晚间闭合；中萼片长圆形，长约 2.4~3.5cm，宽 1.1~1.4cm，先端钝，具 6~7 条脉；侧萼片与中萼片相似，稍窄；萼囊圆锥形，短而宽，长约 6mm；花瓣斜宽卵形，长 2.6~3.5cm，宽 1.7~2.3cm，先端钝；唇瓣圆形，边缘内卷而形成杓状，长 2.4cm，宽约 2.2cm，上面密被短柔毛，下面无毛，唇盘基部两侧各具 1 个浅紫褐色的斑块。花期 4—6 月。

石斛

Dendrobium nobile Lindl.

分类地位：兰科（Orchidaceae）

别　　名：金钗石斛

保护等级：二级

濒危等级：VU A2ac；B1ab(i,iii)

生　　境：生于海拔 480~1700m 的山地疏林中树干和沟谷岩石上。

国内分布：台湾、湖北西部、广东西北部、香港、海南、广西、贵州、云南、四川、西藏东南部。

致濒因素：造林绿化使栖息地明显退化，种群数量减少。

 形态特征

多年生；茎直立，长 10~60cm，粗达 1.3cm，节间多少呈倒圆锥形，长 2~4cm，干后金黄色。叶革质，长圆形，长 6~11cm，宽 1~3cm，先端钝并且不等侧 2 裂，基部具抱茎的鞘。总状花序在茎中部以上部分发出，长 2~4cm，具 1~4 朵花；花大，通常除唇盘上具 1 个紫红色斑块外其余均为白色；中萼片长圆形，长 2.5~3.5cm，宽 1~1.4cm，先端钝；侧萼片相似于中萼片，先端锐尖，基部歪斜；萼囊圆锥形，长 6mm；花瓣多少斜宽卵形，长 2.5~3.5cm，宽 1.8~2.5cm，先端钝，全缘；唇瓣宽卵形，长 2.5~3.5cm，宽 2.2~3.2cm，先端钝，基部两侧具紫红色条纹并且收狭为短爪，中部以下两侧围抱蕊柱，边缘具短的睫毛，两面密布短绒毛。花期 4—5 月。

铁皮石斛

Dendrobium officinale Kimura et Migo

分类地位： 兰科（Orchidaceae）
别　　名： 云南铁皮、黑节草

保护等级： 二级
濒危等级： VU

生　　境： 生于海拔 400~1600m 的山地半阴湿的岩石上。
国内分布： 安徽、浙江、四川、云南、福建、台湾、广西、
　　　　　　湖南、湖北、河南。
致濒因素： 过度采挖。

形态
特征

多年生；茎直立，长 9~35cm，粗 2~4mm，不
分枝，节间长 1.3~1.7cm，常在中部以上互生
3~5 枚叶；叶二列，长圆状披针形，长 3~7cm，
宽 9~11mm，先端钝并且多少钩转，基部下延
为抱茎的鞘，边缘和中肋常带淡紫色；叶鞘常具紫斑。总
状花序常从落了叶的老茎上部发出，具 2~3 朵花；萼片
和花瓣黄绿色，近相似，长圆状披针形，长约 1.8cm，宽
4~5mm，先端锐尖；侧萼片基部较宽阔，宽约 1cm；萼囊
圆锥形，长约 5mm，末端圆形；唇瓣白色，基部具 1 个绿
色或黄色的胼胝体，卵状披针形，比萼片稍短，中部反折，
先端急尖，不裂或不明显 3 裂，中部以下两侧具紫红色条
纹，边缘多少波状；唇盘密布细乳突状的毛，并且在中部以
上具 1 个紫红色斑块。花期 3—6 月。

报春石斛

Dendrobium polyanthum Wallich. ex Lindley

分类地位：兰科（Orchidaceae）

保护等级：二级

濒危等级：VU A2c；B1ab(ii,iii,iv,v)

生　　境：附生在开阔林的树干上。

国内分布：云南南部。

致濒因素：推测任何 3 个世代内受胁因素没有减少，种群数量至少减少 50%，资源破坏极其严重。

形态特征　多年生；茎下垂，通常长 20~35cm，粗 8~13mm，不分枝，节间长 2~2.5cm。叶二列，互生于整个茎上，披针形或卵状披针形，长 8~10.5cm，宽 2~3cm，先端钝并且不等侧 2 裂，基部具纸质或膜质的叶鞘。总状花序具 1~3 朵花，通常从落了叶的老茎上部节上发出；花序梗长 2mm；花开展，下垂，萼片和花瓣淡玫瑰色；中萼片狭披针形，长 3cm，宽 6~8mm，先端近锐尖；侧萼片与中萼片同形而等大；萼囊狭圆锥形，长约 5mm，末端钝；花瓣狭长圆形，长 3cm，宽 7~9mm，先端钝，全缘；唇瓣淡黄色带淡玫瑰色先端，宽倒卵形，长小于宽，宽约 3.5cm，中下部两侧围抱蕊柱，两面密布短柔毛，边缘具不整齐的细齿，唇盘具紫红色的脉纹。花期 3—4 月。

大苞鞘石斛

Dendrobium wardianum Warner

分类地位：兰科（Orchidaceae）

别　　名：腾冲石斛

保护等级：二级

濒危等级：VU B1ab(ii,iii)；C1

生　　境：生于海拔 1350~1900m 的山地疏林中树干上。

国内分布：云南。

致濒因素：造林绿化使栖息地明显退化，种群数量减少。

形态特征　多年生；茎通常长 16~46cm，粗 7~15mm，节间多少肿胀呈棒状，长 2~4cm，干后琉黄色带污黑。叶二列，狭长圆形，长 5.5~15cm，宽 1.7~2cm，先端急尖，基部具鞘。总状花序无叶老茎中部以上部分发出，具 1~3 朵花；花序梗长 2~5mm；花苞片纸质，大型，宽卵形，长 2~3cm，宽 1.5cm，先端近圆形；花雁子房白色带淡紫红色；花大，开展，白色带紫色先端；中萼片长圆形，长 4.5cm，宽 1.8cm，先端钝；侧萼片与中萼片同行且近等大；萼囊近球形，长约 5mm；花瓣宽长圆形，长约 4.5cm，宽约 2.8cm，先端钝；唇瓣宽卵形，长约 3.5cm，宽 3.2cm，中部以下两侧围抱蕊柱，基部金黄色，两面密布短毛，唇盘两侧各具 1 个暗紫色斑块。花期 3—5 月。

细叶石斛

Dendrobium hancockii Rolfe

分类地位： 兰科（Orchidaceae）

保护等级： 二级

濒危等级： EN A2c+3c；C1

生　　境： 生于海拔 700~1500m 的山地林中树干或山谷崖壁上。

国内分布： 甘肃南部、陕西南部、河南西部、湖北西部、湖南东南部、广西西部、贵州、四川、云南。

致濒因素： 推测任何 3 个世代内种群数量至少减少 50%，受胁因素没有减少；资源破坏严重。

 形态特征

多年生草本；茎直立，通常圆柱形，长达 80cm，干后深黄色或橙黄色，节间长达 4.7cm。叶通常 3~6 枚，互生于主茎和分枝的上部，狭长圆形，长 3~10cm，宽 3~6mm，先端钝且不等侧 2 裂。总状花序长 1~2.5cm，具 1~2 朵花；花金黄色，稍具香气；中萼片卵状椭圆形，长 1~2.4cm，宽 3.5~8mm，先端急尖；侧萼片卵状披针形，与中萼片等长，稍窄；萼囊短圆锥形，长约 5mm；花瓣斜倒卵形或近椭圆形，与中萼片等长而较宽，先端锐尖；唇瓣长宽相等，1~2cm，中部 3 裂；侧裂片围抱蕊柱，近半圆形；中裂片近扁圆形或肾状圆形，先端锐尖；唇盘通常浅绿色，从两侧裂片之间到中裂片上密布短乳突状毛。花期 5—6 月。

霍山石斛

Dendrobium huoshanense C. Z. Tang et S. J. Cheng

分类地位： 兰科（Orchidaceae）

保护等级： 一级
濒危等级： CR

生　　境： 生于海拔 400~800m 的山地林中树干上和山谷岩石上。
国内分布： 河南西南部、安徽西南部、江西。
致濒因素： 资源采挖严重。

 形态特征　多年生草本；茎直立，长 3~9cm，从基部上方向上逐渐变细，不分枝，节间长 3~8mm，干后淡黄色。叶革质，2~3 枚互生于茎的上部，舌状长圆形，长 9~21cm，宽 5~7mm，先端钝并且微凹，基部具抱茎的鞘。总状花序 1~3 个，从落了叶的老茎上部发出，具 1~2 朵花；花序梗长 2~3mm；花淡黄绿色，开展；中萼片卵状披针形，长 12~14mm，宽 4~5mm，先端钝；侧萼片镰状披针形，与中萼片近等大；萼囊近矩形，长 5~7mm；花瓣卵状长圆形，长 12~15mm，宽 6~7mm，先端钝；唇瓣近菱形，长和宽约相等，1~1.5cm，基部楔形，上部稍 3 裂，两侧裂片之间密生短毛，近基部处密生长白毛；中裂片半圆状三角形，先端近钝尖，基部密生长白毛并且具 1 个黄色横椭圆形的斑块。花期 5 月。

肿节石斛

Dendrobium pendulum Roxb.

分类地位： 兰科（Orchidaceae）

保护等级： 二级
濒危等级： EN A3c

生　　境： 生于海拔 1050~1600m 的山地疏林中树干上。
国内分布： 云南南部。
致濒因素： 过度采挖。

形态特征

多年生；茎斜立或下垂，通常长 22~40cm，粗 1~1.6cm，不分枝，节肿大呈算盘珠子样，节间长 2~2.5cm，干后淡黄色带灰色。叶长圆形，长 9~12cm，宽 1.7~2.7cm，先端急尖，基部具抱茎的薄革质鞘。总状花序通常出自落了叶的老茎上部，具 1~3 朵花；花序梗长 2~5mm；花大，白色，上部紫红色，开展，具香气；中萼片长圆形，长约 3cm，宽 1cm，先端锐尖；侧萼片与中萼片等大，同形；萼囊紫红色，近圆锥形，长约 5mm；花瓣阔长圆形，长 3cm，宽 1.5cm，先端钝，基部近楔形收狭，边缘具细齿；唇瓣白色，中部以下金黄色，上部紫红色，近圆形，长约 2.5cm，中部以下两侧围抱蕊柱，基部具很短的爪，边缘具睫毛，两面被短绒毛。花期 3—4 月。

华石斛

Dendrobium sinense Tang et F. T. Wang

分类地位： 兰科（Orchidaceae）

保护等级： 二级

濒危等级： EN A3c；B1ab(iii)；C1

生　　境： 生于海拔达 1000m 的山地疏林中树干上。

国内分布： 海南。

致濒因素： 推测任何 3 个世代内种群数量至少减少 50%，受胁因素没有减少。

多年生；茎直立或上举，长达 21cm，粗 3~4mm，节间长 1.5~3cm。叶数枚，二列，通常互生于茎的上部，卵状长圆形，长 2.5~4.5cm，宽 6~11mm，先端钝并且不等侧 2 裂，基部下延为抱茎的鞘，幼时两面被黑色毛，老时毛常脱落；叶鞘被黑色粗毛。花单生于具叶的茎上端，白色；中萼片卵形，长约 2cm，宽 7~9mm，先端急尖；侧萼片斜三角状披针形，比中萼片稍长和宽；萼囊宽圆锥形，长约 1.3cm；花瓣近椭圆形，比中萼片稍长而较宽，先端稍钝；唇瓣的整体轮廓倒卵形，长达 3.5cm，3 裂；侧裂片近扇形，围抱蕊柱；中裂片扁圆形，小于两侧裂片先端之间的宽，先端紫红色，2 裂，唇盘具 5 条纵贯的褶片；褶片红色，在中部呈小鸡冠状。花期 8—12 月。

刀叶石斛

Dendrobium terminale Par. et Rchb. f.

分类地位： 兰科（Orchidaceae）

保护等级： 二级
濒危等级： VU B1ab(ii,iii)；C1

生　境： 生于海拔 850~1080m 的山地林中树干
　　　　　或山谷岩石上。
国内分布： 云南南部及西部。
致濒因素： 狭域分布，大规模的造林绿化使栖息地
　　　　　质量下降。

形态
特征

多年生；茎近木质，直立，扁三棱形，长 10~23cm，
连同叶鞘粗约 5mm，节间长约 1cm。叶二列，疏
松套叠，厚革质或肉质，两侧压扁呈短剑状或匕首
状，长 3~4cm，宽 6~10mm，先端急尖；总状花序
顶生或侧生；花序管短，常具 1~3 朵花；花小，淡黄白色；中
萼片卵状长圆形，长 3~4mm，宽 1.4mm，先端近锐尖；侧萼片
斜卵状三角形，近蕊柱一侧的边缘长 4mm，先端锐尖；萼囊狭
长，长 7mm；花瓣狭长圆形，长 3~4mm，宽约 1mm，先端近
钝，具 1 条脉；唇瓣贴生于蕊柱足末端，近匙形，长 1cm，宽
约 7mm，先端 2 裂，前端边缘波状皱褶，上面近先端处增厚呈
胼胝体或呈小鸡冠状突起。花期 9—11 月。

黑毛石斛

Dendrobium williamsonii Day et Rchb. f.

分类地位：兰科（Orchidaceae）

保护等级：二级
濒危等级：EN A2c；C1

生　　境：生于海拔约 1000m 的林中树干上。
国内分布：海南、广西、云南。
致濒因素：推测任何 3 个世代内种群数量至少减少 50%，受胁因素没有减少；资源破坏极其严重。

 形态特征　多年生；茎长达 20cm，粗 4~6mm，节间长 2~3cm，干后金黄色。叶数枚，通常互生于茎的上部，革质，长圆形，长 7~9.5cm，宽 1~2cm，先端钝并且不等侧 2 裂，基部下延为抱茎的鞘，密被黑色粗毛。总状花序出自具叶的茎端，具 1~2 朵花；花序梗长 5~10mm；花开展，萼片和花瓣淡黄色或白色，相似，近等大，狭卵状长圆形，长 2.5~3.4cm，宽 6~9mm，先端渐尖；侧萼片与中萼片近等大，在背面的中肋均具矮的狭翅；萼囊劲直，角状，长 1.5~2cm；唇瓣淡黄色或白色，带橘红色的唇盘，长约 2.5cm，3 裂；侧裂片围抱蕊柱，近倒卵形，前端边缘稍波状；中裂片近圆形或宽椭圆形，先端锐尖，边缘波状；唇盘沿脉纹疏生粗短的流苏。花期 4—5 月。

莎叶兰

Cymbidium cyperifolium Wall. ex Lindl.

分类地位：兰科（Orchidaceae）

别　　名：套叶兰

保护等级：二级

濒危等级：VU A2c；B1ab(ii,iii,v)

生　　境：生于海拔 900~1600m 的林下排水良好、多石之地或岩石缝中。

国内分布：广东、广西南部、贵州、海南、四川、云南。

致濒因素：栖息地质量下降，种群数量减少；采挖用于园艺观赏。

形态特征

地生或半附生植物；假鳞茎较小，长 1~2cm，包藏于叶鞘之内。叶 4~12 枚，带形，常整齐 2 列而多少呈扇形，长 30~120cm，宽 6~13mm，先端急尖，基部二列套叠的鞘有宽达 2~3mm 的膜质边缘，关节位于距基部 4~5cm 处。花葶从假鳞茎基部发出，直立，长 20~40cm；总状花序具 3~7 朵花；花苞片近披针形，长 1.4~4.1cm，在花序上部的亦超过花莛子房长度的 1/2；花莛子房长 1.5~2.5cm；花与寒兰颇相似，有柠檬香气；萼片与花瓣黄绿色或苹果绿色，偶见淡黄色或草黄色，唇瓣色淡或有时带白色或淡黄色，侧裂片上有紫纹，中裂片上有紫色斑；萼片线形至宽线形，长 1.8~3.5cm，宽 4~7mm；花瓣狭卵形，长 1.6~2.6cm，宽 5.5~8.5mm；唇瓣卵形，长 1.4~2.2cm，稍 3 裂；侧裂片上有小乳突或细小的短柔毛；中裂片强烈外弯，前部疏生小乳突，近全缘；唇盘上 2 条纵褶片从近基部处向上延伸到中裂片基部，上部略向内倾斜；蕊柱长 1.1~1.5cm，稍向前弯曲，两侧有狭翅；花粉团 4 个，成 2 对。蒴果狭椭圆形，长 5~6cm，宽约 2cm。花期 10 月至翌年 2 月。

冬凤兰

Cymbidium dayanum Rchb. f.

分类地位： 兰科（Orchidaceae）

别　　名： 夏凤兰

保护等级： 二级

濒危等级： VU A2c；B1ab(ii,iii,v)

生　　境： 生于海拔 300~1600m 的疏林中树上或溪边岩壁。

国内分布： 福建南部、台湾、广东、海南、广西、云南南部。

致濒因素： 栖息地质量下降，种群数量减少；采挖用于园艺观赏。

形态特征　附生植物；假鳞茎近梭形，稍压扁，长 2~5cm，宽 1.5~2.5cm，包藏于叶基内。叶 4~9 枚，带形，长 32~60（110）cm，宽 7~13mm，坚纸质，暗绿色，先端渐尖，不裂，中脉与侧脉在背面凸起（通常侧脉较中脉更为凸起，尤其在下部），关节位于距基部 7~12cm 处。花葶自假鳞茎基部穿鞘而出，长 18~35cm，下弯或下垂；总状花序具 5~9 朵花；花苞片近三角形，长 4~5mm；花雇子房长 1~2cm，后期继续延长；花直径 4~5cm，一般无香气；萼片与花瓣白色或奶油黄色，中央有 1 条栗色纵带自基部延伸到上部 3/4 处或偶见整个瓣片充满淡枣红色，唇瓣仅在基部和中裂片中央为白色，其余均为栗色，侧裂片则密具栗色脉，褶片呈白色或奶油黄色；萼片狭长圆状椭圆形，长 2.2~2.7cm，宽 5~7mm；花瓣狭卵状长圆形，长 1.7~2.3cm，宽 4~6mm；唇瓣近卵形，长 1.5~1.9cm，3裂；侧裂片与蕊柱近等长；中裂片外弯；唇盘上有 2 条纵褶片自基部延伸至中裂片基部，上有密集的腺毛，褶片前端有 2 条具腺毛的线延伸至中裂片中部；蕊柱长 9~10mm，稍向前弯曲，长度约为萼片长度的 1/2~3/5；花粉团 2 个，近三角形。蒴果椭圆形，长 4~5cm，宽 2~2.8cm。花期 8—12 月。

建兰

Cymbidium ensifolium (L.) Sw.

分类地位: 兰科（Orchidaceae）
别　名: 四季兰

保护等级: 二级
濒危等级: VU A4c；B1ab(ii,iii,v)

生　　境: 生于海拔 600~1800m 的疏林下、灌丛中、山谷旁或草丛中。
国内分布: 安徽、福建北部、广东、广西、贵州、海南、湖北西部、湖南、江西、四川西南部、台湾、西藏东南部、云南东南部至西部、浙江。
致濒因素: 数量稀少，种群数量减少，人为采挖严重，经济价值高。

地生植物；假鳞茎卵球形，长 1.5~2.5cm，宽 1~1.5cm，包藏于叶基之内。叶 2~4（~6）枚，带形，有光泽，长 30~60cm，宽 1~1.5（~2.5）cm，前部边缘有时有细齿，关节位于距基部 2~4cm 处。花葶从假鳞茎基部发出，直立，长 20~35cm 或更长，但一般短于叶；总状花序具 3~9（~13）朵花；花苞片除最下面的 1 枚长可达 1.5~2cm 外，其余的长 5~8mm，一般不及花梗子房长度的 1/3，至多不超过 1/2；花梗子房长 2~2.5（~3）cm；花常有香气，色泽变化较大，通常为浅黄绿色而具紫斑；萼片近狭长圆形或狭椭圆形，长 2.3~2.8cm，宽 5~8mm；侧萼片常向下斜展；花瓣狭椭圆形或狭卵状椭圆形，长 1.5~2.4cm，宽 5~8mm，近平展；唇瓣近卵形，长 1.5~2.3cm，略 3 裂；侧裂片直立，多少围抱蕊柱，上面有小乳突；中裂片较大，卵形，外弯，边缘波状，亦具小乳突；唇盘上 2 条纵褶片从基部延伸至中裂片基部，上半部向内倾斜并靠合，形成短管；蕊柱长 1~1.4cm，稍向前弯曲，两侧具狭翅；花粉团 4 个，成 2 对，宽卵形。蒴果狭椭圆形，长 5~6cm，宽约 2cm。花期通常为 6—10 月。

长叶兰

Cymbidium erythraeum Lindl.

分类地位：兰科（Orchidaceae）

保护等级：二级
濒危等级：VU A2c

生　　境：生于海拔 1400~2800m 的林中、林缘树上或岩石上。
国内分布：广西南部、贵州、四川西南部、云南、西藏东南部。
致濒因素：过去 10 年种群数量减少大于 30%。

形态特征　附生植物；假鳞茎卵球形，长 2~5cm，宽 1.5~3cm，包藏于叶基之内。叶 5~11 枚，二列，带形，长 60~90cm，宽 7~15mm，从中部向顶端渐狭，基部紫色，关节位于距基部 3~6.5cm 处。花葶较纤细，近直立或外弯，长 25~75cm；总状花序具 3~7 朵或更多的花；花苞片近三角形，长 2~4mm；花梗子房长 2.5~4.3cm；花直径 7~8cm，有香气；萼片与花瓣绿色，但由于有红褐色脉和不规则斑点而呈红褐色，唇瓣淡黄色至白色，侧裂片上有红褐色脉，中裂片上有少量红褐色斑点和 1 条中央纵线；萼片狭长圆状倒披针形，长 3.4~5.2cm，宽 7~14mm；花瓣镰刀状，长 3.5~5.3cm，宽 3.5~7mm，斜展；唇瓣近椭圆状卵形，长 3~4.3cm，3 裂，基部与蕊柱合生达 2~3mm；侧裂片直立，被短毛，上部较多，边缘有时有短缘毛；中裂片心形至肾形，上面有小乳突，多少散生短毛；唇盘上 2 条褶片自下部延伸到中裂片基部；褶片上面密生短毛，顶端肥厚；蕊柱长 2.3~3.2cm，两侧具翅，下部有疏毛；花粉团 2 个，近三角形。蒴果梭状椭圆形，长 4~5cm，宽 2~3cm。花期 10 月至翌年 1 月。

多花兰

Cymbidium floribundum Lindl.

分类地位： 兰科（Orchidaceae）

保护等级： 二级
濒危等级： VU A2cd

生　　境： 生于海拔 100~3300m 的林中、林缘树上或溪边岩石或岩壁。
国内分布： 安徽南部、浙江南部、福建、台湾、江西南部、湖北西部、湖南、广东、广西、贵州、四川、云南。
致濒因素： 种群数量在过去 10 年减少大于 30%；采挖用于园艺观赏。

附生植物；假鳞茎近卵球形，长 2.5~3.5cm，宽 2~3cm，稍压扁，包藏于叶基之内。叶通常 5~6 枚，带形，坚纸质，长 22~50cm，宽 8~18mm，先端钝或急尖，中脉与侧脉在背面凸起（通常中脉较侧脉更为凸起，尤其在下部），关节在距基部 2~6cm 处。花葶自假鳞茎基部穿鞘而出，近直立或外弯，长 16~28（~35）cm；花序通常具 10~40 朵花；花苞片小；花较密集，直径 3~4cm，一般无香气；萼片与花瓣红褐色或偶见绿黄色，极罕灰褐色，唇瓣白色而在侧裂片与中裂片上有紫红色斑，褶片黄色；萼片狭长圆形，长 1.6~1.8cm，宽 4~7mm；花瓣狭椭圆形，长 1.4~1.6cm，萼片近等宽；唇瓣近卵形，长 1.6~1.8cm，3 裂；侧裂片直立，具小乳突；中裂片稍外弯，亦具小乳突；唇盘上有 2 条纵褶片，褶片末端靠合；蕊柱长 1.1~1.4cm，略向前弯曲；花粉团 2 个，三角形。蒴果近长圆形，长 3~4cm，宽 1.3~2cm。花期 4—8 月。

春兰

Cymbidium goeringii (Rchb. f.) Rchb.f.

分类地位： 兰科（Orchidaceae）

别　　名： 葱兰

保护等级： 二级

濒危等级： VU A4c；B1ab(iii)

生　　境： 生于海拔 300~3000m 的多石山坡、林缘、林中透光处。

国内分布： 陕西西南部、甘肃东南部、江苏、安徽、浙江、福建、台湾、江西、河南南部、湖北、湖南、广东、广西、贵州、四川、云南。

致濒因素： 推测任何 3 个世代内种群数量至少减少 30%，受胁因素没有减少。

形态特征

地生植物；假鳞茎较小，卵球形，长 1~2.5cm，宽 1~1.5cm，包藏于叶基之内。叶 4~7 枚，带形，通常较短小，长 20~40（~60）cm，宽 5~9mm，下部常多少对折而呈 V 形，边缘无齿或具细齿。花葶从假鳞茎基部外侧叶腋中抽出，直立，长 3~15（~20）cm，极罕更高，明显短于叶；花序具单朵花，极罕 2 朵；花苞片长而宽，一般长 4~5cm，多少围抱子房；花萼子房长 2~4cm；花色泽变化较大，通常为绿色或淡褐黄色而有紫褐色脉纹，有香气；萼片近长圆形至长圆状倒卵形，长 2.5~4cm，宽 8~12mm；花瓣倒卵状椭圆形至长圆状卵形，长 1.7~3cm，与萼片近等宽，展开或多少围抱蕊柱；唇瓣近卵形，长 1.4~2.8cm，不明显 3 裂；侧裂片直立，具小乳突，在内侧靠近纵褶片处各有 1 个肥厚的皱褶状物；中裂片较大，强烈外弯，上面亦有乳突，边缘略呈波状；唇盘上 2 条纵褶片从基部上方延伸中裂片基部以上，上部向内倾斜并靠合，多少形成短管状；蕊柱长 1.2~1.8cm，两侧有较宽的翅；花粉团 4 个，成 2 对。蒴果狭椭圆形，长 6~8cm，宽 2~3cm。花期 1—3 月。

虎头兰

Cymbidium hookerianum Rchb. f.

分类地位： 兰科（Orchidaceae）

保护等级： 二级
濒危等级： EN A2c

生　　境： 生于海拔 1100~2700m 的林中树上或溪边岩石上。
国内分布： 湖南西南部、广西西部、四川、贵州西南部、云南、西藏东南部。
致濒因素： 栖息地质量下降，种群数量减少。

形态特征　附生草本；假鳞茎狭椭圆形至狭卵形，长 3~8cm，宽 1.5~3cm，大部分包藏于叶基之内。叶 4~6（~8）枚，长 35~60（~80）cm，宽 1.4~2.3cm，带形，先端急尖，关节位于距基部（4~）6~10cm 处。花葶从假鳞茎下部穿鞘而出，外弯或近直立，长 45~60（~70）cm；总状花序具 7~14 朵花；花苞片卵状三角形，长 3~4mm；花梗子房长 3~5cm；花大，直径达 11~12cm，有香气；萼片与花瓣苹果绿或黄绿色，基部有少数深红色斑点或偶有淡红褐色晕，唇瓣白色至奶油黄色，侧裂片与中裂片上有栗色斑点与斑纹，在授粉后整个唇瓣变为紫红色；萼片近长圆形，长 5~5.5cm，宽 1.5~1.7cm；花瓣狭长圆状倒披针形，与萼片近等长，宽 1~1.3cm；唇瓣近椭圆形，长 4.5~5cm，3 裂，基部与蕊柱合生达 4~4.5mm；侧裂片直立，多少有小乳突或短毛，尤其接近顶端处，边缘有缘毛；中裂片外弯，亦具小乳突，有时散生有短毛，边缘啮蚀状并呈波状；唇盘上 2 条纵褶片从基部延伸至中裂片基部以上，沿褶片生有短毛；蕊柱长 3.3~4cm，向前弯曲，腹面近基部有乳突或少数短毛；花粉团 2 个，近三角形。蒴果狭椭圆形，长 9~11cm，宽约 4cm。花期 1—4 月。

美花兰

Cymbidium insigne Rolfe

分类地位： 兰科（Orchidaceae）

保护等级： 一级

濒危等级： CR A2c

生　　境： 生于海拔 1700~1850m 的疏林中、多石草丛中、岩石上或潮湿、多苔藓岩壁上。

国内分布： 海南东部。

致濒因素： 仅存在 2 个居群。采挖导致数量稀少，栖息地及种群数量减少。

形态特征

地生或附生植物；假鳞茎卵球形至狭卵形，长 5~9cm，宽 2.5~4cm，包藏于叶基之内。叶 6~9 枚，带形，长 60~90cm，宽 7~12mm，先端渐尖，关节位于距基部 7.5~10cm 处。花葶近直立或外弯，长 28~90cm，较粗壮；总状花序具 4~9 朵或更多的花；花苞片近三角形，长 3~5mm，但下部的可达 11~15mm；花雁子房长 3~4cm；花直径 6~7cm，无香气；萼片与花瓣白色或略带淡粉红色，有时基部有红点，唇瓣白色，侧裂片上通常有紫红色斑点和条纹，中裂片中部至基部黄色，亦有少数斑点与斑纹；萼片椭圆状倒卵形，长 3~3.5cm，宽 1~1.4cm；侧萼片略斜歪；花瓣狭倒卵形，长 2.8~3cm，宽 1~1.2cm；唇瓣近卵圆形，略短于花瓣，3 裂，基部与蕊柱合生达 2~3mm；侧裂片上有极细的小乳突与细毛，边缘无明显缘毛；中裂片稍外弯，基部与中部有一片密短毛区，其余部分有小乳突，边缘皱波状；唇盘上有 3 条纵褶片，左右 2 条从基部延伸至中裂片基部，顶端略膨大，中央 1 条较短，均密生短毛；蕊柱长 2.4~2.8cm，向前弯曲，两侧具翅，腹面基部有短毛；花粉团 2 个，三角形至近四方形。花期 11—12 月。

黄蝉兰

Cymbidium iridioides D. Don

分类地位：兰科（Orchidaceae）

保护等级：二级
濒危等级：VU A2c

生　　境：生于海拔 900~2800m 的林中或灌木林中的乔木或岩石上，也见于岩壁。
国内分布：贵州西南部、四川、云南、西藏。
致濒因素：栖息地质量下降，种群数量减少。

形态特征 附生植物；假鳞茎椭圆状卵形至狭卵形，长 4~11cm，宽 2~5cm，大部或全部包藏于叶基之内。叶 4~8 枚，带形，长 45~70（~90）cm，宽（1.6）2~4cm，先端急尖，关节位于距基部 6~15cm 处。花葶从假鳞茎基部穿鞘而出，近直立或水平伸展，长 40~70cm 或更长；总状花序具 3~17 朵花；花苞片近三角形，长 2~3mm；花梗与子房长 4~4.5cm；花较大，直径达 10cm，有香气；萼片与花瓣黄绿色，有 7~9 条淡褐色或红褐色粗脉，唇瓣淡黄色并在侧裂片上具类似的脉，中裂片上有红色斑点和斑块，褶片黄色并在前部具栗色斑点；萼片狭倒卵状长圆形，长 3.7~4.5cm，宽 1.2~1.5cm，侧萼片稍扭转；花瓣狭卵状长圆形，长 3.5~4.6cm，宽 7~9mm，略镰曲；唇瓣近椭圆形，略短于花瓣，3 裂，基部与蕊柱合生达 4~5mm；侧裂片边缘具短缘毛，上面有短毛；中裂片强烈外弯，中央有 2~3 行长毛，连接于褶片顶端并延伸至中裂片上部，其余部分疏生短毛，边缘啮蚀状并呈波状；唇盘上 2 条纵褶片自上部延伸至中部，但向基部迅速变为狭小，顶端较肥厚，中上部生有长毛；蕊柱长 2.5~2.9cm，向前弯曲，腹面基部具短毛；花粉团 2 个，近三角形。蒴果近椭圆形，长 6~11cm，宽 3~4.5cm。花期 8—12 月。

寒兰

Cymbidium kanran Makino

分类地位： 兰科（Orchidaceae）

保护等级： 二级
濒危等级： VU A2cd

生　　境： 生于海拔400~2400m的林下、溪边或稍荫蔽、湿润、多石之土壤上。
国内分布： 安徽、浙江、福建、台湾、江西、湖北西南部、湖南、广东、海南、广西、贵州、四川、云南、西藏东南部。
致濒因素： 栖息地质量下降，种群数量减少；采挖用于园艺观赏。

地生植物；假鳞茎狭卵球形，长2~4cm，宽1~1.5cm，包藏于叶基之内。叶3~5（~7）枚，带形，薄革质，暗绿色，略有光泽，长40~70cm，宽9~17mm，前部边缘常有细齿，关节位于距基部4~5cm处。花葶发自假鳞茎基部，长25~60（~80）cm，直立；总状花序疏生5~12朵花；花苞片狭披针形，最下面1枚长可达4cm，中部与上部的长1.5~2.6cm，一般与花梗子房近等长；花梗子房长2~2.5（~3）cm；花常为淡黄绿色而具淡黄色唇瓣，也有其他色泽，常有浓烈香气；萼片近线形或线状狭披针形，长3~5（~6）cm，宽3.5~5（~7）mm，先端渐尖；花瓣常为狭卵形或卵状披针形，长2~3cm，宽5~10mm；唇瓣近卵形，不明显的3裂，长2~3cm；侧裂片直立，多少围抱蕊柱，有乳突状短柔毛；中裂片较大，外弯，上面亦有类似的乳突状短柔毛，边缘稍有缺刻；唇盘上2条纵褶片从基部延伸至中裂片基部，上部向内倾斜并靠合，形成短管；蕊柱长1~1.7cm，稍向前弯曲，两侧有狭翅；花粉团4个，成2对，宽卵形。蒴果狭椭圆形，长约4.5cm，宽约1.8cm。花期8—12月。

碧玉兰

Cymbidium lowianum (Rchb. f.) Rchb. f.

分类地位： 兰科（Orchidaceae）

别　　名： 昌宁兰、金蝉兰、浅斑碧玉兰

保护等级： 二级

濒危等级： EN A2cd

生　　境： 生于海拔 1300~1900m 的林中树上或溪边岩壁。

国内分布： 云南。

致濒因素： 狭域分布，农林牧渔业的发展使栖息地质量下降，种群数量下降；采挖用于园艺观赏。

附生植物；假鳞茎狭椭圆形，略压扁，长 6~13cm，宽 2~5cm，包藏于叶基之内。叶 5~7 枚，带形，长 65~80cm，宽 2~3.6cm，先端短渐尖或近急尖，关节位于距基部 6~9cm 处。花葶从假鳞茎基部穿鞘而出，近直立、平展或外弯，长 60~80cm；总状花序具 10~20 朵或更多的花；花苞片卵状三角形，长约 3mm；花梗子房长 3~4cm；花直径 7~9cm，无香气；萼片和花瓣苹果绿色或黄绿色，有红褐色纵脉，唇瓣淡黄色，中裂片上有深红色的锚形斑（或 V 形斑及 1 条中线）；萼片狭倒卵状长圆形，长 4~5cm，宽 1.4~1.6cm；花瓣狭倒卵状长圆形，与萼片近等长，宽 8~10mm；唇瓣近宽卵形，长 3.5~4cm，3 裂，基部与蕊柱合生达 3~4mm；侧裂片上被毛，尤其在前部密生短毛；中裂片上在锚形斑区密生短毛，边缘啮蚀状并稍呈波状；唇盘上 2 条纵褶片肥厚，从距基部 7~9mm 处延伸到中裂片基部下方，上面生有细毛；蕊柱长 2.7~3cm，向前弯曲，两侧具翅，腹面基部有乳突或短毛；花粉团 2 个，三角形。花期 4—5 月。

墨兰

Cymbidium sinense (Jack. ex Andr.) Willd.

分类地位：兰科（Orchidaceae）
别　　名：报岁兰

保护等级：二级
濒危等级：VU A2cd；B1ab(iii,v)

生　　境：生于海拔 300~2000m 的林下、灌木林中或溪谷旁湿润但排水良好的荫蔽处。
国内分布：安徽南部、福建、广东、广西、贵州西南部、海南、江西南部、四川中南部、台湾、云南。
致濒因素：栖息地质量下降，种群数量减少，采挖用于园艺观赏。

形态特征　地生植物；假鳞茎卵球形，长 2.5~6cm，宽 1.5~2.5cm，包藏于叶基之内。叶 3~5 枚，带形，近薄革质，暗绿色，长 45~80（~110）cm，宽（1.5~）2~3cm，有光泽，关节位于距基部 3.5~7cm 处。花葶从假鳞茎基部发出，直立，较粗壮，长（40~）50~90cm，一般略长于叶；总状花序具 10~20 朵或更多的花；花苞片除最下面的 1 枚长于 1cm 外，其余的长 4~8mm；花梗子房长 2~2.5cm；花的色泽变化较大，较常为暗紫色或紫褐色而具浅色唇瓣，也有黄绿色、桃红色或白色的，一般有较浓的香气；萼片狭长圆形或狭椭圆形，长 2.2~3（~3.5）cm，宽 5~7mm；花瓣近狭卵形，长 2~2.7cm，宽 6~10mm；唇瓣近卵状长圆形，宽 1.7~2.5（~3）cm，不明显 3 裂；侧裂片直立，多少围抱蕊柱，具乳突状短柔毛；中裂片较大，外弯，亦有类似的乳突状短柔毛，边缘略波状；唇盘上 2 条纵褶片从基部延伸至中裂片基部，上半部向内倾斜并靠合，形成短管；蕊柱长 1.2~1.5cm，稍向前弯曲，两侧有狭翅；花粉团 4 个，成 2 对，宽卵形。蒴果狭椭圆形，长 6~7cm，宽 1.5~2cm。花期 10 月至翌年 3 月。

文山红柱兰

Cymbidium wenshanense Y. S. Wu et F. Y. Liu

分类地位： 兰科（Orchidaceae）

别　　名： 五裂红柱兰

保护等级： 一级

濒危等级： CR

生　　境： 生于林中树上。

国内分布： 云南、广西。

致濒因素： 罕见，数量稀少，经济价值高，采挖严重，农林业的发展使栖息地明显退化，种群数量持续下降。

 形态特征　附生植物；假鳞茎卵形，长3~4cm，宽2~2.5cm，包藏于叶鞘之内。叶6~9枚，带形，长60~90cm，宽1.3~1.7cm，先端近渐尖，关节位于距基部8~10cm处。

花葶明显短于叶，长32~39cm，多少外弯；总状花序具3~7朵花；花苞片三角形，很小；花梗子房长达5cm；花较大，不完全开放，有香气；萼片与花瓣白色，背面常略带淡紫红色，唇瓣白色而有深紫色或紫褐色条纹与斑点，在后期整个色泽常变为淡红褐色，纵褶片一般黄色，蕊柱顶端红色，其余均白色；萼片近狭倒卵形或宽倒披针形，长5.8~6.4cm，宽1.8~2.1cm；花瓣与萼片相似；唇瓣近宽倒卵形，长约5.6cm，3裂，基部与蕊柱合生达2~3mm；侧裂片直立，宽达2cm，边缘有缘毛；中裂片近扁圆形，长约1.9cm，宽2.7cm，先端微缺，边缘有缘毛；唇盘上整个被毛，有2条纵褶片自基部延伸到中裂片基部，末端明显膨大；蕊柱长约4.2cm，向前弯曲，腹面疏被短柔毛；花粉团2个，近梨形。花期3月。

独花兰

Changnienia amoena S. S. Chien

分类地位： 兰科（Orchidaceae）

保护等级： 二级
濒危等级： EN A2c

生　　境： 生于海拔 400~1800m 的疏林下腐殖质丰富土壤或沿山谷荫蔽地方。

国内分布： 江苏西南部、安徽、浙江西部、江西北部、湖北、湖南、四川、陕西南部。

致濒因素： 森林工业发展使栖息地明显退化，种群数量减少；采挖用于园艺观赏。资源量很少，分布零星。

形态特征

假鳞茎近椭圆形或宽卵球形，长 1.5~2.5cm，宽 1~2cm，肉质，近淡黄白色，有 2 节，被膜质鞘。叶 1 枚，宽卵状椭圆形至宽椭圆形，长 6.5~11.5cm，宽 5~8.2cm，先端急尖或短渐尖，基部圆形或近截形，背面紫红色；叶柄长 3.5~8cm。花葶长 10~17cm，紫色，具 2 枚鞘；鞘膜质，下部抱茎，长 3~4cm；花苞片小，凋落；花雌子房长 7~9mm；花大，白色而带肉红色或淡紫色晕，唇瓣有紫红色斑点；萼片长圆状披针形，长 2.7~3.3cm，宽 7~9mm，先端钝，有 5~7 脉；侧萼片稍斜歪；花瓣狭倒卵状披针形，略斜歪，长 2.5~3cm，宽 1.2~1.4cm，先端钝，具 7 脉；唇瓣略短于花瓣，3 裂，基部有距；侧裂片直立，斜卵状三角形，较大，宽 1~1.3cm；中裂片平展，宽倒卵状方形，先端和上部边缘具不规则波状缺刻；唇盘上在两枚侧裂片之间具 5 枚褶片状附属物；距角状，稍弯曲，长 2~2.3cm，基部宽 7~10mm，向末端渐狭，末端钝；蕊柱长 1.8~2.1cm，两侧有宽翅。花期 4 月。

海南鹤顶兰

Phaius hainanensis C. Z. Tang et S. J. Cheng

分类地位：兰科（Orchidaceae）

保护等级：二级

濒危等级：CR B1ab(i,iii,v)

生　　境：雨林。

国内分布：海南中部。

致濒因素：狭域分布，较罕见，栖息地退化，种群数量下降。

形态特征

植株高 50~80cm。假鳞茎卵状圆锥形，长 5~9cm，粗约 3.5~5cm。叶数枚互生于茎的上部，长圆状卵形或宽披针形，长 25~70cm，宽 6~12cm，先端渐尖，基部收狭为长 6~17cm 的柄，边缘波状，具 7 条脉；叶柄基部扩大为鞘，叶柄和鞘均被褐色鳞片状毛。花葶从假鳞茎基部发生，扁圆柱形，长约 40cm，疏被黑褐色鳞片状毛，基部被 1 枚鞘；总状花序具约 10 朵花；花苞片绿白色，卵形，比花雇子房长，长 3~5.5cm，宽约 2.5cm，先端锐尖，疏被黑褐色鳞片状毛；花雇子房长约 3cm；花大，象牙白色，张开。花期 5 月。

大黄花虾脊兰

Calanthe sieboldii Decne.

分类地位：兰科（Orchidaceae）
别　　名：黄根节兰

保护等级：一级
濒危等级：CR B1ab(iii)

生　　境：生于海拔 1200~1500m 的山地林下。
国内分布：安徽、台湾、湖南西南部、江西。
致濒因素：狭域分布，栖息地破碎化和丧失，采挖严重。

假鳞茎小，具 2~3 枚叶和 5~7 枚鞘。叶宽椭圆形，长 45~60cm，宽 9~15cm，先端具短尖，基部收狭为较长的柄。花葶长 40~50cm；总状花序长 6~15cm，无毛，疏生约 10 朵花；花苞片披针形，长约 1cm，先端渐尖；花葶子房长约 1.2cm；花大，鲜黄色，稍肉质；中萼片椭圆形，先端锐尖；侧萼片斜卵形，比中萼片稍较小，先端锐尖；花瓣狭椭圆形，先端锐尖，基部收窄；唇瓣基部与整个蕊柱翅合生，平伸，3 深裂，近基部处具红色斑块并具有 2 排白色短毛；侧裂片斜倒卵形或镰状倒卵形，先端圆钝；中裂片近椭圆形，先端具 1 短尖；唇盘上具 5 条波状龙骨状脊，中央 3 条较长；距长约 8mm，内面被毛；蕊柱粗短，长约 5mm。花期 2—3 月。

华西蝴蝶兰

Phalaenopsis wilsonii Rolfe

分类地位： 兰科（Orchidaceae）

别　　名： 云南蝴蝶兰、楚雄蝶兰、小蝶兰

保护等级： 二级

濒危等级： VU A2ac

生　　境： 生于海拔 800~2150m 的山地林中树干或林下岩石上。

国内分布： 湖南西北部、广西西北部、贵州西南部、四川、云南、西藏东部。

致濒因素： 栖息地质量下降，种群数量减少；采挖用于园艺观赏。

形态特征

气生根发达，簇生，长而弯曲，表面密生疣状突起。茎很短，被叶鞘所包，长约 1cm，通常具 4~5 枚叶。叶稍肉质，两面绿色或幼时背面紫红色，长圆形或近椭圆形，通常长 6.5~8cm，宽 2.6~3cm，先端钝并且一侧稍钩转，基部稍收狭并且扩大为抱茎的鞘，在旱季常落叶，花时无叶或具 1~2 枚存留的小叶。花序从茎的基部发出，常 1~2 个，斜立，长 4~8.5cm，不分枝，花序轴疏生 2~5 朵花；花序柄暗紫色，粗约 2mm，被 1~2 枚膜质鞘；花苞片膜质，卵状三角形，长 4~5mm，先端锐尖；花梗连同子房长 3~3.8cm；花开放，萼片和花瓣白色带淡粉红色的中肋或全体淡粉红色；花瓣匙形或椭圆状倒卵形，长 1.4~1.5cm，宽 6~10mm，先端圆形，基部楔形收狭。

中华火焰兰

Renanthera citrina Averyanov

分类地位： 兰科（Orchidaceae）

保护等级： 二级

生　　境： 在树干上附生或在山谷沿线的岩石上岩生。
国内分布： 云南。
致濒因素： 生境破碎化或丧失，过度采集，自然种群过小。

 形态特征　茎近直立或呈杂乱，长 20~40（~80）cm，二列多叶。叶片狭长圆形，长 7~10cm，宽 0.9~1.1cm，厚革质，不相等钝二叶状。花序单生，腋生，自茎上部，总状，长 12~26cm，5~10 花；花苞片厚约 1mm，膜质。花淡黄，疏生斑点具紫红色；花罐子房长 1.6~2.7cm。背面萼片狭长圆形匙形，长 18~22cm，宽 3~4mm，钝锐尖；侧萼片类似于背萼片，通常有点扭曲，长 26~31cm，宽 4.5~5.5mm，基部具爪，长 5~6mm，边缘强烈波状，下弯。花瓣线形，长 13~17cm，宽 1.5~2.5mm，钝；唇小得多，3 浅裂；侧裂片直立，卵状披针形，长 1.5~2mm；中间裂片近圆形，近球形囊状在顶半，约 2mm，有 3 脊近基部，有一短圆锥形基囊约 2×2mm 和一对方形片状愈伤组织在其基部和侧裂片远侧边缘之间，向下延伸到囊中。柱高 3.5~4mm。花期 4—5 月。

火焰兰

Renanthera coccinea Lour.

分类地位：兰科（Orchidaceae）

保护等级：二级

濒危等级：EN B1ab(i,iii,v)

生　　境：生于海拔 1400m 以下的山地林中，攀援于乔木或山谷岩石上。

国内分布：海南、广西西南部。

致濒因素：生境破碎化或丧失，过度采集，自然种群过小。

形态特征

茎攀援，粗壮，质地坚硬，圆柱形，长 1m 以上，粗约 1.5cm，通常不分枝，节间长 3~4cm。叶二列，斜立或近水平伸展，舌形或长圆形，长 7~8cm，宽 1.5~3.3cm，先端稍不等侧 2 圆裂，基部抱茎并且下延为抱茎的鞘。花序与叶对生，常 3~4 个，粗壮而坚硬，基部具 3~4 枚短鞘，长达 1m，常具数个分枝，圆锥花序或总状花序疏生多数花；花苞片小，宽卵状三角形，长约 3mm，先端锐尖；花梗子房长 2.5~3cm；花火红色，开展；中萼片狭匙形，长 2~3cm，宽 4.5~6mm，先端钝，具 4 条主脉，边缘稍波状并且其内面具橘黄色斑点；侧萼片长圆形，长 2.5~3.5cm，宽 0.8~1.2cm，先端钝，具 5 条主脉，基部收狭为爪，边缘明显波状；花瓣相似于中萼片而较小，先端近圆形，边缘内侧具橘黄色斑点；唇瓣 3 裂；侧裂片直立，不高出蕊柱，近半圆形或方形，长约 3mm，宽 4mm，先端近圆形，基部具一对肉质、全缘的半圆形胼胝体；中裂片卵形，长 5mm，宽 2.5mm，先端锐尖从中部下弯；距圆锥形，长约 4mm；蕊柱近圆柱形，长约 5mm；药帽半球形，前端稍伸长而收狭，先端截形而呈宽凹缺；粘盘柄长约 2mm，中部多少曲膝状。花期 4—6 月。

云南火焰兰

Renanthera imschootiana Rolfe

分类地位： 兰科（Orchidaceae）

保护等级： 二级
濒危等级： CR A2ac；B1ab(i,iii,v)

生　　境： 附生于山谷林中树干。
国内分布： 云南南部。
致濒因素： 狭域分布，栖息地质量下降；采挖用于园艺观赏。

形态特征

茎长达 1m，具多数彼此紧靠而二列的叶。叶革质，长圆形，长 6~8cm，宽 1.3~2.5cm，先端稍斜 2 圆裂，基部具抱茎的鞘。花序腋生，花序轴和花序柄纤细，长达 1m，具分枝，总状花序或圆锥花序具多数花；花苞片宽卵形，长约 2mm，先端钝；花梗子房淡红色，长 2~2.3cm；花开展；中萼片黄色，近匙状倒披针形，长 2.4cm，宽 5mm，先端多少锐尖，具 5 条脉；侧裂片内面红色，背面草黄色，斜椭圆状卵形，长 3cm，宽 1cm，先端钝，基部收狭为长约 6mm 的爪，边缘波状，具 5 条主脉；花瓣黄色带红色斑点，狭匙形，长 2cm，宽 4mm，先端钝而增厚并且密被红色斑点，具 3 条主脉；唇瓣 3 裂；侧裂片红色，直立，三角形，长 3mm，超出蕊柱之上，先端锐尖，基部具 2 条上缘不整齐的膜质褶片；中裂片卵形，长 4.5cm，宽 3mm，先端锐尖，深红色，反卷，基部具 3 个肉瘤状突起物；距黄色带红色末端，长 2mm，末端钝；蕊柱深红色，圆柱形，长 4mm。花期 5 月。

柬埔寨龙血树

Dracaena cambodiana Pierre ex Gagnep.

分类地位： 天门冬科（Asparagaceae）

别　　名： 云南龙血树、山海带、小花龙血树、海南龙血树

保护等级： 二级

濒危等级： VU A2c+3c

生　　境： 生于海拔 950~1700m 的石灰岩上。

国内分布： 云南西南部、广西西南部、海南。

致濒因素： 药用，野生居群内个体数量很低。

形态特征

乔木状，高在 3~4m 以上。茎不分枝或分枝，树皮带灰褐色，幼枝有密环状叶痕。叶聚生于茎、枝顶端，几乎互相套叠，剑形，薄革质，长达 70cm，宽 1.5~3cm，向基部略变窄而后扩大，抱茎，无柄。圆锥花序长在 30cm 以上；花序轴无毛或近无毛；花每 3~7 朵簇生，绿白色或淡黄色；花梗长 5~7mm，关节位于上部 1/3 处；花被片长 6~7mm，下部约 1/4~1/5 合生成短筒；花丝扁平，宽约 0.5mm，无红棕色疣点；花药长约 1.2mm；花柱稍短于子房。浆果直径约 1cm。花期 7 月。

剑叶龙血树

Dracaena cochinchinensis (Lour.) S. C. Chen

分类地位：天门冬科（Asparagaceae）

保护等级：二级

濒危等级：VU A2c+3c

生　　境：生于石灰岩坡地。

国内分布：广西西南部、云南南部。

致濒因素：药用，野外个体数量少。

形态特征　乔木状，高可达 5~15m。茎粗大，分枝多，树皮灰白色，光滑，老干皮部灰褐色，片状剥落，幼枝有环状叶痕。叶聚生在茎、分枝或小枝顶端，互相套叠，剑形，薄革质，长 50~60cm，宽 2~5cm，向基部略变窄而后扩大，抱茎，无柄。圆锥花序长 40cm 以上，花序轴密生乳突状短柔毛，幼嫩时更甚；花每 2~5 朵簇生，乳白色；花梗长 3~6mm，关节位于近顶端；花被片长 6~8mm，下部约 1/4~1/5 合生；花丝扁平，宽约 0.6mm，上部有红棕色疣点；花药长约 1.2mm；花柱细长。浆果直径约 8~12mm，橘黄色，具 1~3 颗种子。花期 3 月，果期 7—8 月。

小钩叶藤

Plectocomia microstachys Burret

分类地位： 棕榈科（Arecaceae）
别　　名： 钩叶藤

保护等级： 二级
濒危等级： VU D2

生　　境： 生于 300~1000m 的雨林。
国内分布： 海南、云南。
致濒因素： 分布区狭窄，生境受破坏，野外自然生长的居群已经很难找到。

形态特征

攀援藤本，带鞘茎粗约 2~5cm。叶的羽片部分长约 1m，顶端具纤鞭，叶轴下面具单生或 2~3 个合生的疏离的爪刺，羽片不规则排列，几片成组着生，披针形或长圆状披针形，长 16~30cm，宽 3~4cm，渐尖或急尖，上面绿色，背面被白粉，边缘疏被微刺，边缘的肋脉几与中脉等粗；叶鞘具稍密的针状刺。雄花序长约 70cm，上有多个穗状的分枝花序，长约 50cm，穗轴细弱，基部直径约 2.5mm，曲折，被短而密的锈色柔毛状鳞秕，二级佛焰苞两面无毛，较小，长约 2.2cm，宽 1.3cm，近菱形，小穗轴较短，长约 1.2cm，极纤细，基部多少被锈色柔毛，上部近无毛或无毛，上面着生 8~12 朵花；雄花长约 5mm，稍宽披针形，短渐尖，无毛，花萼深 3 裂，无毛，花瓣披针形，渐尖，顶端急尖，雄蕊 6 枚，花药线形，长约 2.5mm，基部箭头形。雌花及果实未见。花期 12 月。

水椰

Nypa fruticans Wurmb

分类地位：棕榈科（Arecaceae）

保护等级：二级
濒危等级：VU A3c

生　　境：生于海滨泥沼地带。
国内分布：海南。
致濒因素：生境受破坏，人类采挖。

形态特征　丛生型棕榈；根茎粗壮，具匍匐茎；叶羽状全裂，长 4~7m，羽片多数，线状披针形，外折，长 50~80cm，宽 3~5cm，全缘，中脉凸起，下面沿中脉近基部有纤维束状、丁字着生膜质小鳞片；花序单生叶间，长达 1m，直立，分枝 5（~6）级，花序梗圆柱形，有管状佛焰苞；花单性，雌雄同株；雄花序茉荑状，着生雌花序侧边；雌花序头状，顶生；雄花每花具 1 小苞片，萼片 3，离生，倒披针形；花瓣 3，离生，与萼片相似，稍小；雄蕊 3，花丝和花药合生成雄蕊柱，花丝细长；雌花萼片 3，离生，不整齐倒披针形；花瓣 3，与雄花相似；心皮 3（~4），离生，略倒卵球形；果序球形，32~38 果簇生；核果状，褐色，有光泽，倒卵球形，具 6 棱；种子卵球形或宽卵球形。花期 7 月。

龙棕

Trachycarpus nanus Beccari

分类地位： 棕榈科（Arecaceae）

保护等级： 二级
濒危等级： EN A2c；C1

生　　境： 生于海拔 1500~2300m 的山地灌丛中。
国内分布： 云南。
致濒因素： 环境遭受破坏，更新困难，估计种群数量减少为 50%。

形态特征　茎单生，地下茎短，直径5cm。叶鞘未知；叶柄12~25cm，边缘具非常小的齿；叶片半圆形，宽约0.5m，背面绿色或带灰色，深裂至基部三分之一处，裂为20~30个硬裂片，横向细脉几乎不可见；中部裂片宽约2cm。花雌雄异株，花序长达0.5m，直立；雄花序2次分支或更多；小穗轴约10cm；雌花序2次分支或更多；小穗轴长约10cm。果实淡黄到棕色，具薄的蜡质，肾形，长0.9cm，宽1.3cm。花期4月，果期10月。

琼棕

Chuniophoenix hainanensis Burret

分类地位： 棕榈科（Arecaceae）

别　名： 陈棕

保护等级： 二级

濒危等级： EN B1ab(i,iii)

生　境： 生于海拔 500~800m 的山地疏林中。

国内分布： 海南。

致濒因素： 生境受破坏，人为干扰。

形态
特征

丛生灌木状，高 3m 或更高，具吸芽，从叶鞘中生出。叶掌状深裂，裂片 14~16 片，线形，长达 50cm，宽 1.8~2.5cm，先端渐尖，不分裂或 2 浅裂，中脉上面凹陷，背面凸起；叶柄无刺，顶端无戟突，上面具深凹槽。花序腋生，多分枝，呈圆锥花序式，主轴上的苞片（一级佛焰苞）管状，长 5~6cm，顶端三角形，被早落的鳞秕；每一佛焰苞内有分枝 3~5 个，分枝长 10~20cm，其上密被褐红色有条纹脉的漏斗状小佛焰苞；花两性，紫红色，花萼筒状，长约 2mm，宿存；花瓣 2~3 片，紫红色，卵状长圆形，长 5~6mm，雄蕊 4~6 枚，花丝长 3~4mm，基部扩大并合连合；花药卵形，长 1mm；子房长圆形，长 2mm，花柱短，柱头 3 裂。果实近球形，直径约 1.5cm，外果皮薄，中果皮肉质，内果皮薄。种子为不整齐的球形，直径约 1cm，灰白色，胚乳嚼烂状，胚基生。花期 4 月，果期 9—10 月。

矮琼棕

Chuniophoenix humilis C. Z. Tang et T. L. Wu

分类地位：棕榈科（Arecaceae）
别　　名：小琼棕

保护等级：二级
濒危等级：EN B1ab(iii)

生　　境：生于低海拔雨林。
国内分布：海南。
致濒因素：生境受破坏，人为干扰。

 形态特征　丛生灌木状，高约 1.5~2m；茎圆柱形，直径约 1cm，向上部渐增粗，紫褐色，被残存的褐色叶鞘。叶扇状半圆形，裂片 4~7 片，中央的裂片较大，长圆状披针形至倒卵状披针形，长 24~26cm，宽 6~7cm，最外侧的裂片最小，为长圆状披针形至披针形，长 23~27cm，宽 2~5cm，深裂几达基部；叶柄长 26~55cm，上面具凹槽，背面凸起；叶鞘包茎，长 5~8cm，宽 1.5~3cm，嫩叶鞘草绿色，有紫褐色纵条纹，叶落后残存于茎上。花序自叶腋抽出，长 20~27cm，花序轴上有苞片（一级佛焰苞）3~5 枚，管状，顶端一侧开裂，急尖，背面龙骨突起；不分枝或 2~3 分枝，自苞片内抽出，长 15~20cm，直径 3~4mm，被覆多数淡棕色、斜漏斗状的小苞片（小佛焰苞），每一小苞片内有花 1~2 朵；花两性，淡黄色，直径约 7mm，略有香气；花萼膜质，筒状，长约 5mm，顶端 2~3 浅裂；花瓣 3 片，披针形，长 5mm，宽 2mm，基部合生，先端反卷几与基部相接；雄蕊 6 枚，丁字药，纵裂，花丝基部连合，与花瓣对生的 3 枚雄蕊的花丝基部扩大且与花瓣贴生；雌蕊 1 枚，柱头 3 裂。果实扁球形，直径约 1.2cm，高 1cm，成熟时鲜红色，外果皮光滑，中果皮肉质。种子近球形，直径 0.9~1cm，表面有不规则的凹凸沟槽纹，淡棕色，胚乳均匀，胚基生。花期 4—5 月，果期 8 月。

董棕

Caryota obtusa Griffith

分类地位：棕榈科（Arecaceae）

保护等级：二级
濒危等级：VU A2c；B1ab(i,iii)

生　　境：生于海拔 1400~1800m 的石灰岩山地或沟谷林中。
国内分布：云南、广西。
致濒因素：环境受破坏，物种内在因素（本种系一次性开花结实植物）。

 形态特征　茎单生，高达 40m，直径 50~90cm，通常膨大。叶生于茎顶部的紧密冠中；叶柄长 1~2m；叶轴长 4~5.5m，初级羽片每侧轴 19~22 片；次羽片每侧次轴 20~27 片，几无锯齿边缘和钝尖。花序生于叶之间，长达 6m；小穗达 200 枚，长 2~2.9m；雄花长 15mm；萼片长 5~7mm；花瓣淡黄，长约 14mm；雄蕊约 80 枚；雌花长 10mm；萼片长约 5mm；花瓣长约 8mm。果红色，球状，直径 3.5cm，通常为 2 粒种子。花期 6—10 月，果期 5—10 月。

长果姜

Siliquamomum tonkinense Baill.

分类地位：姜科（Zingiberaceae）

保护等级：二级

濒危等级：EN D

生　　境：生于海拔约 800m 的山谷密林中潮湿地方。

国内分布：云南东南部。

致濒因素：数量极少，有重要分类学意义。现仅见于云南河口县低海拔岩溶
地区热带雨林下，虽在自然保护区内，但个体稀少。

形态特征

茎直立，高 0.6~2m。叶片披针形或披针状长圆形，通常只有 3 片，长 20~55cm，宽 7~14cm，二端渐尖，顶部具小尖头；叶柄长 4.5~7cm；叶舌无毛，长 3mm。总状花序顶生，长 13~40cm，有花 9~12 朵；花排列稀疏，小花柄长 2.5cm，基部以上 5mm 处有一关节，花由此脱落；萼长 3.5cm，顶端具 2~3 齿，复又一侧开裂；花冠黄白色，花冠管狭圆柱形，长 2cm，裂片极薄，长 2.5~3cm；侧生退化雄蕊狭倒卵形，长 2.5cm；唇瓣倒卵形，长 3~3.5cm，具斑点，顶端边缘波状；花丝短，花药室及其顶端附属体共长 2cm；子房无毛。蒴果纺锤状圆柱形，稍缢缩呈链荚状，长 12~13cm，宽 1cm，黄色。花期 10 月。

茴香砂仁

Etlingera yunnanensis (T. L. Wu & S. J. Chen) R. M. Smith

分类地位： 姜科（Zingiberaceae）

保护等级： 二级
濒危等级： VU A2c；B1ab(iii,v)

生　　境： 生于海拔 600m 的疏林下。
国内分布： 云南南部。
致濒因素： 特有种，居群规模小，稀疏分散。

形态特征 茎丛生，株高约 1.8m。叶片披针形，长约 46cm，宽约 7cm，两面均无毛；叶柄长 5mm；叶舌卵形，长约 1cm，不 2 裂。总花梗由根茎生出，大部埋入土中，长约 5cm，上被鳞片；花序头状，贴近地面，开花时似"一朵"菊花；总苞片卵形，长 2.5~3cm，宽 2~3cm，红色，小苞片管状，长约 2.7cm，宽约 7mm；花红色，多数；花萼管状，长 3.5~4cm，顶 3 裂；花冠管较花萼为短，顶端具 3 裂片；唇瓣基部与花丝基部连合成短管，上部舌状部分长 2.5~3cm，顶端 2 浅裂，基部扩大，内卷呈筒状，中央紫红色，边缘黄色，突露于花冠之外。花期 6 月。

野生稻

Oryza rufipogon Griff.

分类地位： 禾本科（Poaceae）
别　　名： 鬼禾

保护等级： 二级
濒危等级： CR A2ac+3c

生　　境： 生于海拔 600m 以下的江河流域，平原地区的池塘、溪沟、藕塘、稻田、沟渠、沼泽等低湿地。
国内分布： 福建、湖南、广东、海南、广西、云南、台湾。
致濒因素： 生境受破坏，分布点减少，主要原因是水源干涸、基础设施建设。

形态特征

多年生水生草本。秆高约 1.5m，下部海绵质或于节上生根。叶鞘圆筒形，疏松、无毛；叶舌长达 17mm；叶耳明显；叶片线形、扁平，长达 40cm，宽约 1cm，边缘与中脉粗糙，顶端渐尖。圆锥花序长约 20cm，直立而后下垂；主轴及分枝粗糙；小穗长 8~9mm，宽 2~2.5（3）mm，基部具 2 枚微小半圆形的退化颖片；成熟后自小穗柄关节上脱落；第一和第二外稃退化呈鳞片状，长约 2.5mm，具 1 脉成脊，顶端尖，边缘微粗糙；孕性外稃长圆形厚纸质，长 7~8mm，具 5 脉，遍生糙毛状粗糙，沿脊上部具较长纤毛；芒着生于外稃顶端并具一明显关节，长 5~40mm 不等；内稃与外稃同质，被糙毛，具 3 脉；鳞被 2 枚；雄蕊 6 枚，花药长约 5mm；柱头 2 裂，羽状。颖果长圆形，易落粒。花果期 4—5 月和 10—11 月。染色体 2n=24。

三蕊草

Sinochasea trigyna Keng

分类地位： 禾本科（Poaceae）
别　名： 短药地胆

保护等级： 二级
濒危等级： VU B2ab(iii)

生　　境： 生于海拔 3800~5100m 的高山草甸及山坡。
国内分布： 青海、西藏、四川。
致濒因素： 数量少，有重要分类学意义。

形态特征

多年生，秆直立，平滑但在花序下稍糙涩，高 7~45cm，径 1~2mm，具 2~3 节，顶节长。叶鞘无毛，稍糙涩，上部者短于节间，顶生者长于其叶片；叶舌膜质，截平或钝圆，长 0.5~2mm，具极短的纤毛；叶片内卷，先端渐尖，两面及边缘均粗糙，长 3~8.5cm，宽 1~2mm，顶生者退化成锥状，长约 1cm，基生叶长达 16cm。圆锥花序紧缩成穗状，狭披针形，长 3~8.5cm，宽约 1cm，分枝直立，贴生，常自基部即着生小穗；小穗柄具小刺毛；小穗长 8~11mm，淡绿色，上部带紫色，或紫色；颖草质，几等长或第一颖稍长，披针形，先端渐尖，边缘狭膜质，具 5~7 脉；外稃稍薄于颖，长（6~）8~9mm，背部被长柔毛，顶端 2 深裂几达稃体中部，具 5 脉，中脉自裂片间延伸成 1 膝曲扭转的芒，芒微粗糙，长 9~13mm，基盘微小，钝圆，具短毛；内稃长 6~8mm，具 2 脉，脉间具柔毛，顶端 2 裂；鳞被 2，披针形，长 1~2mm；雄蕊 3 枚，花药长约 1mm，黄色；子房长圆形，无毛，长 1.5~2mm，花柱极短，柱头 3 裂，长约 3mm，黄褐色，帚刷状。颖果长 4~5mm。延伸小穗轴微小，长 0.5~1mm，无毛或疏生少数柔毛。花果期 8—9 月。

华山新麦草

Psathyrostachys huashanica Keng ex P. C. Kuo

分类地位： 禾本科（Poaceae）

保护等级： 一级

濒危等级： CR A2ac

生　境： 生于山坡道旁岩石残积土。

国内分布： 陕西华山。

致濒因素： 受旅游业影响，居群遭到破坏。

形态特征　多年生，具延长根茎。秆散生，高 40~60cm，径 2~3mm。叶鞘无毛，基部褐紫色或古铜色，长于节间；叶舌长约 0.5mm，顶具细小纤毛；叶片扁平或边缘稍内卷，宽 2~4mm，分蘖者长 10~20cm，秆生者长 3~8cm，边缘粗糙，上面黄绿色，具柔毛，下面灰绿色，无毛。穗状花序长 4~8cm，宽约 1cm；穗轴很脆，成熟时逐节断落，节间长 3.5~4.5mm，侧棱具硬纤毛，背腹面具微毛；小穗 2~3 枚生于 1 节，黄绿色，含 1~2 小花；小穗轴节间长约 3.5mm；颖锥形，粗糙，长 10~12mm；外稃无毛，粗糙，第一外稃长 8~10mm，先端具长 5~7mm 的芒；内稃等长于外稃，具 2 脊，脊上部疏生微小纤毛；花药黄色，长约 6mm。花、果期 5—7 月。

沙芦草

Agropyron mongolicum Keng

分类地位：禾本科（Poaceae）

保护等级：二级

生　　境：生于荒漠草原和沙地。

国内分布：内蒙古、山西、陕西、宁夏、甘肃、新疆、青海。

致濒因素：过度放牧。

形态特征　多年生草本，秆成疏丛，直立，高 20~60cm，有时基部横卧而节生根成匍茎状，具 2~3（~6）节。叶片长 5~15cm，宽 2~3mm，内卷成针状，叶脉隆起成纵沟，脉上密被微细刚毛。穗状花序长 3~9cm，宽 4~6mm，穗轴节间长 3~5（~10）mm，光滑或生微毛；小穗向上斜升，长 8~14mm，宽 3~5mm，含（2~）3~8 小花；颖两侧不对称，具 3~5 脉，第一颖长 3~6mm，第二颖长 4~6mm，先端具长约 1mm 左右的短尖头，外稃无毛或具稀疏微毛，具 5 脉，先端具短尖头长约 1mm，第一外稃长 5~6mm；内稃脊具短纤毛。

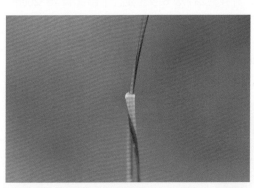

拟高粱

Sorghum propinquum (Kunth) Hitchc.

分类地位：禾本科（Poaceae）

保护等级：二级

濒危等级：EN B1ab(i,iii,v)；C2a(i,ii)

生　境：生于河岸旁或湿润之地。

国内分布：台湾、福建、江西、湖南、四川、广东、海南、云南等省区有引种栽培。

致濒因素：居群数目较少，在乐昌发现 2 个居群，每个居群个体数量小于 50。

形态特征

密丛多年生草本；秆直立，高 1.5~3m，基部径 1~3cm，具多节，节上具灰白色短柔毛。叶鞘无毛，或鞘口内面及边缘具柔毛；叶舌质较硬，长 0.5~1mm，具长约 2mm 的细毛；叶片线形或线状披针形，长 40~90cm，宽 3~5cm，两面无毛，中脉较粗，在两面隆起，绿黄色，边缘软骨质，疏生向上的微细小刺毛。圆锥花序，长 30~50cm，宽 6~15cm；分枝纤细，3~6 枚轮生，下部者长 15~20cm，基部腋间具柔毛；总状花序具 3~7 节，其下裸露部分长 2~6cm；无柄小穗椭圆形或狭椭圆形，长 3.8~4.5mm，宽 1.2~2mm，先端尖或具小尖头，疏生柔毛，基盘钝，具细毛；颖薄革质，第一颖具 9~11 脉，脉在上部明显，边缘内折，两侧具不明显的脊，顶端无齿或具不明显的 3 小齿；第二颖具 7 脉，上部具脊，略呈舟形，疏生柔毛；第一外稃透明膜质，宽披针形，稍短于颖，具纤毛；第二外稃短于第一外稃，顶端尖或微凹，无芒或具 1 细弱扭曲的芒；花药长 2~2.5mm，棕黄色；花柱 2 条，分离或仅基部连合；柱头帚状。颖果倒卵形，棕褐色。有柄小穗雄性，约与无柄小穗等长，但较狭，颜色亦较深，质地亦较软。

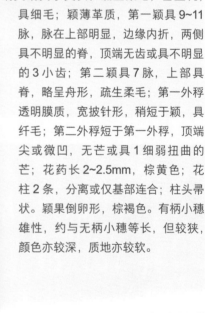

独叶草

Kingdonia uniflora Balf. F. et W. W. Smith

分类地位： 星叶草科（Circaeasteraceae）

保护等级： 二级

濒危等级： VU B2ab(iii,v)

生　　境： 生于海拔 2750~3900m 间山地冷杉林下或杜鹃灌丛下。

国内分布： 甘肃南部、陕西南部、四川西部、云南西北部。

致濒因素： 居群多，但数量少，生境退化。

形态特征 多年生小草本，无毛。根状茎细长，自顶端芽中生出 1 叶和 1 条花葶；芽鳞约 3 个，膜质，卵形，长 4~7mm。叶基生，有长柄，叶片心状圆形，宽 3.5~7cm，五全裂，中、侧全裂片三浅裂，最下面的全裂片不等二深裂，顶部边缘有小牙齿，背面粉绿色，叶柄长 5~11cm。花葶高 7~12cm。花直径约 8mm；萼片（4~）5~6（~7），淡绿色，卵形，长 5~7.5mm，顶端渐尖；退化雄蕊长 1.6~2.1mm；雄蕊长 2~3mm，花药长约 0.3mm；心皮长约 1.4mm，花柱与子房近等长。瘦果扁，狭倒披针形，长 1~1.3cm，宽约 2.2mm，宿存花柱长 3.5~4mm，向下反曲，种子狭椭圆球形，长约 3mm。5 月至 6 月开花。

古山龙

Arcangelisia gusanlung H. S. Lo

分类地位： 防己科（Menispermaceae）

保护等级： 二级

生　　境： 生于山坡阔叶林中。

国内分布： 海南。

致濒因素： 野外居群小，生境易受破坏。

形态特征

大型木质藤本，长可达 10 余米，茎和老枝灰色或暗灰色，有不规则的纵皱纹，木材鲜黄色；小枝圆柱状，有整齐的直线纹，无毛。叶片革质至近厚革质，阔卵形至阔卵状近圆形，先端常骤尖，基部近截平或微圆，干时上面灰褐色，下面茶褐色，两面无毛，稍有光泽；掌状脉 5 条，网状小脉在下面较清楚；叶柄着生在叶片的近基部，比叶片短。雄花序通常生于老枝叶痕之上，为圆锥花序，分枝较短，近无毛；雄花花被 3 轮，每轮 3 片，外轮近卵形，边缘啮蚀状，中轮长圆状椭圆形，内轮舟状；聚药雄蕊有 9 个花药。果序生于老茎上，粗壮，果梗粗壮，果近球形，稍扁，成熟时黄色，最后变黑色，中果皮肉质，果核近骨质，扁球形，被锈色长毛。花期夏初。

藤枣

Eleutharrhena macrocarpa (Diels) Forman

分类地位：防己科（Menispermaceae）

保护等级：二级

濒危等级：CR B1ab(i,iii,v)

生 境：生于海拔 840~1500m 的密林或疏林中。

国内分布：云南南部及东南部。

致濒因素：分布面积狭小，已知分布地点少于 5 个，且生境明显退化；具有药用价值。

形态特征

木质藤本，嫩枝被微柔毛，老枝、叶无毛。叶革质，卵形至阔卵形，长圆状卵形或长圆状椭圆形，长 9.5~2.2cm，宽 4.5~13cm，先端渐尖或近骤尖，基部圆或钝；侧脉 5~9 对，两面凸起；叶柄长 2.5~8cm。雄花序有花 1~3 朵，总梗长 6~10mm，果期伸长至 2cm，被微柔毛；雄花外轮萼片微小，近卵形，长不及 1mm，被微柔毛，中轮与外轮相似或稍长，内轮倒卵状楔形，最内轮大，近圆形或阔卵状近圆形，长约 2.5mm，无毛；花瓣 6 片，阔倒卵形，二侧边缘内卷，抱着花丝，无毛；雄蕊 6 枚，长约 1.5mm。果序生无叶老枝上；核果椭圆形，黄色或红色，长 2.5~3cm，宽 1.7~2.5cm，心皮柄长达 1.5cm。花期 5 月，果期 10 月。

靖西十大功劳

Mahonia subimbricata W. Y. Chun et F. Chun

分类地位： 小檗科（Berberidaceae）

保护等级： 二级

濒危等级： VU A2c；B1ab(i,iii,v)

生　　境： 生于灌丛、林地。

国内分布： 广西、云南。

致濒因素： 分布面积狭小，已知分布地点少于 5 个，生境明显退化。

形态特征

　　灌木，高约 1.5m。叶椭圆形至倒披针形，长 12~22cm，宽 3~5cm，具 8~13 对小叶，小叶邻接或覆瓦状接叠，最下一对距叶柄基部约 0.5~1cm，上面暗绿色，基出脉三条，微凹陷，细脉不显，背面初时微被淡灰色霜粉，后变亮黄绿色，叶轴粗约 2~3mm，节间长 1~2cm；小叶卵形至狭卵形，最下一对小叶远小于其他小叶，每边仅 1~2 刺锯齿，向顶端小叶渐次增大，长 1.5~3.5cm，宽 1~1.5cm，基部圆形或近心形，叶缘每边具 2~7 刺锯齿，先端急尖或骤尖；顶生小叶长圆状卵形，长 3~5cm，具叶柄，长约 0.5cm，基部圆形或近心形，先端渐尖。总状花序 9~13 个簇生，长 5~9cm；芽鳞卵形，长 1.2~1.5cm，宽 0.5~0.8cm；花梗长 2.2~3mm；苞片卵状长圆形，长 2~3mm，宽 1.2~1.5mm；花黄色；外萼片阔卵形，长约 2mm，宽约 1.5mm，中萼片长圆状卵形，长约 3mm，宽约 2mm，内萼片长圆状倒卵形，长约 3mm，宽约 2mm；花瓣狭椭圆形，与内萼片等长或稍短，基部腺体显著，先端全缘、钝形；雄蕊长约 2.5mm，药隔延伸，顶端钝；子房长约 2mm，无花柱，胚珠 1~2 枚。浆果倒卵形，长约 8mm，直径约 5mm，黑色，被白粉。花期 9—11 月，果期 11 月至翌年 5 月。

小八角莲

Dysosma difformis (Hemsl. et Wils.) T. H. Wang ex Ying

分类地位： 小檗科（Berberidaceae）

保护等级： 二级
濒危等级： VU A2c

生　　境： 生于海拔 500~1800m 的密林下。
国内分布： 广西、贵州、湖北、湖南、四川。
致濒因素： 野外资源量少，药用，采挖严重。

多年生草本，植株高 15~30cm。茎直立，无毛。茎生叶通常 2 枚，薄纸质，互生，不等大，形状多样，偏心盾状着生，叶片不分裂或浅裂，长 5~11cm，宽 7~15cm，基部常呈圆形，两面无毛，边缘疏生乳突状细齿；叶柄不等长，约 3~11cm，无毛。花 2~5 朵着生于叶基部处，无花序梗，簇生状；花梗长 1~2cm，下弯，疏生白色柔毛；萼片 6，长圆状披针形，长 2~2.5cm，宽 2~5mm，先端渐尖，外面被柔毛，内面无毛；花瓣 6 片，淡赭红色，长圆状条带形，长 4~5cm，宽 0.8~1cm，无毛，先端圆钝；雄蕊 6 枚，长约 2cm，花药长 1.2cm，药隔先端显著延伸；雌蕊长约 9mm，柱头膨大呈盾状。浆果小，圆球形。花期 4—6 月，果期 6—9 月。

贵州八角莲

Dysosma majoensis (Gagnep.) M. Hiroe

分类地位: 小檗科(Berberidaceae)

保护等级: 二级
濒危等级: VU A2c

生　　境: 生于海拔 1300~1800m 的密林下或竹林下。
国内分布: 湖北、四川、贵州、云南、广西。
致濒因素: 药用,野外资源采挖较严重。

形态特征
多年生草本,植株高约 50cm。茎直立,具纵条棱,被细柔毛。叶薄纸质,二叶互生,盾状着生,叶片轮廓近扁圆形,长 10~20cm,宽约 20cm,4~6 掌状深裂,裂片顶部 3 小裂,上面暗绿色或有紫色云晕,背面带灰紫色,被细柔毛,边缘具极稀疏刺齿。叶柄长 4~20cm。花 2~5 朵排成伞形状,着生于近叶基处;花梗长 1~3cm,

被灰白色细柔毛;花紫色;萼片 6,不等大,椭圆形,长 7~15mm,淡绿色,无毛;花瓣 6 片,椭圆状披针形,长达 9cm,宽约 1.5cm;雄蕊 6 枚,长约 1.8cm,花丝与花药近等长,药隔先端延伸,呈尖头状;柱头盾状,半球形,直径约 1.5mm。浆果长圆形,成熟时红色。花期 4—6 月,果期 6—9 月。

六角莲

Dysosma pleiantha (Hance) Woodson

分类地位： 小檗科（Berberidaceae）

保护等级： 二级

生　　境： 生于海拔 300~2400m 的山坡林下、灌丛中、溪旁阴湿处、竹林下或石灰山常绿林下。

国内分布： 河南、安徽、浙江、江西、湖南、湖北、四川、福建、台湾、广东、广西。

致濒因素： 有药用价值，人为采挖，破坏生境。

 形态特征

多年生草本，植株高通常 20~60cm。茎直立，无毛。叶对生，盾状，轮廓近圆形，直径 16~33cm，5~9 浅裂，裂片宽三角状卵形，先端急尖，上面暗绿色，常有光泽，背面淡黄绿色，两面无毛，边缘具细刺齿。叶柄长 10~28cm，具纵条棱，无毛。花梗长 2~4cm，常下弯，无毛；花紫红色，下垂，着生于叶腋处；萼片 6，椭圆状长圆形或卵状长圆形，长 1~2cm，宽约 8mm，早落；花瓣 6~9 片，倒卵状长圆形，长 3~4cm，宽 1~1.3cm；雄蕊 6 枚，长约 2.3cm，常镰状弯曲，花丝扁平，长 7~8mm，花药长约 15mm，药隔先端延伸；柱头头状。浆果倒卵状长圆形或椭圆形，长约 3cm，直径约 2cm，熟时紫黑色。花期 3—6 月，果期 7—9 月。

西藏八角莲

Dysosma tsayuensis T. S. Ying

分类地位： 小檗科（Berberidaceae）

保护等级： 二级

濒危等级： VU B1ab(i,iii,v)；C1+2a(i)

生　　境： 生于海拔 2500~3500m 的针叶林下。

国内分布： 西藏。

致濒因素： 分布面积狭小，已知分布点少于 10 个，生境明显退化，成熟个体数少于 1 万株，并持续减少。

形态特征

多年生草本，植株高 50~90cm。茎不分枝，无毛，具纵条棱，基部被棕褐色大鳞片。叶对生，纸质，圆形或近圆形，盾状，直径约 30cm，上面深绿色，背面淡黄绿色，两面被短伏毛，叶片 5~7 深裂，几达中部，裂片楔状矩圆形，长 8~12cm，宽 4~7cm，先端锐尖，边缘具刺细齿和睫毛；叶柄长 11~25cm。花梗长 2~4cm，无毛；花 2~6 朵簇生于叶柄交叉处；花各部分 6 数，直径 4~5cm；萼片椭圆形，长 1.3~1.5cm，宽 0.5~0.6cm，早落；花瓣白色，倒卵状椭圆形，长 2.7~2.8cm，宽 1~1.1cm；雄蕊长约 1cm，花丝长约 2mm；子房具柄，柱头膨大，皱波状。果柄长 3~9cm，无毛；浆果卵形或椭圆形，2~4 枚簇生于两叶柄交叉处，长约 3cm。花期 5 月，果期 7 月。

川八角莲

Dysosma delavayi (Franch.) Hu

分类地位：小檗科（Berberidaceae）

保护等级：二级

濒危等级：VU C1

生　　境：生于海拔 1200~2500m 的林下、沟边或阴湿处。

国内分布：贵州、四川、云南。

致濒因素：成熟个体数少于 1 万株，并持续减少。

形态特征　多年生草本，植株高 20~65cm。叶 2 枚，对生，纸质，盾状，轮廓近圆形，直径达 22cm，4~5 深裂几达中部，裂片楔状矩圆形，先端 3 浅裂，小裂片三角形，先端渐尖，上面暗绿色，无毛，背面淡黄绿色或暗紫红色，沿脉疏被柔毛，后脱落，叶缘具稀疏小腺齿；叶柄长 7~10cm，被白色柔毛。伞形花序具 2~6 朵花，着生于 2 叶柄交叉处；花梗长 1.5~2.5cm，下弯，密被白色柔毛；花大型，各部分 6 数，暗紫红色；萼片长圆状倒卵形，长约 2cm，外轮较窄，外面被柔毛，常早落；花瓣长圆形，先端圆钝，长 4~6cm；雄蕊长约 3cm，花丝远较花药短，药隔显著延伸，长达 9mm；柱头大而呈流苏状。浆果椭圆形，长 3~5cm，直径 3~3.5cm。花期 4—5 月，果期 6—9 月。

八角莲

Dysosma versipellis (Hance) M. Cheng ex Ying

分类地位： 小檗科（Berberidaceae）

保护等级： 二级

濒危等级： VU C1

生　　境： 生于海拔 400~1600m 的林下、山谷溪旁或阴湿溪谷草丛中。

国内分布： 安徽、广东、广西、贵州、河南、湖北、湖南、江西、山西、四川、陕西、云南、浙江。

致濒因素： 野生资源过度采挖，生境被破坏，自交不亲和障碍，遗传多样性低，自然繁殖率低等。

形态特征

多年生草本，植株高 40~150cm。茎直立，无毛。茎生叶 2 枚，薄纸质，互生，盾状，近圆形，直径达 30cm，4~9 掌状浅裂，裂片阔三角形、卵形或卵状长圆形，长 2.5~4cm，基部宽 5~7cm，先端锐尖，上面无毛，背面被柔毛，叶脉明显隆起，边缘具细齿；下部叶的柄长 12~25cm，上部叶柄长 1~3cm。花梗纤细、下弯、被柔毛；花深红色，5~8 朵簇生于近叶基部处，下垂；萼片 6，长圆状椭圆形，长 0.6~1.8cm，宽 6~8mm，先端急尖，外面被短柔毛，内面无毛；花瓣 6 片，勺状倒卵形，长约 2.5cm，宽约 8mm，无毛；雄蕊 6 枚，长约 1.8cm，花丝短于花药，药隔先端急尖，无毛；柱头盾状。浆果椭圆形，长约 4cm，直径约 3.5cm。种子多数。花期 3—6 月，果期 5—9 月。

短萼黄连

Coptis chinensis var. *brevisepala* W. T. Wang et Hsiao

分类地位：毛茛科（Ranunculaceae）

保护等级：二级
濒危等级：EN A2c

生　　境：生于海拔 600~1600m 的山谷、沟边、林下或阴湿处。
国内分布：安徽南部、浙江、福建、江西、广东、广西。
致濒因素：有药用价值，原生地受到破坏，容易变成濒危。

形态
特征

根状茎黄色，常分枝，密生多数须根。叶有长柄；叶片稍带革质，卵状三角形，宽达 10cm，三全裂，中央全裂片卵状菱形，长 3~8cm，宽 2~4cm，顶端急尖，具长 0.8~1.8cm 的细柄，3 或 5 对羽状深裂，在下面分裂最深，深裂片彼此相距 2~6mm，边缘生具细刺尖的锐锯齿，侧全裂片具长 1.5~5mm 的柄，斜卵形，比中央全裂片短，不等二深裂，两面的叶脉隆起，除表面沿脉被短柔毛外，其余无毛；叶柄长 5~12cm，无毛。花葶 1~2 条，高 12~25cm；二歧或多歧聚伞花序有 3~8 朵花；苞片披针形，三或五羽状深裂；花瓣线形或线状披针形，长 5~6.5mm，顶端渐尖，中央有蜜槽；萼片黄绿色，长椭圆状卵形，长约 6.5mm，仅比花瓣长 1/3~1/5；雄蕊约 20，花药长约 1mm，花丝长 2~5mm；心皮 8~12，花柱微外弯。蓇葖长 6~8mm，柄约与之等长；种子 7~8 粒，长椭圆形，长约 2mm，宽约 0.8mm，褐色。花期 2—3 月，果期 4—6 月。

三角叶黄连

Coptis deltoidea C. Y. Cheng et Hsiao

分类地位：毛茛科（Ranunculaceae）
别　　名：峨眉家连、雅连

保护等级：二级
濒危等级：VU A2c；D1+2

生　　境：生于海拔 1600~2200m 的山地林下。
国内分布：四川西部。
致濒因素：生境丧失明显，成熟个体数量少。

形态特征 根状茎黄色，不分枝或少分枝，节间明显，密生多数细根，具横走的匍匐茎。叶 3~11 枚；叶片轮廓卵形，稍带革质，长达 16cm，宽达 15cm，三全裂，裂片均具明显的柄；中央全裂片三角状卵形，长 3~12cm，宽 3~10cm，顶端急尖或渐尖，4~6 对羽状深裂，深裂片彼此多少邻接，边缘具极尖的锯齿；侧全裂片斜卵状三角形，长 3~8cm，不等二裂，表面沿脉被短柔毛或近无毛，背面无毛，两面的叶脉均隆起；叶柄长 6~18cm，无毛。花葶 1~2，比叶稍长；多歧聚伞花序，有花 4~8 朵；苞片线状披针形，三深裂或栉状羽状深裂；萼片黄绿色，狭卵形，长 8~12.5mm，宽 2~2.5mm，顶端渐尖；花瓣约 10 枚，近披针形，长 3~6mm，宽 0.7~1mm，顶端渐尖，中部微变宽，具蜜槽；雄蕊约 20，长仅为花瓣长的 1/2 左右；花药黄色，花丝狭线形；心皮 9~12，花柱微弯。蓇葖长圆状卵形，长 6~7mm，心皮柄长 7~8mm，被微柔毛。花期 3—4 月，果期 4—6 月。

五裂黄连

Coptis quinquesecta W. T. Wang

分类地位：毛茛科（Ranunculaceae）

保护等级：二级
濒危等级：CR A2c；B1ab(ii)

生　　境：生于海拔 1700~2500m 的密林下荫处。
国内分布：云南东南部、台湾。
致濒因素：农林牧渔业的发展如山区开荒种地、园艺观赏以及燃料的需求等对本种的威胁严重，栖息地质量有所下降。

形态特征

根状茎黄色，具多数须根。叶 5~6 片；叶片近革质，卵形，长 7~15.5cm，宽 5.5~12cm，五全裂，中央全裂片菱状椭圆形至菱状披针形，长 5.5~12cm，宽 2.8~5cm，顶端渐尖至长渐尖，羽状浅裂或深裂，边缘具极尖的锐锯齿；侧全裂片形状似中央全裂片，但较小，长 4.5~10cm；最外面的全裂片斜卵形至斜卵状椭圆形，长 2.8~7cm，顶端渐尖或急尖，不等的二中裂或二深裂，两面的叶脉隆起，除表面沿脉被短柔毛外，其余均无毛；叶柄长 13.5~25cm，无毛。花葶在果期时较最长叶稍短，长 23~28cm；多歧聚伞花序，生花约 6 朵；下部苞片轮廓长圆形，中部三裂或几栉形，长约 1.4cm，宽 3~5mm，上部苞片披针状线形，具尖锯齿，长 6~7mm，宽约 1.5mm。聚合果稀疏，果梗长 2.3~7cm，无毛；蓇葖 3~6，长圆状卵形，长约 6mm，心皮柄约与蓇葖等长，被微柔毛。5 月结果。

云南黄连

Coptis teeta Wall.

分类地位： 毛茛科（Ranunculaceae）
别　　名： 云连

保护等级： 二级
濒危等级： CR A2c

生　　境： 生于海拔 1500~2300m 的高山寒湿的林荫下。
国内分布： 云南西北部、西藏东南部。
致濒因素： 生境破碎化或丧失，直接采挖或砍伐，过度放牧。

形态特征

根状茎黄色，节间密，生多数须根。叶有长柄；叶片卵状三角形，长 6~12cm，宽 5~9cm，三全裂，中央全裂片卵状菱形，宽 3~6cm，基部有长达 1.4cm 的细柄，顶端长渐尖，3~6 对羽状深裂，深裂片斜长椭圆状卵形，顶端急尖，彼此的距离稀疏，相距最宽可达 1.5cm，边缘具带细刺尖的锐锯齿，侧全裂片无柄或具长 1~6mm 的细柄，斜卵形，比中央全裂片短，长 3.3~7cm，二深裂至距基部约 4mm 处，两面的叶脉隆起，除表面沿脉被短柔毛外，其余均无毛；叶柄长 8~19cm，无毛。花葶 1~2 条，在果期时高 15~25cm；多歧聚伞花序具 3~4（~5）朵花；苞片椭圆形，三深裂或羽状深裂；萼片黄绿色，椭圆形，长 7.5~8mm，宽 2.5~3mm；花瓣匙形，长 5.4~5.9mm，宽 0.8~1mm，顶端圆或钝，中部以下变狭成为细长的爪，中央有蜜槽；花药长约 0.8mm，花丝长 2~2.5mm；心皮 11~14，花柱外弯。蓇葖长 7~9mm，宽 3~4mm。

槭叶铁线莲

Clematis acerifolia Maxim.

分类地位： 毛茛科（Ranunculaceae）
别　　名： 岩花

保护等级： 二级
濒危等级： EN A2ac；B2ab(i,iii,v)；C1

生　　境： 生于海拔约 200m 的低山丘陵石崖或土坡。
国内分布： 北京、河北。
致濒因素： 生境破碎化或丧失，过度采集，自然种群过小。

形态特征　直立小灌木，高 20~60cm，除心皮外其余无毛。根木质，粗壮。分枝近圆柱状，不具槽，无毛；芽鳞卵形到卵形长圆形，长 4~8mm，被微柔毛近先端。叶为单叶，与花簇生，厚纸质；叶片五角形，长 3~7.5cm，宽 3.5~8cm，基部浅心形，通常为不等的掌状 5 浅裂，中裂片近卵形，侧裂片近三角形，边缘疏生缺刻状粗牙齿；叶柄长 2~5cm。花 2~4 朵簇生；花梗长达 10cm；花直径 3.5~5cm；萼片 5~8，开展，白色或带粉红色，狭倒卵形至椭圆形，长达 2.5cm，宽达 1.5cm，无毛，雄蕊无毛；子房被短柔毛，花柱约 4.5mm，密被长柔毛。瘦果狭卵形，长 2.5~3mm，宽 1.2~1.8mm，密被短柔毛；宿存花柱约 2.5cm，羽状。花期 4 月，果期 5—6 月。

北京水毛茛

Batrachium pekinense L. Liou

分类地位： 毛茛科（Ranunculaceae）

保护等级： 二级

濒危等级： EN A3c+4ac；C1+2a(ii)

生　　境： 生于海拔 120~400m 的山谷溪流中。

国内分布： 北京西北部、内蒙古南部。

致濒因素： 生境丧失，成熟个体数量较少。

形态特征

多年生沉水草本。茎长 30cm 以上，无毛或在节上有疏毛，分枝。叶有柄；叶片轮廓楔形或宽楔形，长 1.6~3cm，宽 1.4~2.5cm，二型，沉水叶裂片丝形，上部浮水叶 2~3 回，3~5 中裂至深裂，裂片较宽，末回裂片短线形，宽 0.2~0.6mm，无毛；叶柄长 0.5~1.2cm，基部有鞘，无毛或在鞘上有疏短柔毛。花直径 0.9~1.2cm；花梗长 1.2~3.7cm，无毛；萼片近椭圆形，长约 4mm，有白色膜质边缘，脱落；花瓣白色，宽倒卵形，长约 6mm，基部有短爪，蜜槽呈点状；雄蕊约 15，花药长约 1mm；花托有毛。花期 5—8 月。

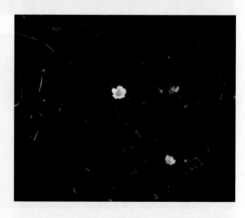

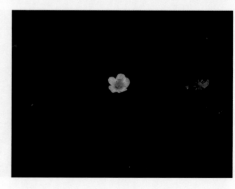

川赤芍

Paeonia anomala subsp. *veitchii* (Lynch) D. Y. Hong

分类地位：芍药科（Paeoniaceae）

别　　名：单花赤芍、光果赤芍、毛赤芍

保护等级：二级

生　　境：生于海拔 1800~3900m 的森林、林缘草地、灌丛、亚高山和高山草甸具灌木的阳坡。

国内分布：山西、陕西、宁夏、甘肃、青海、四川、云南、西藏。

致濒因素：生境受破坏，采挖严重。

形态特征

多年生草本。块根纺锤形或近球形，直径 1.2~3cm。茎高 50~70cm，无毛。叶为一至二回三出复叶，叶片轮廓宽卵形，长 9~17cm，宽 8~18cm；小叶成羽状分裂，裂片线状披针形至披针形，长 6~16cm，宽 3~8mm，稀 1cm 以上，顶端渐尖，全缘，表面绿色，背面淡绿色，两面均无毛；叶柄长 1.5~9cm。每枝花（1~）2~4，都顶生和腋生，通常 1~3 枚未充分发育的花芽也宿存在上部叶腋处，直径 5.5~7cm；苞片 3，披针形至线状披针形，长 4~10cm，宽 0.3~1.5cm，萼片 3，宽卵形，长 1.5~2.5cm，带红色，顶端具尖头；花瓣约 9 枚，紫红色，长圆形，长 3.5~4cm，宽 1.2~2cm，顶部啮蚀状；花丝长 4~5mm，花药长圆形；花盘发育不明显；心皮 2（~3），幼时被疏毛或无毛；蓇葖无毛；种子黑色。花期 4—6 月，果期 9 月。染色体 2n=10*。

四川牡丹

Paeonia decomposita Handel-Mazzetti

分类地位： 芍药科（Paeoniaceae）

保护等级： 二级
濒危等级： EN A2c；B1ab(i,iii)

生　　境： 生于海拔 2000~3100m 的次生
落叶阔叶林及灌丛。
国内分布： 四川。
致濒因素： 分布区较窄，生境受破坏。

形态特征　灌木，高达 1.8m，全株无毛。茎灰色或黑色，茎皮片状脱落；幼枝紫红色。下部叶 3（或 4）回复叶（1 回和 3 回为三出复叶，2 回为羽状复叶），具（30~）35~65 小叶；顶生小叶椭圆形到卵形，长 2.5~6.5cm，宽 1.2~3cm；3 裂至基部或半裂，顶生裂片 3 浅裂；侧生小叶椭圆形，长 1.8~4.4cm，宽 0.6~2.5cm，3 浅裂或粗齿。花单生茎顶，直径 10~15cm。苞片 2 或 3（~5），不等长，线状披针形。萼片 3（~5），绿色，宽倒卵形，长 2.5cm，宽 1.5~2.0cm，先端短尖。花瓣 9~12 片，玫瑰色，长 4~7cm，宽 3~5cm，先端通常 2 裂和不规则锐裂或齿裂。花盘 1/2~2/3 包围的心皮，白色，纸质，具三角形的齿。心皮几乎总是 5，绿色或紫色，无毛。柱头红色。成熟时的蓇葖果黑棕色，椭圆形，长 2~3cm，宽 1.3~1.7cm。种子黑色，有光泽，宽椭圆形或球状，长 8~10cm，宽 6~8mm。花期 4—5 月，果期 8 月。染色体 2n=10*。

块根芍药

Paeonia intermedia C. A. Meyer

分类地位：芍药科（Paeoniaceae）

保护等级：二级
濒危等级：VU A2c

生　　境：生于海拔 1100~3000m 的山坡灌丛及草坡。
国内分布：新疆北部。
致濒因素：分布范围窄，因作观赏用而被采挖。

形态特征　多年生草本，高 70cm。根圆柱状，直径达 2.5cm，老时木质；纤维状根加厚，块茎。下部叶二回三出复叶；小叶数回分裂，基部多少下延；裂片有时浅裂；裂片线形，长 6~16cm，宽 0.4~1.5cm，背面无毛，正面沿脉具刚毛，先端渐尖。花单生茎顶，宽 6.5~12cm；苞片 3，叶状，不等长；萼片 3~5，通常紫色，卵形圆形，长 1.5~2.5cm，宽 1~2cm，先端多数圆形（至少 2 片萼片不尾状）；花瓣 7~9 片，紫红色，倒卵形，长 3.5~5.5cm，宽 1.5~3cm，先端不规则下裂；花丝长 4~5mm；花药黄色，长圆形。阀瓣环形。心皮（1~）2 或 3（~5），无毛到密被短粗毛。蓇葖果长 2~2.5cm，宽 1.1~1.3cm，通常被黄色短硬毛，少无毛。种子黑色，有光泽，长圆形，长约 5mm，宽约 3mm。花期 5—6 月，果期 8—9 月。

大花黄牡丹

Paeonia ludlowii D. Y. Hong

分类地位： 芍药科（Paeoniaceae）

保护等级： 二级
濒危等级： VU D

生　　境： 生于海拔 2900~3500m 的疏林和林缘。
国内分布： 西藏东南部。
致濒因素： 生境受破坏，数量稀少。

形态特征

落叶灌木。丛生，多分枝，高达 3.5m，无毛。根向下逐渐变细，不呈纺锤状加粗。茎灰色，径达 4cm。二回三出复叶，两面无毛，上面绿色，下面淡灰色，叶柄长 9~15cm，小叶 9 枚，叶片长 12~30cm，宽 14~30cm，每边侧生 3 个小叶的主小叶柄长 2~3cm，顶生 3 小叶的主小叶柄长 5~9cm；小叶近无柄，长 6~12cm，宽 5~13cm，通常 3 裂至近基部，基部通常下延，全裂片长 4~9cm，宽 1.5~4cm，渐尖，大多 3 裂至中部，裂片长 2~5cm，宽 0.5~1.5cm，渐尖，全缘或有齿。花序腋生，有 3~4 花；单瓣，花径 10~12cm；花梗稍弯曲，长 5~9cm；苞片 4~5；萼片 3~5，花瓣平展，纯黄色，倒卵形，长 5~5.5cm，宽 2.5~3.5cm，先端圆形；花丝黄色，长 1.1~1.5cm；花盘高仅 1mm，黄色，有齿；心皮大多单生，极少 2 枚，无毛；柱头黄色。蓇葖果圆柱状，长 4.7~7cm，宽 2~3.3cm。种子大，圆球形，深褐色，径 1.3cm。花期 5 月，果期 8 月。染色体 2n=10*。

美丽芍药

Paeonia mairei H. Lévl.

分类地位: 芍药科(Paeoniaceae)

保护等级: 二级
濒危等级: NT

生 境: 生于海拔 1500~2700m 的山坡林缘阴湿处。

国内分布: 陕西、甘肃、湖北、四川、贵州、云南。

致濒因素: 生境受破坏,采挖严重。

多年生草本。茎高 0.5~1m,无毛。叶为二回三出复叶;叶片长 15~23cm;顶生小叶长圆状卵形至长圆状倒卵形,长 11~16cm,宽 5~6.5cm,顶端尾状渐尖,基部楔形,常下延,全缘,两面无毛;侧生小叶长圆状狭卵形,长 7~9cm,宽 3~3.5cm,基部偏斜;叶柄长 4~9cm,无毛。花单生茎顶,直径 7.5~14cm;苞片线状披针形,长达 9cm,比花瓣长;萼片 3~5,宽卵形,绿色,长 1~1.5cm,宽 0.9~1.2cm;花瓣 7~9 片,粉红色至红色,倒卵形,长 3.5~7cm,宽 2~4.5cm,顶端圆形,有时稍具短尖头;花丝紫红色,无毛,花盘浅杯状,包住心皮基部;心皮通常 2~3,密生黄褐色短毛,少有无毛,花柱短,长 4mm,柱头外弯,红色。蓇葖果长 3~3.5cm,直径 1~1.2cm,生有黄褐色短毛或近无毛,顶端具外弯的喙。花期 4—5 月,果期 8 月。染色体 2n=20*。

紫斑牡丹

Paeonia rockii (S. G. Haw & Lauener) T. Hong & J. J. Li

分类地位： 芍药科（Paeoniaceae）

别　　名： 甘肃牡丹、西北牡丹

保护等级： 一级

濒危等级： EN A2c

生　　境： 生于海拔 1100~2800m 的山坡林下灌丛中。

国内分布： 四川北部、甘肃南部、陕西南部（太白山区）、湖北西部、河南西部。

致濒因素： 由于根皮可入药，长期遭受过度采挖，资源不断被破坏；天然繁殖力弱，分布区及种群逐渐缩小。

形态特征

落叶灌木，茎高达 2m，分枝短而粗。叶为二至三回羽状复叶，小叶不分裂，稀不等 2~4 浅裂。花单生枝顶，直径 10~17cm；花梗长 4~6cm，萼片 5，花瓣 5 片，花瓣内面基部具深紫色斑块，倒卵形，长 5~8cm，宽 4.2~6cm，顶端呈不规则的波状；花盘革质，杯状，紫红色，顶端有数个锐齿或裂片，完全包住心皮，在心皮成熟时开裂。蓇葖果长圆形，密生黄褐色硬毛。

山铜材

Chunia bucklandioides Chang

分类地位： 金缕梅科（Hamamelidaceae）
别　　名： 假马蹄荷

保护等级： 二级
濒危等级： EN B2ac(ii,iii)；C1

生　　境： 生于海拔 300~600m 的沟谷季雨林中。
国内分布： 海南。
致濒因素： 分布区狭窄；生长区域在林缘、次生林区，极易受到人类活动的干扰（资源开发）。

形态特征

常绿乔木，高达 20m；树皮粗糙，黑褐色，树干稍挺直，基部常有多数萌蘖枝；小枝粗壮，灰褐色，有皮孔；芽体扁圆形，直径 2~2.5cm。叶厚革质，阔卵圆形，长 10~15cm，宽 8~14cm，先端宽而略尖，基部微心形或平截；嫩叶常更宽大，先端掌状 3 浅裂，有时为偏心盾状着生；上面深绿色，有光泽，干后橄榄绿，下面黄绿色，秃净无毛；掌状脉 5 条，在上面很显著，在下面突起，网脉在上下两面均不明显；叶柄圆柱形，长 7~13cm，粗大，无毛；托叶近圆形，直径 2~2.5cm，厚革质，无毛。肉穗状花序生于新枝的侧面，比新叶先开放，纺锤形，长 1.5cm，宽 6mm，被星毛，花序柄长 3~6cm。花螺旋状紧密排列在肉穗状花序，萼筒与子房合生，藏在肉穗状花序轴中，萼齿不明显；花瓣不存在；雄蕊 8 枚，着生在子房外围的垫状环上，无毛，花丝长 5mm，花药红色，长 3mm；子房下位，藏于花序轴内，2 室，每室胚珠 6 个，花柱长 1.5mm，有多数小乳头状突起。果序长 3~4cm，通常仅在顶端的 1~3 朵花发育成果实，果序柄不增粗；蒴果卵圆形，木质，长约 1.5cm，宽 1.3cm，室间裂开为 2 片，每片 2 浅裂，果皮厚约 2mm；种子每室 4~6 个，椭圆形，长 4~6mm，黑褐色，有光泽。

长柄双花木

Disanthus cercidifolius subsp. *longipes* (H. T. Chang) K. Y. Pan

分类地位： 金缕梅科（Hamamelidaceae）

保护等级： 二级

濒危等级： EN A2ac；B2ab(i,ii,v)；C1

生　　境： 生于海拔 600~1300m 的溪沟或稀土陡坡上，此处气候温凉，云雾一般较重，湿度也较大。

国内分布： 湖南、江西、浙江。

致濒因素： 狭域分布，野外个体数量极少。

 形态特征　落叶灌木，全株无毛；小枝屈曲，有细小皮孔。叶阔卵圆形，长 5~8cm，宽 6~9cm，先端钝或为圆形，基部心形，上面绿色，下面淡绿色，掌状脉 5~7 条，全缘；叶柄长 3~5cm；托叶线形，早落。头状花序腋生，苞片联生成短筒状，围绕花的基部，外侧有褐色柔毛；萼筒长 1mm，萼齿卵形，长 1~1.5mm，花开放时反卷；花瓣红色，狭长带形，长约 7mm；雄蕊远比花瓣为短；花柱 2 条，长 1~1.5mm；花序柄长 5~7mm，花后略伸长。蒴果倒卵形，长 1.2~1.4cm，宽 1~1.3cm，先端近平截，上半部 2 片裂开，果皮厚约 2mm，果序柄长 1.5~3.2cm。种子长 4~5mm，黑色，有光泽。花期 10—12 月。

四药门花

Loropetalum subcordatum (Benth.) Oliv.

分类地位： 金缕梅科（Hamamelidaceae）

保护等级： 二级
濒危等级： EN B2ab(ii)

生　　境： 路旁。
国内分布： 广东、广西西南部、贵州。
致濒因素： 分布范围狭窄、个体数量稀少，容易受到破坏。

形态特征

常绿灌木或小乔木，高达 12m；小枝无毛，干后暗褐色。叶革质，卵状或椭圆形，长 7~12cm，宽 3.5~5cm，先端短急尖，基部圆形或微心形，上面深绿色发亮，下面秃净无毛；侧脉 6~8 对，在上面下陷，在下面突出，网脉干后在上面下陷，在下面稍突起；全缘或上半部有少数小锯齿；叶柄长 1~1.5cm；托叶披针形，长 5~6mm，被星毛。头状花序腋生，花 14~25 朵，花序柄长 4~5cm；苞片线形，长 3mm。花两性，萼筒长 1.5mm，被星毛，萼齿 5 个，矩状卵形，长 2.5mm；花瓣 5 片，带状，长 1.5cm，白色；雄蕊 5 枚，花丝极短，花药卵形；退化雄蕊叉状分裂；子房星状短柔毛。蒴果近球形，直径 1~1.2cm，有褐色星毛，萼筒长达蒴果的 2/3。种子长卵形，长 7mm，黑色；种脐白色。

银缕梅

Parrotia subaequalis (H. T. Chang) R. M. Hao & H. T. Wei

分类地位：金缕梅科（Hamamelidaceae）

别　　名：小叶银缕梅

保护等级：一级

濒危等级：CR D

生　　境：生于山坡、沟谷。

国内分布：安徽、江苏、浙江、江西。

致濒因素：个体少（250 株以下）；因花美有观赏价值和研究价值，近年来，其生境破碎严重。

形态特征　落叶小乔木。芽及幼枝被星状毛。叶互生，薄革质，椭圆形或倒卵形，长 5~9cm，先端尖，基部不等侧圆，两面被星状毛，具不整齐粗齿；叶柄长 4~6mm，被星状毛，托叶披针形，早落。短穗状花序腋生及顶生，具 3~7 花；雄花与两性花同序，外轮 1~2 朵为雄花，内轮 4~5 朵为两性花。花无梗，苞片卵形；萼筒浅杯状，萼具不整齐钝齿，宿存；无花瓣；雄蕊 5~15 枚，花丝长，直伸，花后弯垂，花药 2 室，具 4 个花粉囊，药隔突出；子房半下位，2 室，花柱 2 条，常卷曲。蒴果木质，长圆形，长 1.2cm，被毛，萼筒宿存果及萼筒均密被黄色星状柔毛。种子光褐色。

大花红景天

Rhodiola crenulata (Hook. f. et Thoms.) H. Ohba

分类地位：景天科（Crassulaceae）

别　　名：大叶红景天

保护等级：二级

濒危等级：EN B1ab(iii)

生　　境：生于山坡草地、灌丛中、石缝中。

国内分布：青海、四川、西藏、云南。

致濒因素：该种虽然分布较广，但单个居群内个体数似不足 250 株，且近年来采挖极其严重，药用需求量巨大，资源急剧萎缩。

形态特征

多年生草本。地上的根颈短，残存花枝茎少数，黑色，高 5~20cm。不育枝直立，高 5~17cm，先端密着叶，叶宽倒卵形，长 1~3cm。花茎多，直立或扇状排列，高 5~20cm，稻秆色至红色。叶有短的假柄，椭圆状长圆形至几为圆形，长 1.2~3cm，宽 1~2.2cm，先端钝或有短尖，全缘或波状或有圆齿。花序伞房状，有多花，长 2cm，宽 2~3cm，有苞片；花大形，有长梗，雌雄异株；雄花萼片 5，狭三角形至披针形，长 2~2.5mm，钝；花瓣 5 片，红色，倒披针形，长 6~7.5mm，宽 1~1.5mm，有长爪，先端钝；雄蕊 10 枚，与花瓣同长，对瓣的着生基部上 2.5mm；鳞片 5，近正方形至长方形，长 1~1.2mm，宽 0.5~0.8mm，先端有微缺；心皮 5，披针形，长 3~3.5mm，不育；雌花蓇葖 5，直立，长 8~10mm，花枝短，干后红色；种子倒卵形，长 1.5~2mm，两端有翅。花期 6—7 月，果期 7—8 月。

红景天

Rhodiola rosea L.

分类地位：景天科（Crassulaceae）
别　　名：东疆红景天

保护等级：二级
濒危等级：VU B1ab(iii)

生　　境：生于山地林下、草坡或近河沟处。
国内分布：吉林、河北、北京、山西、陕西、甘肃、新疆。
致濒因素：有药用价值，人为采挖，破坏生境。

形态特征　多年生草本。根粗壮，直立。根颈短，先端被鳞片。花茎高 20~30cm。叶疏生，长圆形至椭圆状倒披针形或长圆状宽卵形，长 7~35mm，宽 5~18mm，先端急尖或渐尖，全缘或上部有少数牙齿，基部稍抱茎。花序伞房状，密集多花，长 2cm，宽 3~6cm；雌雄异株；萼片 4，披针状线形，长 1mm，钝；花瓣 4 片，黄绿色，线状倒披针形或长圆形，长 3mm，钝；雄花中雄蕊 8 枚，较花瓣长；鳞片 4，长圆形，长 1~1.5mm，宽 0.6mm，上部稍狭，先端有齿状微缺；雌花中心皮 4，花柱外弯。蓇葖披针形或线状披针形，直立，长 6~8mm，喙长 1mm；种子披针形，长 2mm，一侧有狭翅。花期 4—6 月，果期 7—9 月。

圣地红景天

Rhodiola sacra (Prain ex Raym) S. H. Fu

分类地位：景天科（Crassulaceae）

保护等级：二级

濒危等级：VU D1

生　　境：生于草地山坡、岩石裂缝山坡上。

国内分布：青海、西藏、四川、云南。

致濒因素：特有，种群极小，成熟个体小于 250 株。

形态特征

多年生草本。主根粗，分枝。根颈短，先端被披针状三角形的鳞片。花茎少数，直立，高 8~16cm，不分枝，稻秆色，老时被微乳头状突起，叶沿花茎全部着生，互生，倒卵形或倒卵状长圆形，长 8~11mm，宽 4~6mm，先端急尖，钝，基部楔形，入于短的叶柄，边缘有 4~5 个浅裂。伞房状花序花少数；两性；萼片 5，狭披针状三角形，长 3.5~5mm，宽 1.2mm；花瓣 5 片，白色，狭长圆形，长 1~1.1cm，宽 1.2~2mm，全缘或略啮蚀状；雄蕊 10 枚，长 1cm，花丝淡黄色，花药紫色；鳞片 5，近正方形，长宽各 0.5mm，先端稍宽，先端圆或稍凹，基部稍狭；心皮 5，狭披针形，长 5.5mm，花柱长 1~2mm，细。蓇葖直立，长 6mm；种子长圆状披针形，长 1mm，褐色。花期 8 月，果期 9 月。

唐古红景天

Rhodiola tangutica (Maximowicz) S. H. Fu

分类地位： 景天科（Crassulaceae）

保护等级： 二级

濒危等级： VU B1ab(i,iii)；D1

生　　境： 生于高山地区的岩石裂缝，以及水旁边。

国内分布： 甘肃、青海、四川。

致濒因素： 分布区小于 2 万平方千米且分布点小于等于 10 个，栖息地质量持续下降，种群极小，成熟个体小于 1000 株。

形态特征　多年生草本。主根粗长，分枝；根茎没有残留老枝茎，或有少数残留，先端被三角形鳞片。雌雄异株。雄株花茎干后呈稻杆色或老后棕褐色，高 10~7cm。叶线形，先端钝渐尖，无柄。花序紧密，伞房状，花序下有苞叶；萼片 5，线状长圆形，先端钝；花瓣 5，干后似为粉红色，长圆状披针形，先端钝渐尖；雄蕊 10，对瓣长 2.5mm，在基部上 1.5mm 处着生，对萼长 4.5mm，鳞片 5，四方形，先端有微缺；心皮 5，狭披针形，不育。雌株花茎果时高 15~30cm，棕褐色。叶线形，先端钝渐尖。花序伞房状，果时倒三角形；萼片 5，线状长圆形，钝；花瓣 5，长圆状披针形，先端钝渐尖；鳞片 5，横长方形，先端有微缺；蓇葖 5，直立，狭披针形，长达 1cm，喙短，长 1mm，直立或稍外弯。花期 5—8 月，果期 8 月。

乌苏里狐尾藻

Myriophyllum ussuriense (Regel) Maximowicz

分类地位： 小二仙草科（Haloragaceae）

别　　名： 乌苏里金鱼藻、乌苏里聚藻、三裂狐尾藻

保护等级： 二级

濒危等级： VU A2c

生　　境： 生于水边浅滩。

国内分布： 安徽、广东、广西、河北、黑龙江、湖北、江苏、吉林、江西、台湾、云南、浙江。

致濒因素： 栖息地质量有所下降。

形态特征　多年生水生草本，根状茎发达，生于水底泥中，节部生多数须根。茎圆柱形，常单一不分枝，长 6~25cm。水中茎中下部叶 4 片轮生，有时 3 片轮生，广披针形，长 5~10mm，羽状深裂，裂片短，对生，线形，全缘；茎上部水面叶仅具 1~2 片，极小，细线状；叶柄缺；苞片小，全缘，较花为短；茎叶中均具簇晶体。花单生于叶腋，雌雄异株，无花梗。雄花萼钟状；花瓣 4 片，倒卵状长圆形，长约 2.5mm；雄蕊 8 或 6 枚，花丝丝状，花药椭圆形、淡黄色。雌花萼壶状，与子房合生，具极小的裂片；花瓣早落；子房下位，4 室，四棱形；柱头 4 裂，羽毛状。果圆卵形，长约 1mm，有 4 条浅沟，表面具细疣，心皮之间的沟槽明显。花期 5—6 月，果期 6—8 月。

锁阳

Cynomorium songaricum Rupr.

分类地位：锁阳科（Cynomoriaceae）
别　　名：羊锁不拉、地毛球、乌兰高腰

保护等级：二级
濒危等级：VU A2c；B1ab(i,iii)；C1

生　　境：生于海拔 500~700m 荒漠地带的河边、湖边、池边
　　　　　　等有白刺、琵琶柴生长的盐碱地区。
国内分布：甘肃、内蒙古、宁夏、青海、陕西、新疆。
致濒因素：栖息地质量和种群数量下降；分布区接近 2 万平方
　　　　　　千米，但分布点稍大于 10 个。

形态特征　多年生肉质寄生草本，无叶绿素，全株红棕色，高 15~100cm，大部分埋于沙中。寄生根根上着生大小不等的锁阳芽体，初近球形，后变椭圆形或长柱形，径 6~15mm，具多数须根与脱落的鳞片叶。茎圆柱状，直立、棕褐色，径 3~6cm，埋于沙中的茎具有细小须根，尤在基部较多，茎基部略增粗或膨大。茎上着生螺旋状排列脱落性鳞片叶，中部或基部较密集，向上渐疏；鳞片叶卵状三角形，先端尖。肉穗花序生于茎顶，伸出地面，棒状；其上着生非常密集的小花，雄花、雌花和两性相伴杂生，有香气，花序中散生鳞片状叶。雄花花长 3~6mm；花被片通常 4，离生或稍合生，倒披针形或匙形，下部白色，上部紫红色；蜜腺近倒圆形，亮鲜黄色，长 2~3mm，顶端有 4~5 钝齿，半抱花丝；雄蕊 1 枚，花丝粗，深红色，当花盛开时超出花冠；花药丁字形着生，深紫红色，矩圆状倒卵形；雌蕊退化。雌花花长约 3mm；花被片 5~6，条状披针形；花柱棒状，长约 2mm，上部紫红色；柱头平截；子房半下位，内含 1 顶生下垂胚珠；雄花退化。两性花少见花长 4~5mm；花被片披针形；雄蕊 1，着生于雌蕊和花被之间下位子房的上方；花丝极短，花药同雄花；雌蕊也同雌花。果为小坚果状，果皮白色，顶端有宿存浅黄色花柱。种子近球形。花期 5—7 月，果期 6—7 月。

四合木

Tetraena mongolica Maxim.

分类地位： 蒺藜科（Zygophyllaceae）

别　　名： 油柴

保护等级： 二级

濒危等级： VU A2c

生　　境： 生于荒漠、低山山坡、河流阶地。

国内分布： 内蒙古、宁夏。

致濒因素： 过度放牧；用作燃料。

落叶灌木，高 40~80cm。茎由基部分枝，老枝弯曲，黑紫色或棕红色、光滑，一年生枝黄白色，被叉状毛。托叶卵形，膜质，白色；叶片倒披针形，长 5~7mm，宽 2~3mm，先端锐尖，有短刺尖，两面密被伏生叉状毛，呈灰绿色，全缘。花单生于叶腋，花梗长 2~4mm；萼片 4，卵形，长约 2.5mm，表面被叉状毛，呈灰绿色；花瓣 4 片，白色，长约 3mm；雄蕊 8 枚，2 轮，外轮较短，花丝近基部有白色膜质附属物，具花盘；子房上位，4 裂，被毛，4 室。果 4 瓣裂，果瓣长卵形或新月形，两侧扁，长 5~6mm，灰绿色，花柱宿存。种子矩圆状卵形，表面被小疣状突起，无胚乳。花期 5—6 月，果期 7—8 月。

油楠

Sindora glabra Merr. ex de Wit

分类地位：豆科（Fabaceae）
别　　名：蚌壳树

保护等级：二级
濒危等级：VU A2c；D

生　　境：生于中海拔山地混交林内。
国内分布：海南、福建、广东、云南。
致濒因素：数量稀少；受威胁严重；经济
价值高；科学及文化意义大；
种群密度过低；扩散能力有限；
成熟个体数小于 250 株。

形态特征

乔木，高 8~20m。叶长 10~20cm，小叶 2~4 对，对生，革质，长圆形，长 5~10cm，宽 2.5~5cm，顶端钝急尖或短渐尖，基部钝圆稍不等边，侧脉纤细，网脉不明显；小叶柄长约 5mm。圆锥花序生于小枝顶端之叶腋，长 15~20cm，密被黄色柔毛；苞片卵形，叶状，长 5~7mm；花梗长 2~4mm，中部以上有线状披针形小苞片 1~2 枚，长 5~6mm，苞片、花梗及小苞片均密被黄色柔毛；萼片 4，两面均被黄色柔毛，2 型，最上面的 1 枚阔卵形，长约 5.5mm，宽 5mm，背隆起，有软刺 21~23 枚，其他 3 枚椭圆状披针形，有软刺 6~10 枚；花瓣 1 片，被包于最上面萼片内，长椭圆状圆形，长约 5mm，宽 2~6mm，基部近截平，有不明显的瓣柄，顶端圆钝，外面密被柔毛，边缘具睫毛，内面无毛；雄蕊 9 枚，管长约 2mm，两面被紧贴、褐色的粗伏毛，内面较密，花药几乎等大，长 2~3mm，顶端凹头；子房长约 3mm，密被锈色粗伏毛，花柱丝状，旋卷，无毛。荚果圆形或椭圆形，长 5~8cm，宽约 5cm，外面有散生硬直的刺；种子 1 颗，扁圆形，黑色，直径约 1.8cm。花期 4—5 月；果期 6—8 月。

绒毛皂荚

Gleditsia japonica var. *velutina* L. C. Li

分类地位： 豆科（Fabaceae）
别　　名： 肠子树

保护等级： 一级
濒危等级： CR B1ab(iii)；D

生　　境： 生于海拔 950m 的山地，以及路边疏林中。
国内分布： 湖南衡山。
致濒因素： 野生植株极其稀少，仅见于模式产地且自然更新能力弱。

形态特征

落叶乔木或小乔木。小枝紫褐色，脱皮后呈灰绿色，微有棱，具分散的白色皮孔；刺略扁，粗壮，紫褐或棕黑色，常分枝，长 2~15.5cm。叶为一回或二回羽状复叶（具羽片 2~6 对），长 11~25cm；小叶 3~10 对，纸质或厚纸质，卵状长圆形、卵状披针形或长圆形，长 2~7（~9）cm（二回羽状复叶的小叶显著小于一回羽状复叶的小叶），先端圆钝，有时微凹，基部宽楔形或圆形，微偏斜，全缘或具波状疏圆齿；小叶柄极短。穗状花序腋生或顶生，被短柔毛；花黄绿色，直径 5~6mm；雄花花托深棕色，外面密被褐色短柔毛，萼片 3~4，三角状披针形，两面被柔毛，花瓣 4，椭圆形，被柔毛，雄蕊 6~8（~9）；雌花花托长约 2mm，萼片和花瓣 4~5，形状与雄花相似，两面密被柔毛，不育雄蕊 4~8，子房无毛，花柱短，下弯，柱头膨大，2 裂，胚珠多数。荚果带形，密被黄绿色绒毛，扁平，长 20~35cm，不规则旋扭或弯曲作镰刀状，先端具长 5~15mm 的喙，果颈长 1.5~3.5（~5）cm，果瓣革质，棕或棕黑色，常具泡状隆起，无毛，有光泽；种子多数，椭圆形，长 9~10mm，深棕色，光滑。花期 4—6 月，果期 6—11 月。

格木

Erythrophleum fordii Oliv.

分类地位： 豆科（Fabaceae）

别　　名： 赤叶柴、孤坟柴、斗登风

保护等级： 二级

濒危等级： VU A2c；D1

生　　境： 生于山地密林或疏林中。

国内分布： 福建、广东、广西、台湾、浙江。

致濒因素： 种群密度过低；过去居群数量减少小于 50%，栖息地质量明显下降，成熟个体数小于 1000 株。

形态特征

乔木，高可达 30m；嫩枝和幼芽被铁锈色短柔毛。叶互生，二回羽状复叶，无毛；羽片通常 3 对，对生或近对生，长 20~30cm，每羽片有小叶 8~12 片；小叶互生，卵形或卵状椭圆形，长 5~8cm，宽 2.5~4cm，先端渐尖，基部圆形，两侧不对称，边全缘；小叶柄长 2.5~3mm。由穗状花序所排成的圆锥花序长 15~20cm；总花梗上被铁锈色柔毛；萼钟状，外面被疏柔毛，裂片长圆形，边缘密被柔毛；花瓣 5 片，淡黄绿色，长于萼裂片，倒披针形，内面和边缘密被柔毛；雄蕊 10 枚，长为花瓣的 2 倍；子房外面密被黄白色柔毛。荚果长圆形，扁平，长 10~18cm，宽 3.5~4cm，厚革质，有网脉；种子长圆形，长 2~2.5cm，宽 1.5~2cm。花期 5—6 月；果期 8—10 月。

花榈木

Ormosia henryi Prain

分类地位：豆科（Fabaceae）

别　　名：红豆树、臭桶柴、花梨木、亨氏红豆、马
　　　　　桶树、烂锅柴、硬皮黄檗

保护等级：二级

濒危等级：VU A2c；B2ab(i,ii,iii,v)

生　　境：生于海拔 100~1300m 的山坡、溪谷两旁
　　　　　杂木林内。

国内分布：安徽、广东、广西、贵州、湖北、湖南、
　　　　　江西、四川、云南东南部、浙江。

致濒因素：乱采滥伐，受威胁严重。

形态特征　常绿乔木，高 16m，胸径可达 40cm；树皮灰绿色。平滑，有浅裂纹。小枝、叶轴、花序密被茸毛。奇数羽状复叶，长 13~32.5（~35）cm；小叶（1~）2~3 对，革质，椭圆形或长圆状椭圆形，长 4.3~13.5（~17）cm，宽 2.3~6.8cm，先端钝或短尖，基部圆或宽楔形，叶缘微反卷，上面深绿色，光滑无毛，下面及叶柄均密被黄褐色绒毛，侧脉 6~11 对，与中脉成 45°角；小叶柄长 3~6mm。圆锥花序顶生，或总状花序腋生；长 11~17cm，密被淡褐色茸毛；花长 2cm，径 2cm；花梗长 7~12mm；花萼钟形，5 齿裂，裂至三分之二处，萼齿三角状卵形，内外均密被褐色绒毛；花冠中央淡绿色，边缘绿色微带淡紫，旗瓣近圆形，基部具胼胝体，半圆形，不凹或上部中央微凹，翼瓣倒卵状长圆形，淡紫绿色，长约 1.4cm，宽约 1cm，柄长 3mm，龙骨瓣倒卵状长圆形，长约 1.6cm，宽约 7mm，柄长 3.5mm；雄蕊 10 枚，分离，长 1.3~2.5cm，不等长，花丝淡绿色，花药淡灰紫色；子房扁，沿缝线密被淡褐色长毛，其余无毛，胚珠 9~10 枚，花柱线形，柱头偏斜。荚果扁平，长椭圆形，长 5~12cm，宽 1.5~4cm，顶端有喙，果颈长约 5mm，果瓣革质，厚 2~3mm，紫褐色，无毛，内壁有横隔膜，有种子 4~8 粒，稀 1~2 粒；种子椭圆形或卵形，长 8~15mm，种皮鲜红色，有光泽，种脐长约 3mm，位于短轴一端。花期 7—8 月，果期 10—11 月。

红豆树

Ormosia hosiei Hemsl. et E. H. Wilson

分类地位: 豆科(Fabaceae)

别　　名: 江阴红豆、鄂西红豆、何氏红豆、花梨木

保护等级: 二级

濒危等级: EN A2c

生　　境: 生于海拔200~1400m的河边、山坡、山谷林内。

国内分布: 江苏、安徽、浙江南部、福建、江西东部、河南、湖北、湖南、贵州、四川、重庆、陕西南部、甘肃南部。

致濒因素: 乱采滥伐,数量稀少,栖息地质量明显退化,推测过去居群数量下降小于80%。

形态特征

常绿或落叶乔木,高达20~30m,胸径可达1m;树皮灰绿色,平滑。小枝绿色,幼时有黄褐色细毛,后变光滑;冬芽有褐黄色细毛。奇数羽状复叶,长12.5~23cm;叶柄长2~4cm,叶轴长3.5~7.7cm,叶轴在最上部一对小叶处延长0.2~2cm生顶小叶;小叶(1~)2(~4)对,薄革质,卵形或卵状椭圆形,稀近圆形,长3~10.5cm,宽1.5~5cm,先端急尖或渐尖,基部圆形或阔楔形,上面深绿色,下面淡绿色,幼叶疏被细毛,老则脱落无毛或仅下面中脉有疏毛,侧脉8~10对,和中脉成60°角,干后侧脉和细脉均明显凸起成网格;小叶柄长2~6mm,圆形,无凹槽,小叶柄及叶轴疏被毛或无毛。圆锥花序顶生或腋生,长15~20cm,下垂;花疏,有香气;花梗长1.5~2cm;花萼钟形,浅裂,萼齿三角形,紫绿色,密被褐色短柔毛;花冠白色或淡紫色,旗瓣倒卵形,长1.8~2cm,翼瓣与龙骨瓣均为长椭圆形;雄蕊10枚,花药黄色;子房光滑无毛,内有胚珠5~6粒,花柱紫色,线状,弯曲,柱头斜生。荚果近圆形,扁平,长3.3~4.8cm,宽2.3~3.5cm,先端有短喙,果颈长约5~8mm,果瓣近革质,厚约2~3mm,干后褐色,无毛,内壁无隔膜,有种子1~2粒;种子近圆形或椭圆形,长1.5~1.8cm,宽1.2~1.5cm,厚约5mm,种皮红色,种脐长约9~10mm,位于长轴一侧。花期4—5月,果期10—11月。

小叶红豆

Ormosia microphylla Merr. et L. Chen

分类地位: 豆科（Fabaceae）

别　　名: 紫檀、苏檀木、黄姜丝（广东）、红心
红豆（广州）

保护等级: 一级

濒危等级: NT

生　　境: 生于海拔 500~700m 的密林、山谷、
山坡及路边。

国内分布: 贵州、福建、广东、广西。

致濒因素: 生境受破坏，乱砍滥伐。

形态特征 灌木或乔木，高约 3~10m；树皮灰褐色，不裂。
老枝圆柱形，紫褐色，近光滑，小枝密被浅褐色
短柔毛；裸芽，密被黄褐色柔毛。奇数羽状复
叶，近对生，长 12~16cm，叶柄长 2.2~3.2cm，
叶轴长 6.5~7.8cm，密被黄褐色柔毛，叶轴在最上部一对小叶
处延长 5~7mm 生顶小叶；小叶 5~7 对，纸质，椭圆形，长
（1.5~）2~4cm，宽 1~1.5cm，先端急尖，基部圆，上面榄绿
色，无毛或疏被柔毛，下面苍白色，多少贴生短柔毛，中脉
具黄色密毛，侧脉 5~7 对，纤细，下面隆起，边缘不明显弧
曲不相连接，细脉网状；小叶柄长 1.5~2mm，密被黄褐色柔
毛。花序顶生。荚果有梗，近菱形或长椭圆形，长 5~6cm，
宽 2~3cm，压扁，顶端有小尖头，果瓣厚革质或木质，黑
褐色或黑色，有光泽，内壁有横隔膜，有种子 3~4 粒；种子
长 2.2cm，宽 6~8mm，种皮红色，坚硬，微有光泽，种脐长
3~3.5mm，位于短轴一端。

茸荚红豆

Ormosia pachycarpa Champ. ex Benth.

分类地位： 豆科（Fabaceae）

别　　名： 青皮婆、毛红豆

保护等级： 二级

濒危等级： VU D1

生　　境： 生于山坡、山谷、溪边的杂木林内。

国内分布： 广东、广西、香港、澳门。

致濒因素： 生境受破坏，种群数量少。

形态特征

常绿乔木，高达 15m，胸径 20cm；树皮灰绿色。小枝、叶柄、叶下面、花序、花萼和荚果密被灰白色棉毛状毡毛，后变为灰色。奇数羽状复叶，长 18~30cm；叶柄长 3~6.2cm；托叶宽三角形，密被白色棉毛；小叶 2~3 对，革质，倒卵状长椭圆形，长 6.7~11.7cm，宽 2.5~4.7cm，先端急尖并具短尖头，基部楔形，略圆，侧脉 12~14 对；小叶柄长 4~9mm。圆锥花序顶生，长达 20cm，花近无柄；萼齿 5 枚，外面有棉毛，内面薄被毛；花冠白色，旗瓣近圆形，长约 8mm，宽约 1cm，先端凹，瓣柄长约 3mm，宽约 2mm，翼瓣长椭圆形，长约 10mm，宽约 4mm，瓣柄细，长约 3mm，龙骨瓣镰状，大小似翼瓣，基部一侧耳形；雄蕊 10 枚，长 0.7~1.5cm，子房卵形或椭圆形，密被毛，胚珠 3 枚，花柱细，无毛。荚果椭圆形或近圆形，长 2.5~5cm，宽 2.5~3cm，厚 1.3cm，肿胀，两端钝圆，果瓣厚约 2mm，毡毛厚约 4mm，无隔膜，有种子 1~2 粒；种子斜菱状方形或圆形，肥厚，基部不对称心形，长 1.8~2.5cm，径约 1.4cm，褐红色，有光泽，种脐小，长约 1mm，椭圆形，微凹，位于长轴一侧稍偏。花期 6—7 月。

沙冬青

Ammopiptanthus mongolicus (Maxim. ex Kom.) Cheng f

分类地位： 豆科（Fabaceae）

别　　名： 小沙冬青

保护等级： 二级

濒危等级： VU A2c

生　　境： 生于沙丘或河滩边台地。

国内分布： 内蒙古、新疆、宁夏、甘肃。

致濒因素： 过度利用，生境受破坏或丧失，野生种群缩减明显。

形态特征

常绿灌木，高 1.5~2m，粗壮；树皮黄绿色，木材褐色。茎多叉状分枝，圆柱形，具沟棱。3 小叶，偶为单叶；叶柄密被灰白色短柔毛；托叶小，三角形或三角状披针形，贴生叶柄，被银白色绒毛；小叶菱状椭圆形或阔披针形，两面密被银白色绒毛，全缘；总状花序顶生枝端，花互生，8~12 朵密集；苞片卵形，密被短柔毛，脱落；花梗近无毛，中部有 2 枚小苞片；萼钟形，薄革质，萼齿 5 枚，阔三角形，上方 2 齿合生为一较大的齿；花冠黄色，花瓣均具长瓣柄，旗瓣倒卵形，翼瓣比龙骨瓣短，长圆形，龙骨瓣分离，基部有长 2mm 的耳；子房具柄，线形，无毛。荚果扁平，线形，无毛，先端锐尖，基部具果颈，有种子 2~5 粒。种子圆肾形。花期 4—5 月，果期 5—6 月。

山豆根

Euchresta japonica Hook. f. ex Regel

分类地位： 豆科（Fabaceae）

别　　名： 三小叶山豆根

保护等级： 二级

濒危等级： VU A2c

生　　境： 生于海拔 800~1400m 的山谷或山坡密林中。

国内分布： 浙江南部及西南部、江西南部、湖南西北部及西南部、广东北部、广西东北部、重庆、贵州、海南。

致濒因素： 分布零星，数量较少；具有较高的药用价值，野外资源采挖严重。

形态特征

藤状灌木。叶仅具小叶 3 枚；叶柄长 4~5.5cm，被短柔毛，近轴面有一明显的沟槽；小叶厚纸质，椭圆形，长 8~9.5cm，宽 3~5cm，先端短渐尖至钝圆，基部宽楔形，上面无毛，下面被短柔毛；侧脉极不明显；侧生小叶柄几无。总状花序长 6~10.5cm，花梗长 0.5~0.7cm，均被短柔毛；花萼杯状，长 3~5mm，宽 4~6mm，内外均被短柔毛，裂片钝三角形；花冠白色，旗瓣瓣片长圆形，长 1cm，宽 2~3mm，先端钝圆，匙形，基部外面疏被短柔毛，翼瓣椭圆形，先端钝圆，瓣片长 9mm，宽 2~3mm，龙骨瓣上半部黏合，瓣片椭圆形，长约 1cm，宽 3.5mm。果序长约 8cm，荚果椭圆形，长 1.2~1.7cm，宽 1.1cm，先端钝圆，具细尖，黑色，光滑。

黑黄檀

Dalbergia cultrata Graham ex Bentham

分类地位： 豆科（Fabaceae）

别　　名： 版纳黑檀、大叶紫檀

保护等级： 二级

濒危等级： VU A2c

生　　境： 生于 1700m 的山坡混交林。

国内分布： 云南。

致濒因素： 红木的一种，因为价值得到认可，将来可能会被大面积砍伐，小乔木比较多。

 形态特征

高大乔木；木材暗红色。枝纤细，薄被伏贴绒毛，后渐脱落，具皮孔。羽状复叶长 10~15cm；托叶早落；小叶（3~）5~6 对，革质，卵形或椭圆形，长 2~4cm，宽 1.2~2cm，先端圆或凹缺，具凸尖，基部钝或圆，上面无毛，下面被伏贴柔毛。圆锥花序腋生或腋下生，长 4~5cm；分枝长 2~3cm，被毛；小苞片线形，先端急尖，长约 1mm；花梗长约 2mm，被毛；花萼钟状，萼齿 5 枚，上方 2 枚圆锥，近合生，侧方 2 枚三角形，先端急尖，下方 1 枚较其余的长 1/2；花冠白色，花瓣具长柄，旗瓣阔倒心形，翼瓣椭圆形，龙骨瓣弯拱；雄蕊 10 或 9 枚，单体；子房无毛，具柄，有胚珠 3 枚。荚果长圆形至带状，长 6~10cm，宽 9~15mm，两端钝，果瓣薄革质，对种子部分有细网纹，有种子 1~2 粒；种子肾形，扁平，长约 10mm，宽约 6mm。花期 2 月，果期 4—9 月。

降香

Dalbergia odorifera T. Chen

分类地位： 豆科（Fabaceae）

别　　名： 降香黄檀、花梨木、花梨母、降香檀

保护等级： 二级

濒危等级： CR

生　　境： 生于中海拔山坡疏林中、林缘或旷地上。

国内分布： 海南。

致濒因素： 属于贵重的红木，木材质优，为上等家具良材；有香味，可作香料；有药用价值。野生数量极少，大部分是栽培。

形态特征

乔木，高 10~15m；除幼嫩部分、花序及子房略被短柔毛外，全株无毛；树皮褐色或淡褐色，粗糙，有纵裂槽纹。小枝有小而密集皮孔。羽状复叶长 12~25cm；叶柄长 1.5~3cm；托叶早落；小叶（3~）4~5（~6）对，近革质，卵形或椭圆形，长（2.5~）4~7（~9）cm，宽 2~3.5cm，复叶顶端的 1 枚小叶最大，往下渐小，基部 1 对长仅为顶小叶的 1/3，先端渐尖或急尖，钝头，基部圆或阔楔形；小叶柄长 3~5mm。圆锥花序腋生，长 8~10cm，径 6~7cm，分枝呈伞房花序状；总花梗长 3~5cm；基生小苞片近三角形，长 0.5mm，副萼状小苞片阔卵形，长约 1mm；花长约 5mm，初时密集于花序分枝顶端，后渐疏离；花梗长约 1mm；花萼长约 2mm，下方 1 枚萼齿较长，披针形，其余的阔卵形，急尖；花冠乳白色或淡黄色，各瓣近等长，均具长约 1mm 瓣柄，旗瓣倒心形，连柄长约 5mm，上部宽约 3mm，先端截平，微凹缺，翼瓣长圆形，龙骨瓣半月形，背弯拱；雄蕊 9 枚，单体；子房狭椭圆形，具长柄，柄长约 2.5mm，有胚珠 1~2 枚。荚果舌状长圆形，长 4.5~8cm，宽 1.5~1.8cm，基部略被毛，顶端钝或急尖，基部骤然收窄与纤细的果颈相接，果颈长 5~10mm，果瓣革质，对种子的部分明显凸起，状如棋子，厚可达 5mm，有种子 1（~2）粒。

短绒野大豆

Glycine tomentella Hayata

分类地位：豆科（Fabaceae）
别　　名：阔叶大豆

保护等级：二级
濒危等级：VU A2c

生　　境：生于沿海及其附近岛屿的干旱坡地或荒草地。
国内分布：台湾、福建湄州岛、广东东南部陆丰、广西。
致濒因素：栖息地质量有所下降。

形态特征

多年生缠绕或匍匐草本。茎粗壮，基部多分枝，全株通常密被黄褐色的绒毛。叶具 3 小叶；托叶卵状披针形，长 2.5~3mm，有脉纹，被黄褐色茸毛；叶柄长 1.5cm；小叶纸质，椭圆形或卵圆形，长 1.5~2.5cm，宽 1~1.5cm，先端钝圆形，具短尖头，基部圆形，上面密被黄褐色茸毛，下面毛较稀疏；侧脉每边 5 条，下面较明显凸起；小托叶细小，披针形；顶生小叶柄长 2mm，侧生的很短，几无柄，均被黄褐色茸毛。总状花序长 3~7cm，被黄褐色绒毛。总花梗长约 4cm；花长约 10mm，宽约 5mm，单生或 2~7（~9）朵簇生于顶端；苞片披针形；花梗长约 1mm；小苞片细小，线形；花萼膜质，钟状，具脉纹，长 4mm，裂片 5；花冠淡红色、深红色至紫色，旗瓣大，有脉纹，翼瓣与龙骨瓣较小，具瓣柄；雄蕊二体；子房具短柄，胚珠多颗。荚果扁平而直，开裂，长 18~22mm，宽 4~5mm，密被黄褐色短柔毛，在种子之间缢缩，果颈短；种子 1~4 粒，扁圆状方形，长与宽约 2mm，褐黑色，种皮具蜂窝状小孔和颗粒状小瘤凸。花期 7—8 月，果期 9—10 月。

缘毛太行花

Taihangia rupestris var. *ciliata* Yü et Li

分类地位： 蔷薇科（Rosaceae）

保护等级： 二级
濒危等级： CR B1ab(i,iii,iv,v)；C1

生　　境： 生于海拔 1000~1200m 的阴坡山崖石壁上。
国内分布： 太行山区南部。
致濒因素： 残存于太行山区南部河北省武安县的 2 个相距 10~15 千米的地点，呈疏散孤立分布，所占面积狭小，植株稀少。

 形态特征

多年生草本植物。根茎粗壮，根深长，花葶无毛或有时被稀疏柔毛，高可达 15cm，葶上无叶，仅有 1~5 枚对生或互生的苞片，苞片 3 裂，裂片带状披针形，无毛。叶片呈心状卵形，稀三角卵形，大多数基部呈微心形，边缘锯齿常较多而深，稀有时微浅裂，显著具缘毛，叶柄显著被疏柔毛，稀有时叶柄上部有 1~2 片极小的裂片，卵形或椭圆形，长 2.5~10cm，宽 2~8cm，顶端圆钝，基部截形或圆形，稀阔楔形，边缘有粗大钝齿或波状圆齿，上面绿色，无毛，下面淡绿色，几无毛或在叶基部脉上有极稀疏柔毛；叶柄长 2.5~10cm，无毛或被稀疏柔毛。花雄性和两性同株或异株，单生花葶顶端，稀 2 朵，花开放时直径 3~4.5cm；萼筒陀螺形，无毛，萼片浅绿色或常带紫色，卵状椭圆形或卵状披针形，顶端急尖至渐尖；花瓣白色，倒卵状椭圆形，顶端圆钝；雄蕊多数，着生在萼筒边缘；雌蕊多数，被疏柔毛，螺旋状着生在花托上。花柱被短柔毛（毛长约 0.2mm），延长达 14~16mm，仅顶端无毛，柱头略扩大；花托在果时延长，达 10mm，纤细柱状，直径约 1mm。瘦果长 3~4mm，被疏柔毛（毛长 0.5mm），花果期 5—6 月。

太行花

Taihangia rupestris Yü et Li var. *rupestris*

分类地位： 蔷薇科（Rosaceae）

保护等级： 二级

濒危等级： EN A2c；B1ab(ii)

生　　境： 生长在海拔 1100~1200m 的阴坡山崖石壁上。

国内分布： 河北南部、河南北部。

致濒因素： 有一定的科研价值，可作药用植物，采伐严重。

形态特征

多年生草本；根状茎粗壮；叶基生，单叶，卵形或椭圆形，长 2.5~10cm，先端圆钝，基部平截或圆，稀宽楔形，有粗大钝齿和波状圆齿，上面无毛，下面淡绿色，几无毛或基部脉上疏被柔毛；叶柄长 2.5~10cm，无毛或疏被柔毛，有时叶柄上部有 1~2 极小裂片；花葶高达 15cm，有 1~5 对生或互生苞片，苞片 3 裂，裂片带状披针形，无毛；花单生花葶顶端，稀 2 朵，雄性和两性同株或异株花径 3~4.5cm；花萼陀螺形，无毛，萼片 5，卵状椭圆形或卵状披针形；花瓣 5 片，白色，倒卵状椭圆形；雄蕊多数，着生花萼边缘花盘环状，无毛；雌蕊多数，子房具短柄，在雌花中数目较多，被疏柔毛，螺旋状着生在花托上，花柱顶生，延长，被柔毛，柱头微扩大，无毛；瘦果长 3~4mm，被疏柔毛，熟时长达 1cm。

玫瑰

Rosa rugosa Thunb.

分类地位：蔷薇科（Rosaceae）

别　　名：滨茄子、滨梨、海棠花、刺玫

保护等级：二级

濒危等级：EN B1ab(iii)

生　　境：生于海拔低于 100m 的海岸边小山、海岸砂质土壤和离岸的岛上。

国内分布：吉林东部、辽宁、山东东北部。栽培于全国。

致濒因素：生境退化或丧失。

形态特征

直立灌木，高可达 2m；茎粗壮，丛生；小枝密被绒毛，并有针刺和腺毛，有直立或弯曲、淡黄色的皮刺，皮刺外被绒毛。小叶 5~9 片，连叶柄长 5~13cm；小叶片椭圆形或椭圆状倒卵形，长 1.5~4.5cm，宽 1~2.5cm，先端急尖或圆钝，基部圆形或宽楔形，边缘有尖锐锯齿，上面深绿色，无毛，叶脉下陷，有褶皱，下面灰绿色，中脉突起，网脉明显，密被绒毛和腺毛，有时腺毛不明显；叶柄和叶轴密被绒毛和腺毛；托叶大部贴生于叶柄，离生部分卵形，边缘有带腺锯齿，下面被绒毛。花单生于叶腋，或数朵簇生，苞片卵形，边缘有腺毛，外被绒毛；花梗长 5~22.5mm，密被绒毛和腺毛；花直径 4~5.5cm；萼片卵状披针形，先端尾状渐尖，常有羽状裂片而扩展成叶状，上面有稀疏柔毛，下面密被柔毛和腺毛；花瓣倒卵形，重瓣至半重瓣，芳香，紫红色至白色；花柱离生，被毛，稍伸出萼筒口外，比雄蕊短很多。果扁球形，直径 2~2.5cm，砖红色、肉质、平滑，萼片宿存。花期 5—6 月，果期 8—9 月。

绵刺

Potaninia mongolica Maxim.

分类地位: 蔷薇科 (Rosaceae)
别　　名: 三瓣蔷薇

保护等级: 二级
濒危等级: VU A2c; C1+2a(ii)

生　　境: 生于砂质荒漠、戈壁或沙石平原,常形成大面积荒漠群落。
国内分布: 内蒙古西部、宁夏北部、甘肃中部。
致濒因素: 推测过去 3 个世纪居群数量减少小于 50%,栖息地质量有
　　　　　　所下降。

形态特征 小灌木,高 30~40cm,各部有长绢毛;茎多分枝,灰棕色。复叶具 3 或 5 小叶片,稀只有 1 小叶,长 2mm,宽约 0.5mm,先端急尖,基部渐狭,全缘,中脉及侧脉不显;叶柄坚硬,长 1~1.5mm,宿存成刺状;托叶卵形,长 1.5~2mm。花单生于叶腋,直径约 3mm;花梗长 3~5mm;苞片卵形,长 1mm;萼筒漏斗状,萼片三角形,长约 1.5mm,先端锐尖;花瓣卵形,直径约 1.5mm,白色或淡粉红色;雄蕊花丝比花瓣短,着生在膨大花盘边上,内面密被绢毛;子房卵形,具 1 枚胚珠。瘦果长圆形,长 2mm,浅黄色,外有宿存萼筒。花期 6—9 月,果期 8—10 月。

蒙古扁桃

Prunus mongolica (Maxim.) Ricker

分类地位：蔷薇科（Rosaceae）

别　　名：乌兰－布衣勒斯

保护等级：二级

濒危等级：VU B1ab(ii,iii)

生　　境：生于荒漠区和荒漠草原区的低山丘陵坡麓、石质坡地及干河床。

国内分布：内蒙古、宁夏、甘肃。

致濒因素：生境退化或丧失。

形态特征

灌木，高达 2m；小枝顶端成枝刺；嫩枝被短柔毛；短枝叶多簇生，长枝叶互生叶宽椭圆形、近圆形或倒卵形，长 0.8~1.5cm，先端钝圆，有时具小尖头，基部楔形，两面无毛，有浅钝锯齿，侧脉约 4 对叶柄长 2~5mm，无毛；花单生，稀数朵簇生短枝上；花梗极短，萼筒钟形，长 3~4mm，无毛，萼片长圆形，与萼筒近等长，顶端有小尖头，无毛花瓣倒卵形，长 5~7mm，粉红色子房被柔毛，花柱细长，几与雄蕊等长，具柔毛；核果宽卵圆形，长 1.2~1.5cm，径约 1cm，顶端具尖头，外面密被柔毛；果柄短；果肉薄，熟时开裂，离核；核卵圆形，长 0.8~1.3cm，顶端具小尖头，基部两侧不对称，腹缝扁，背缝不扁，光滑，具浅沟纹，无孔穴；种仁扁宽卵圆形，浅棕褐色。

新疆野苹果

Malus sieversii (Ledeb.) Roem.

分类地位： 蔷薇科（Rosaceae）
别　　名： 塞威氏苹果

保护等级： 二级

生　　境： 喜温暖、湿润气候，生于年降水量500~600mm 的伊犁谷地针叶林带以下至低山灌丛，或低山带上部阴坡、半阴坡或河谷地带。

国内分布： 新疆。

致濒因素： 农田开发，过度放牧，人为砍伐，苹果小吉丁虫危害及腐烂病暴发等。

形态特征

乔木，高达 2~10m，稀 14m；树冠宽阔，常有多数主干；小枝短粗，圆柱形，嫩时具短柔毛，二年生枝微屈曲，无毛，暗灰红色，具疏生长圆形皮孔；冬芽卵形，先端钝，外被长柔毛，鳞片边缘较密，暗红色。叶片卵形、宽椭圆形、稀倒卵形，长 6~11cm，宽 3~5.5cm，先端急尖，基部楔形，稀圆形，边缘具圆钝锯齿，幼叶下面密被长柔毛，老叶较少，浅绿色，上面沿叶脉有疏生柔毛，深绿色，侧脉 4~7 对，下面叶脉显著；叶柄长 1.2~3.5cm，具疏生柔毛；托叶膜质，披针形，边缘有白色柔毛，早落。花序近伞形，具花 3~6 朵。花梗较粗，长约 1.5cm，密被白色绒毛；花直径约 3~3.5cm；萼筒钟状，外面密被绒毛；萼片宽披针形或三角披针形，先端渐尖，全缘，长约 6mm，两面均被绒毛，内面较密，萼片比萼筒稍长；花瓣倒卵形，长 1.5~2cm，基部有短爪，粉色，含苞未放时带玫瑰紫色；雄蕊 20 枚，花丝长短不等，长约花瓣之半；花柱 5 条，基部密被白色绒毛，与雄蕊约等长或稍长。

翅果油树

Elaeagnus mollis Diels

分类地位： 胡颓子科（Elaeagnaceae）

别　　名： 柴禾、毛折子

保护等级： 二级

濒危等级： EN A2c；B1ab(i,iii)

生　　境： 生于海拔 700~1300m 的阳坡。

国内分布： 陕西南部、山西南部。

致濒因素： 狭域分布；由于可以榨油及作薪材用，导致数量减少。分布区小于 5000 平方千米且分布点小于等于 5 个，栖息地质量持续下降。

形态特征

落叶乔木或灌木，高 2~10m，胸径达 8cm；幼枝密被星状绒毛和鳞片，老枝绒毛和鳞片脱落。叶纸质，卵形或卵状椭圆形，长 6~15cm，宽 3~11cm，顶端钝尖，基部钝形或圆形，上面深绿色，散生少数星状柔毛，下面灰绿色，密被淡灰白色星状绒毛，侧脉 6~10 对；叶柄长 6~15mm。花灰绿色，下垂，芳香，密被灰白色星状绒毛；常 1~5 花簇生幼枝叶腋；花梗长 3~4mm；萼筒钟状，长 5mm，在子房上骤收缩，裂片近三角形或近披针形，长 3.5~4mm，顶端渐尖或钝尖，内面疏生白色星状柔毛，被星状绒毛和鳞片，具明显的 8 肋；雄蕊 4 枚，花药椭圆形，长 1.6mm；花柱下部密生绒毛。果实近圆形或阔椭圆形，长 13mm，具明显的 8 棱脊，翅状。花期 4—5 月，果期 8—9 月。

长序榆

Ulmus elongata L. K. Fu et C. S. Ding

分类地位： 榆科（Ulmaceae）
别　　名： 野榔皮、野榆、牛皮筋

保护等级： 二级
濒危等级： EN A2c

生　　境： 生于海拔 250~900m 的阔叶林中。
国内分布： 浙江南部、福建北部、江西东部、安徽南部。
致濒因素： 生境退化或丧失，物种内在因素，自然种群过小。

 形态特征　落叶乔木，高达 30m，胸径 80cm；树皮灰白色，裂成不规则片状脱落；幼枝及当年生枝无毛或有短柔毛（常见于幼树），二年生枝常呈栗色，具散生皮孔，有时下部枝条或萌发枝的近基部有周围膨大而不规则纵裂的木栓层；冬芽长卵圆形，上部长渐尖，外部芽鳞宽卵形，内部芽鳞变窄，上缘或先端具毛。叶椭圆形或披针状椭圆形，幼树之叶（有时小枝顶端的叶）常较窄，多呈披针状，长 7~19cm，宽 3~8cm，基部微偏斜或近对称，楔形或圆，叶面不粗糙或微粗糙，除主脉凹陷处有疏毛外，余处无毛或有极疏的短毛，叶背幼时除脉上外密生绢状毛，其后仍有或密或疏之毛，边缘具大而深的重锯齿，锯齿先端尖而内曲，外侧具 2~5 小齿，侧脉每边 16~30 条；叶柄长 3~11mm，全被短柔毛或仅上面有毛；托叶从下至上由宽变窄，披针形至窄披针形，长 7~18mm，基部宽，一侧半心脏形，近基部有短毛，面有时具极短之毛，背面中肋的上部及近先端的边缘有疏毛，早落。花春季开放，在去年生枝上排成总状聚伞花序，花序轴明显地伸长，下垂，有疏生毛，花梗长达花被的数倍。果序轴长 4~8cm，有疏毛；翅果窄长，两端渐窄而尖，似梭形，淡黄绿色或淡绿色，长 2~2.5cm，宽约 3mm，花柱较长，2 裂，柱头条形，下部具细长的子房柄，两面有疏毛，边缘密生白色长睫毛，柱头面密生短毛，果核位于翅果中部稍向上；宿存花被上部钟形，下部管状，淡绿色，无毛，花被裂片 6，淡褐色，边缘有毛，花丝外伸，淡褐色；果梗细，不等长，长 5~22mm。花期 2 月，果期 3 月。

南川木波罗

Artocarpus nanchuanensis S. S. Chang

分类地位：桑科（Moraceae）
别　　名：大杨梅、水冬瓜树

保护等级：二级
濒危等级：CR B1ab(i,iii,v)

生　　境：生于常绿阔叶林中。
国内分布：重庆。
致濒因素：自然更新困难，野生居群数量不断减少。

形态特征　乔木，高可达 25m；树皮深褐色，纵裂；小枝圆柱形，幼时密被锈褐色柔毛；冬芽卵圆，幼时密被浅褐色柔毛。叶革质，长圆形至椭圆形，先端急尖至渐尖，基部宽楔形，下延至叶柄，表面深绿色，疏生白色糙伏毛，背面灰绿色，密被白色糙毛和柔毛，干后灰色至褐色，边缘全缘或微波状，侧脉 5~7 对，斜向展出，达边缘后，网结向上，表面平，背面明显突起，干后两面网脉明显突起；叶柄长 1.2~1.5cm，密被开展短糙毛。雌花序倒卵圆形，黄褐色，密被短毛和疏生乳头状突起，总花梗密被白色糙毛。聚花果球形，直径 4~6cm，表面被开展短糙毛，苞片乳头状，成熟时橙黄色；核果多数，近球形或卵状椭圆形，果皮薄，密被短糙毛。

三棱栎

Formanodendron doichangensis (A. Camus) Nixon & Crepet

分类地位：壳斗科（Fagaceae）

保护等级：二级
濒危等级：VU A2c；D

生　　境：生于海拔 1000~1600m 的山地常绿阔叶林中。
国内分布：云南南部。
致濒因素：农林牧渔业的发展如山区开荒种地、园艺观赏以及燃
　　　　　料的需求等对本种的威胁严重。

形态特征　绿乔木，高达21m；树皮条状开裂。幼枝被锈色柔毛，皮孔白色。叶互生，椭圆形或卵状椭圆形，长7~12（~18）cm，先端钝或凹缺，基部宽楔形下延，全缘，幼叶两面被锈色星状毛，老叶上面无毛，下面疏被星状毛，侧脉8~11对；叶柄长0.5~1.2cm。雄花序单生叶腋，下垂，长8~14cm，被锈色绒毛，雄花1~3朵成簇；雌花序单生叶腋，长8~10cm，每总苞具1（~3）朵雌花，花被6裂，退化雄蕊6枚，与花被片对生。壳斗直径3~7mm，高约2mm，包果基部，3（~5）裂，内面密被锈色绒毛，具1（~3）果，柄长2mm；果三棱形，具3翅，被颗粒状毛。花期11月，果期翌年3月。

喙核桃

Annamocarya sinensis (Dode) Leroy

分类地位： 胡桃科（Juglandaceae）

保护等级： 二级
濒危等级： EN C2a(i)

生　　境： 生于海拔 500~1500m 的溪边林中。
国内分布： 贵州南部、广西、云南东南部。
致濒因素： 过度利用，生境丧失。

形态特征

高大落叶乔木，树皮灰白色至灰褐色，常不开裂。幼枝粗壮，显著具棱。奇数羽状复叶长约30~40cm，叶柄3棱形，上面具1沟，基部膨大，叶轴圆柱形，无棱；小叶通常7~9枚，成长后近革质，全缘，上面深绿色，无毛，具光泽，下面淡绿色，无毛，中脉及侧脉显著凸起。雄性菜荑花序长13~15cm，总梗圆柱形，向上端逐渐具棱。雄花的苞片及小苞片愈合，被有短柔毛及腺体，雄蕊 5~15 枚，花药阔椭圆形，被极短柔毛。雌性穗状花序直立，顶生，具 3~5 雌花。果实近球状或卵状椭圆形，顶端具渐尖头；外果皮厚，干燥后木质，外表面黑褐色，密被灰黄褐色的皮孔，4 瓣至 9 瓣裂开，顶端具鸟喙状渐尖头；果核球形或卵球形，顶端具 1 鸟喙状渐尖头。

天目铁木

Ostrya rehderiana Chun

分类地位: 桦木科(Betulaceae)
别　　名: 小叶穗子榆

保护等级: 一级
濒危等级: CR B1ab(ii,v)+2ab(ii,v); D

生　　境: 生于海拔200~400m的林中。
国内分布: 浙江。
致濒因素: 生境退化或丧失。

形态特征 乔木,高达18m,胸径达45cm;树皮深灰色,粗糙;枝条灰褐色或暗灰色,无毛,皮孔疏生;小枝细瘦,褐色,幼时密被短柔毛,以后渐变疏至几无毛,具条棱,疏生皮孔;芽长卵圆形,长约5mm,锐尖,芽鳞亮绿色,覆瓦状排列,卵形,渐尖,无毛。叶长椭圆形或矩圆状卵形,长3~10cm,宽1.8~4cm;顶端渐尖、长渐尖或尾状渐尖,基部近圆形或宽楔形,边缘具不规则的锐齿或有时具刺毛状齿;叶上面绿色,几无毛,下面淡绿色,疏被硬毛至几无毛;叶脉在上面微陷,沿中脉密被短柔毛,在下面隆起,疏被短硬毛间或有短柔毛,脉腋间有时具髯毛,侧脉13~16对,脉间相距4~7mm;叶柄长3~5mm,密被短柔毛。雄花序下垂,长5~10cm,单生或2~3枚簇生;苞鳞宽卵形,顶端骤尖,具条棱,边缘密生短纤毛;花药顶端具长柔毛。果多数,聚生成稀疏的总状;果序轴全长2~3cm,序梗长1.5~2cm,密被短硬毛;果苞膜质,膨胀,长椭圆形至倒卵状披针形,长2~2.5cm,最宽处直径6~8mm,顶端圆,具短尖,基部缢缩呈柄状,上部无毛,基部具长硬毛,网脉显著。小坚果红褐色,卵状披针状,长7~8mm,直径约2.5mm,平滑,具不明显的细肋。

普陀鹅耳枥

Carpinus putoensis W. C. Cheng

分类地位： 桦木科（Betulaceae）

保护等级： 一级

濒危等级： CR D

生　　境： 生于海拔 200~300m 的阔叶林中。木林林缘仅残存 1 株老树。

国内分布： 浙江。

致濒因素： 由于植被破坏，生境恶化，目前仅有 1 株保存。开花结实期间常受大风侵袭，致使结实率很低，种子即将成熟时，复受台风影响而多被吹落，更新能力极弱，树下及周围不见幼苗，已处于濒临灭绝境地。

形态特征　乔木；树皮灰色；小枝棕色，疏被长柔毛和黄色椭圆形小皮孔，后渐无毛而呈灰色。叶厚纸质，椭圆形至宽椭圆形，长 5~10cm，宽 3~5cm，顶端锐尖或渐尖，基部圆形或宽楔形，边缘具不规则的刺毛状重锯齿，上面疏被长柔毛，下面疏被短柔毛，以后两面均渐变无毛，仅下面沿脉密被短柔毛及脉腋间具簇生的髯毛，侧脉 11~13 对；叶柄长 5~10mm，上面疏被短柔毛。果序长 3~8cm，直径 4~5cm；序梗、序轴均疏被长柔毛或近无毛，序梗长约 1.5~3cm；果苞半宽卵形，长约 3cm，背面沿脉被短柔毛，内侧基部具长约 3mm 的内折的卵形小裂片，外侧基部无裂片，中裂片半宽卵形，长约 2.5cm，顶端圆或钝，外侧边缘具不规则的齿牙状疏锯齿，内侧边缘全缘，直或微呈镰形。小坚果宽卵圆形，长约 6mm，无毛亦无腺体，具数肋。

天台鹅耳枥

Carpinus tientaiensis W. C. Cheng

分类地位： 桦木科（Betulaceae）

保护等级： 二级

濒危等级： CR D

生　境： 生于 800~1000m 的山坡林。

国内分布： 浙江。

致濒因素： 生境严重破碎化，自然更新能力弱，物种内在因素。

形态
特征

乔木，高 16~20m；树皮灰色；小枝棕色，无毛或疏被长软毛。叶革质，卵形、椭圆形或卵状披针形，长 5~10cm，宽 3~5.5cm，顶端锐尖或渐尖，基部微心形或近圆形，边缘具短而钝的重锯齿，上面近无毛，下面除沿脉疏被长柔毛、脉腋间有簇生的髯毛外，其余无毛；侧脉 12~15 对；叶柄长 8~15mm，上面沟槽内密被长柔毛。果序长 8~10cm；序梗长约 2.5cm，序梗、序轴初时密被长柔毛，后渐变无毛；果苞内、外侧的基部均具明显的裂片而呈三裂状，长 2.5~30cm，宽 7~8mm，内外侧基部的裂片均近卵形，长约 5mm，边缘全缘或具 1~2 疏细齿，中裂片顶端钝或锐尖，外侧边缘具不明显的疏钝齿，内侧边缘全缘，有时微呈波状。小坚果宽卵圆形或三角状卵圆形，长与宽均为 5~6mm，具 7~11 条肋，顶端疏被长柔毛，其余光滑。

四数木

Tetrameles nudiflora R. Br.

分类地位： 四数木科（Tetramelaceae）

别　　名： 裸花四数木

保护等级： 二级

濒危等级： VU A2c；B1ab(iii)

生　　境： 多生于海拔 500~700m 的石灰岩山地雨林或沟谷雨林中。

国内分布： 云南。

致濒因素： 生境受破坏严重。

形态特征

落叶大乔木，高 25~45m，枝下高 20~35m，树干通直，直径 80~120cm，板状根高 2~4.5（~6）m；分枝少而粗大，树皮表面灰色，粗糙；着花的小枝肥壮，上面叶痕明显突起，椭圆形或倒卵形，先端凹入，直径 5~7.5mm。叶心形，心状卵形或近圆形，长 10~26cm，宽 9~20cm，先端锐尖，渐尖，边缘具有粗糙的锯齿，在幼叶期兼有显著的 2~3 角状齿裂，掌状脉 5~7，上面近无毛，下面脉上被疏的短柔毛；叶柄圆柱状，长 3~7（~20）cm。先叶开花，花单性异株，无花瓣；雄花成圆锥花序，长 10~20cm，顶生，成簇，下垂，花序梗被淡黄色柔毛；苞片匙形；花梗极短或近无梗，花萼 4 深裂，基部杯状，雄蕊 4 枚，与萼片对生，花丝较长，不育子房盘状；蒴果球状坛形，具 8~10 脉，疏被褐色腺点，顶部开裂；种子细小，多数，卵圆形，长不及 0.5mm。

永瓣藤

Monimopetalum chinense Rehder

分类地位：卫矛科（Celastraceae）

保护等级：二级

濒危等级：EN A2c

生　　境：生于海拔 150~1000m 的山坡、路旁及山谷杂木林中。

国内分布：安徽南部、江西北部及西部、湖北、浙江。

致濒因素：野外存量较少，自我更新能力差，不易繁殖，生境遭受一定的破坏，保护区里面有少量。

藤本灌木，高 1.5~6m；小枝 4 棱，基部常有多数宿存芽鳞，芽鳞多为三角卵形，边缘有线状细齿，先端细长，呈尖尾状。叶互生，纸质，卵形、窄卵形，间有长方卵形或椭圆形，长 5~9cm，宽 1.5~5cm。先端长渐尖至短渐尖或近急尖，基部圆形或阔楔形，边缘有浅细锯齿，锯齿端常呈纤毛状，侧脉 4~5 对，纤细不显；叶柄细长，长 8~12mm，托叶细丝状，长 5~6mm，宿存。聚伞花序 2~3 次分枝，花序梗长 2~12mm，小花梗长 3~8mm，中央小花梗略长，均细弱丝状；苞片小苞片均窄卵形或锥形，边缘有长流苏状细齿；花小，直径 3~4mm，淡绿色；花萼 4 浅裂，裂片半圆形，边缘常稍齿状；花瓣卵圆形或倒卵形；花盘圆形，雄蕊着生花盘近边缘处，无花丝；子房没于花盘内，无花柱，柱头圆，子房 4 室，每室 2 胚珠。蒴果 4 深裂，常只 2 室成熟，下有 4 片增大花被；花被匙形或长倒卵形，长 10~12mm，最宽处约 3mm，果序梗及小果梗均纤细；种子黑色，基部有细小环状假种皮。

斜翼

Plagiopteron suaveolens Griffith

分类地位： 卫矛科（Celastraceae）
别　　名： 华斜翼

保护等级： 二级
濒危等级： CR A2c；B1ab(i,iii,v)；C1+2a(ii)

生　　境： 生于海拔 220m 的丘陵灌木林里。
国内分布： 广西西南部。
致濒因素： 狭域分布，成熟个体数极少；栖息地质量持续下降，居群数量下降最少 80%。

形态特征　藤状灌木，小枝被棕色的星状绒毛。叶柄长约 1cm，密被绒毛；叶片纸质，椭圆形、卵状椭圆形或卵状长圆形，长 8~15cm，宽 4~9cm，背面密被棕色星状绒毛，正面只在脉上具短柔毛，中脉背面突出，正面隆起，侧脉 5~6 对，叶基部圆形或稍心形，边缘全缘，先端锐尖到渐尖。圆锥花序生枝顶叶腋，通常比叶片短；花序轴密被棕色星状绒毛，下部不分枝花序梗 4~6cm。花梗长约 6mm，被绒毛；小苞片披针形。花瓣 3 或 4 片，狭卵形，萼片状，长 3~4mm，外面被绒毛，里面具稀弱毛。雄蕊约 50；花丝丝状无毛，长 2~5mm；花药球状或梨形，极小，纵裂。子房密被棕色的短柔毛，3 室；每室胚珠 2 枚；花柱长约 2mm，纤细，渐减到先端，近等长花丝，基部被绒毛；柱头小。蒴果木质，长约 4cm，先端具 3 长倒卵形翅，翅长 2.5~3cm，纵向脉，疏生星状毛。种子未知。

东京桐

Deutzianthus tonkinensis Gagnep.

分类地位：大戟科（Euphorbiaceae）

保护等级：二级

濒危等级：EN B1ab(ii,iii)

生　　境：生于海拔 900m 以下的密林中。

国内分布：广西西南部、云南南部。

致濒因素：石灰岩生境要求特殊，受破坏严重；森林砍伐；狭
　　　　　域分布。

形态特征

乔木。高达 12m，胸径达 30cm；嫩枝密被星状毛，很快变无毛，枝条有明显叶痕。叶椭圆状卵形至椭圆状菱形，长 10~15cm，宽 6~11cm，顶端短尖至渐尖，基部楔形至近圆形，全缘，上面无毛，下面苍灰色，仅脉腋具簇生柔毛；侧脉每边 5~7 条；叶柄长 5~20cm，无毛，顶端有 2 枚腺体。雌雄异株，花序顶生，密被灰色柔毛，雌花序长约 10cm，宽 6~12cm，苞片近丝状，宿存；雄花序长约 15cm，宽约 20cm；雄花花萼钟状，萼裂片三角形，长约 1mm，花瓣长圆形，舌状，两面被毛；雌花花萼、花瓣与雄花同，花萼长 2~5mm。果稍扁球形，直径约 4cm，被灰色短毛。种子椭圆状，长约 2.5cm，宽约 1.8cm。花期 4—6 月，果期 7—9 月。

膝柄木

Bhesa robusta (Roxb.) D. Hou

分类地位： 安神木科（Centroplacaceae）

保护等级： 一级

濒危等级： CR B1ac(ii,v)+2ac(ii,v)；D

生　　境： 生于海拔 5~50m 近海岸的坡地杂木林中。

国内分布： 广西南部。

致濒因素： 分布范围极度狭窄，结实困难、种子滞育，自然更新困难。台风对其影响也较大。

形态特征

乔木高达 10m 以上；小枝粗壮，紫棕色，表面粗糙不平，并常有较大的叶痕和芽鳞痕。叶互生，近革质，有光泽，长方窄椭圆形或窄卵形，全缘，中脉和侧脉均在叶背强度凸起，侧脉每侧 14~18 对，平行较密排列；叶柄圆柱状，长 2~3cm，两端增粗，在近叶片的一端背部微突呈膝状弯曲。聚伞圆锥花序多侧生于小枝上部，常呈假顶生状；花序轴有 3~5 分枝，枝上着生多数短梗小花，如穗状；萼片线状披针形，花瓣窄倒卵形或长圆披针形，花盘浅盘状，雄蕊插生其环状外缘上；子房近扁球状，基部着生花盘上，花柱 2 条，粗壮，柱头小。蒴果窄长卵状，长约 3cm，上部窄，顶端常稍呈喙状，种子 1 粒，基生，椭圆卵状，棕红色或棕褐色，有光泽，假种皮淡棕色。

合柱金莲木

Sauvagesia rhodoleuca (Diels) M. C. E. Amaral

分类地位：金莲木科（Ochnaceae）
别　　名：辛木

保护等级：二级
濒危等级：VU A2bc；D1

生　　境：生于海拔 1000m 的山谷水旁密林中。
国内分布：广东、广西。
致濒因素：根茎可入药，过度采集，生境被破坏。居群
　　　　　成熟个体数少，过去居群数量下降大于 30%；
　　　　　分布区域狭窄。

形态
特征

叶薄纸质，狭披针形或狭椭圆形，长 7~15cm，宽 1.5~3cm，两端渐尖，边缘有密而不相等的腺状锯齿，两面光亮无毛，中脉两面隆起，侧脉多数，近平行，小脉明显；叶柄长 3~5mm，腹面有槽。圆锥花序较狭，长 6~10cm，花少数，具细长柄；萼片卵形或披针形，长 3~4mm，浅绿色；花瓣椭圆形，长 4.5~6.5mm，白色，微内拱；退化雄蕊宿存，白色，外轮的腺体状，基部连合成短管，中轮和内轮的长圆形，中轮的较大，顶端截平而有数小齿，内轮的略小，顶端微尖而具 3 齿裂；雄蕊长 2.5~3.5mm，花丝短，花药箭头形，2 室；子房卵形，长约 2mm，花柱圆柱形，柱头小，不明显。蒴果卵球形，长和宽约 5mm，熟时 3 瓣裂；种子椭圆形，长约 1.7mm，种皮暗红色，有多数小圆凹点。花期 4—5 月，果期 6~7 月。

海南大风子

Hydnocarpus hainanensis (Merr.) Sleum.

分类地位： 青钟麻科（Achariaceae）
别　　名： 海南麻风树、乌壳子、高根、龙角

保护等级： 二级
濒危等级： VU D1

生　　境： 生于海拔 100~1600m 的常绿阔叶林或雨林中。
国内分布： 海南、广西、云南东南部。
致濒因素： 生境受破坏严重，栖息地小且明显退化，成熟个体数少，居群面积小于 100 平方千米。

形态特征

常绿乔木，高 6~9m；树皮灰褐色；小枝圆柱形，无毛。叶薄革质，长圆形，长 9~13cm，宽 3~5cm，先端短渐尖，有钝头，基部楔形，边缘有不规则浅波状锯齿，两面无毛，近同色，侧脉 7~8 对，网脉明显；叶柄长约 1.5cm，无毛。花 15~20 朵，呈总状花序（雄花排列较密集），长 1.5~2.5cm，腋生或顶生；花序梗短；花梗长 8~15mm，无毛；萼片 4，椭圆形，直径约 4mm，无毛；花瓣 4 片，肾状卵形，长 2~2.5mm，宽 3~3.5mm，边缘有睫毛，内面基部有肥厚鳞片，鳞片不规则 4~6 齿裂，被长柔毛；雄花雄蕊约 12 枚，花丝基部粗壮，有疏短毛，花药长圆形，长 1.5~2mm；雌花退化雄蕊约 15 枚；子房卵状椭圆形，密生黄棕色绒毛，1 室，侧膜胎座 5 个，胚珠多数，花柱缺，柱头 3 裂，裂片三角形，顶端 2 浅裂。

金丝李

Garcinia paucinervis Chun ex F. C. How

分类地位：藤黄科（Clusiaceae）
别　　名：老木

保护等级：二级
濒危等级：VU A2abcd；B1ab(i,iii)；C1

生　　境：多生于海拔 300~800m 的石灰岩山地较干燥
　　　　　的疏林或密林中。
国内分布：广西西南部至西部、云南东南部。
致濒因素：生境受破坏严重，过去居群数量下降大于
　　　　　30%，分布区域狭窄，种群成熟个体数小于
　　　　　1000 株。被利用的可能性大。被砍挖，野外
　　　　　生境受破坏严重。

形态特征 乔木，高 3~15（~25）cm；树皮灰黑色，具白斑块。幼枝压扁状四棱形，暗紫色，干后具纵槽纹。叶片嫩时紫红色，膜质，老时近革质，椭圆形、椭圆状长圆形或卵状椭圆形，长 8~14cm，宽 2.5~6.5cm，顶端急尖或短渐尖，钝头、基部宽楔形，稀浑圆，干时上面暗绿色，下面淡绿或苍白，中脉在下面凸起，侧脉 5~8 对，两面隆起，至边缘处弯拱网结，第三级小脉蜿蜒平行，网脉连结，两面稍隆起；叶柄长 8~15mm，幼叶叶柄基部两侧具托叶各 1 枚，托叶长约 1mm。花杂性，同株。雄花的聚伞花序腋生和顶生，有花 4~10 朵，总梗极短；花梗粗壮，微四棱形，长 3~5mm，基部具小苞片 2；花萼裂片 4 枚，几等大，近圆形，长约 3mm；花瓣卵形，长约 5mm，顶端钝，边缘膜质，近透明；雄蕊多数（约 300~400 枚），合生成 4 裂的环，花丝极短，花药长椭圆形，2 室，纵裂，退化雌蕊微四棱形，柱头盾状而凸起。雌花通常单生叶腋，比雄花稍大，退化雄蕊的花丝合生成 4 束，束柄扁，片状，短于子房，每束具退化花药 6~8 个，柱头盾形，全缘，中间隆起，光滑，子房圆球形，高约 2.5mm，无棱，基生胚珠 1 枚。果成熟时椭圆形或卵珠状椭圆形，长 3.2~3.5cm，直径 2.2~2.5cm，基部萼片宿存，顶端宿存柱头半球形，果柄长 5~8mm；种子 1 粒。花期 6—7月，果期 11—12 月。

红榄李

Lumnitzera littorea (Jack) Voigt

分类地位： 使君子科（Combretaceae）

保护等级： 一级
濒危等级： VU A3；B1ab(i,iii)

生　　境： 生于海岸边。
国内分布： 海南（陵水）。
致濒因素： 威胁因素主要为人类活动的加剧，在沿海污染及海洋水文变化的持续压力下，面临极大的生存压力。

形态特征

乔木或为小乔木，高达 25m，径达 50cm，有细长的膝状伸出水面的呼吸根；树皮黑褐色，纵裂；幼枝淡红色或绿色，无毛，枝广展，具纵裂，有叶痕。叶互生，常聚生枝顶，叶片肉质而厚，倒卵形、倒披针形或窄倒卵状椭圆形，长（2~）6.5~8cm，宽 1.5~2.8cm，先端钝圆或微凹，基部渐狭成一不明显的柄，叶脉不明显，侧脉 4~5 对，上举；无柄或近无柄。总状花序顶生，长 3~4.5cm，花多数；小苞片 2 枚，三角形，长 1.5~2mm，具腺毛；萼片 5 枚，扁圆形，长约 1.5mm，先端钝圆，复瓦状排列，边缘具腺毛；花瓣 5 片，红色，长圆状椭圆形，长 5~6mm，先端渐尖或钝头；雄蕊 5~10 枚，通常 7 枚，长约 10mm，花药椭圆形，褐色，药隔凸尖；子房纺锤形，长约 7mm，基部渐狭成一短柄，柄长 2mm；胚珠 5 枚，各珠柄彼此稍合生但不等长；花柱长约 10mm，无毛，顶端稍粗厚，柱头略平。果纺锤形，长 1.6~2cm，径 4~5mm，黑褐色，顶端具宿存的萼肢，具纵纹。花期 5 月，果期 6—8 月。

千果榄仁

Terminalia myriocarpa Van Huerck et Muell.-Arg.

分类地位： 使君子科（Combretaceae）
别　　名： 千里榄仁

保护等级： 二级
濒危等级： VU A3c；B1ab(i,iii)

生　　境： 生于海拔 1000~1280m 的山谷沟边。
国内分布： 广东南部、广西西南部、云南、西藏东南部。
致濒因素： 分布区接近 2 万平方千米，由于常年乱砍滥伐及毁林开荒，树种资源破坏极大。仅散生于林内，天然繁殖能力较弱，林下几乎不见幼树生长。

常绿乔木，高达 25~35m；小枝圆柱状，被褐色短绒毛或变无毛。叶对生，厚纸质；叶片长椭圆形，长 10~18cm，宽 5~8cm，全缘或微波状，偶有粗齿，顶端有一短而偏斜的尖头，基部钝圆，除中脉两侧被黄褐色毛外，其余无毛或近无毛，侧脉 15~25 对，两面明显，平行；叶柄较粗，长 5~15mm，顶端有一对具柄的腺体。大型圆锥花序，顶生或腋生，长 18~26cm，总轴密被黄色绒毛。花极小，极多数，两性，红色，长（连小花梗）4mm；小苞片三角形，宿存；萼筒杯状，长 2mm，5 齿裂；雄蕊 10 枚，突出；具花盘。瘦果细小，极多数，有 3 翅，其中 2 翅等大，1 翅特小，长约 3mm，宽（连翅）12mm，翅膜质，干时苍黄色，被疏毛，大翅对生，长方形，小翅位于两大翅之间。花期 8—9 月，果期 10 月至翌年 1 月。

虎颜花

Tigridiopalma magnifica C. Chen

分类地位： 野牡丹科（Melastomataceae）
别　　名： 熊掌、大莲蓬

保护等级： 二级
濒危等级： EN B1ab(i,iii)；C1

生　　境： 生于海拔约 480m 的山谷密林下阴湿处、溪旁、河边或岩石上积土处。
国内分布： 广东西南部。
致濒因素： 分布区小于 5000 平方千米，且分布点小于等于 5 个，栖息地质量持续下降。

形态特征　草本，茎极短，被红色粗硬毛，具粗短的根状茎，长约 6cm，略木质化。叶基生，叶片膜质，心形，顶端近圆形，基部心形，长宽 20~30cm 或更大，边缘具不整齐的啮蚀状细齿，具缘毛，基出脉 9 条，叶面无毛，基出脉平整，侧脉及细脉微隆起，背面密被糠秕，脉均隆起，明显，被红色长柔毛及微柔毛；叶柄圆柱形，肉质，长 10~17cm 或更长，被红色粗硬毛，具槽。蝎尾状聚伞花序腋生，具长总梗（即花葶），长 24~30cm，无毛，钝四棱形；苞片极小，早落；花梗具棱，棱上具狭翅，多少被糠秕，长 8~10mm，有时具节；花萼漏斗状杯形，无毛，具 5 棱，棱上具皱波状狭翅，顶端平截，萼片极短，三角状半圆形，顶端点尖，着生于翅顶端；花瓣暗红色，广倒卵形，1 侧偏斜，几成菱形，顶端平，斜，具小尖头，长约 10mm，宽约 6mm；雄蕊长者长约 18mm，花药长约 11mm，药隔下延成长约 1mm 的短柄，柄基部前方具 2 小瘤，后方微具三角形短距，短者长 12~14mm，花药长 7~8mm，基部具 2 小疣，药隔下延成短距；子房卵形，顶端具膜质冠，5 裂，裂片边缘具缘毛。蒴果漏斗状杯形，顶端平截，孔裂，膜质冠木栓化，5 裂，边缘具不规则的细齿，伸出宿存萼外；宿存萼杯形，具 5 棱，棱上具狭翅，长约 1cm，膜质冠伸出约 2mm，果梗 5 棱形，具狭翅，长约 2cm，均无毛。花期约 11 月，果期 3—5 月。

云南金钱槭

Dipteronia dyeriana Henry

分类地位： 无患子科（Sapindaceae）

别　　名： 飞天子、辣子树、云南金钱枫

保护等级： 二级

濒危等级： EN A2c；B1ab(i,iii)

生　　境： 生长于 2000~2500m 的山地疏林中。

国内分布： 云南。

致濒因素： 推测过去居群数量下降大于 50%，分布区小于 5000 平方千米，且分布点小于等于 5 个，栖息地质量持续下降。

形态特征　落叶乔木。奇数羽状复叶，长 30~40cm；小叶 9~15，卵状披针形，长 9~13cm，两面中脉被柔毛，边缘有粗锯齿，先端渐尖或尾状长渐尖。圆锥花序顶生，长 15~25cm，密被黄白色短柔毛。花 5 数，花瓣白色。每个果梗上生两个扁形的果实，圆形的翅环绕于其周围，直径 4.5~6cm，果梗长约 2cm。花期 4—5 月，果期 9—10 月。

庙台槭

Acer miaotaiense P. C. Tsoong

分类地位： 无患子科（Sapindaceae）
别　　名： 留坝槭、羊角槭

保护等级： 二级
濒危等级： VU A2c；D2

生　　境： 生于海拔 1300~1600m 的阔叶林中。
国内分布： 陕西南部、甘肃东南部、河南、湖北、浙江。
致濒因素： 个体数量极少，生境受破坏严重。

形态特征

高大的落叶乔木。树皮深灰色、稍粗糙。小枝近于圆柱形，当年生枝紫褐色，无毛，多年生枝灰色，皮孔淡黄色、近于椭圆形。叶纸质，外貌近于阔卵形，长 7~9cm，宽 6~8cm，基部心脏形或近于心脏形，稀截形，常 3~5 裂，裂片卵形，先端短急锐尖，边缘微呈浅波状，裂片间的凹块钝形，上面深绿色，无毛，下面淡绿色有短柔毛，沿叶脉较密；初生脉 3~5 条和次生脉 5~7 对，均在下面较在上面为显著；叶柄比较细瘦，长 6~7cm，基部膨大，无毛。果序伞房状，无毛；果梗细瘦，长约 3cm。小坚果扁平，长与宽均约 8mm，被很密的黄色绒毛；翅长圆形，宽 8~9mm，连同小坚果长约 2.5cm，张开几成水平。花期 5 月，果期 9—10 月。

掌叶木

Handeliodendron bodinieri (H. Lévl.) Rehd

分类地位： 无患子科（Sapindaceae）

别　　名： 平舟木

保护等级： 二级

濒危等级： EN D

生　　境： 生于海拔 500~900m 的石灰岩山地。

国内分布： 贵州南部、广西西北部。

致濒因素： 分布区小于 5000 平方千米，且分布点小于等于 5 个，栖息地质量持续下降。

形态特征　落叶乔木或灌木，高 1~8m，树皮灰色；小枝圆柱形，褐色，无毛，散生圆形皮孔。叶柄长 4~11cm；小叶 4 或 5，薄纸质，椭圆形至倒卵形，长 3~12cm，宽 1.5~6.5cm，顶端常尾状骤尖，基部阔楔形，两面无毛，背面散生黑色腺点；侧脉 10~12 对，拱形，在背面略突起；小叶柄长 1~15mm。花序长约 10cm，疏散，多花；花梗长 2~5mm，无毛，散生圆形小鳞秕；萼片长椭圆形或略带卵形，长 2~3mm，略钝头，两面被微毛，边缘有缘毛；花瓣长约 9mm，宽约 2mm，外面被伏贴柔毛；花丝长 5~9mm，除顶部外被疏柔毛。蒴果全长 2.2~3.2cm，其中柄状部分长 1~1.5cm；种子长 8~10mm。花期 5 月，果期 7 月。

海南假韶子

Paranephelium hainanense H. S. Lo

分类地位: 无患子科(Sapindaceae)

保护等级: 二级

濒危等级: CR B1ab(i,iii)

生　　境: 生于花岗岩或石灰岩风化形成的砖红壤性土壤,混生于阔叶乔木林中。

国内分布: 海南。

致濒因素: 分布区小于 5000 平方千米,且分布点小于等于 5 个,栖息地质量持续下降,栖息地的丧失非常严重。

形态特征

常绿乔木,高 3~9m。枝条红褐色,有浓密的椭圆形透体,只有年轻时被短柔毛;轴条纹,纤细。小叶 3~7 片;叶柄膨胀,约 8mm;叶片稍有光泽,长圆形或长圆形椭圆形,有时稍不对称,长 8~20cm,宽 3~7cm,皮革,无毛,侧静脉 12~15 对,细长,有时正面凹,基部楔形,边缘稀疏锯齿,先尖或尖。花序终生或近腋生,多花,铁锈短柔毛。花很小,花梗短,有花梗。萼片呈三角形,约 1mm,两个表面都有毛。花瓣 5 片,卵形,约 1mm,鳞片,裂片,绒毛状。雄蕊通常 8 枚;花丝约 2.5mm,无毛。种子椭圆形,约 2cm。花期 4 月 ~5 月。

龙眼

Dimocarpus longan Lour.

分类地位：无患子科（Sapindaceae）

别　　名：羊眼果树、桂圆、圆眼

保护等级：二级

濒危等级：VU A2c

生　　境：海拔 100~500m 的疏林中。

国内分布：云南、广东、海南、广西有野生或半野生林木。

致濒因素：野生数量稀少。

形态特征　常绿乔木，高通常 10 余米；小枝粗壮，被微柔毛，散生苍白色皮孔。叶连柄长 15~30cm 或更长；小叶通常 4~5 对，薄革质，长圆状椭圆形至长圆状披针形，两侧常不对称，长 6~15cm，宽 2.5~5cm，顶端短尖，基部极不对称，上侧阔楔形至截平，下侧窄楔尖，腹面深绿色，背面粉绿色，两面无毛；侧脉 12~15 对，仅在背面凸起；小叶柄长通常不超过 5mm。花序多分枝，顶生和近枝顶腋生，密被星状毛；花梗短；萼片近革质，三角状卵形，长约 2.5mm，两面均被褐黄色绒毛和星状毛；花瓣乳白色，披针形，与萼片近等长，仅外面被微柔毛；花丝被短硬毛。果近球形，直径 1.2~2.5cm，通常黄褐色，外面稍粗糙；种子茶褐色，全部被肉质的假种皮包裹。花期春夏间，果期夏季。

荔枝

Litchi chinensis Sonn.

分类地位： 无患子科（Sapindaceae）

别　　名： 离枝

保护等级： 二级

濒危等级： EN A2c

生　　境： 生于热带、亚热带地区，喜温暖、强阳光、肥沃深厚的壤土。

国内分布： 广东、海南、福建、广西、台湾、云南、四川、贵州。

形态特征

常绿乔木，高通常不超过10m，有时可达15m或更高，树皮灰黑色；小枝圆柱状，褐红色，密生白色皮孔。叶连柄长10~25cm或过之；小叶2或3对，较少4对，薄革质或革质，披针形或卵状披针形，有时长椭圆状披针形，长6~15cm，宽2~4cm，顶端骤尖或尾状短渐尖，全缘，腹面深绿色，有光泽，背面粉绿色，两面无毛；侧脉常纤细，在腹面不很明显，在背面明显或稍凸起；小叶柄长7~8mm。花序顶生，阔大，多分枝；花梗纤细，长2~4mm，有时粗而短；萼被金黄色短绒毛；雄蕊6~7枚，有时8枚，花丝长约4mm；子房密覆小瘤体和硬毛。果卵圆形至近球形，长2~3.5cm，成熟时通常暗红色至鲜红色；种子全部被肉质假种皮包裹。花期春季，果期夏季。

黄檗

Phellodendron amurense Rupr.

分类地位：芸香科（Rutaceae）

别　　名：黄柏、关黄柏、元柏、黄伯栗、黄波椤树、黄
檗木、檗木、黄菠梨、黄菠栎、黄菠萝

保护等级：二级

濒危等级：VU A2c；B1ab(i,iii)

生　　境：生于海拔 500~1000m 的山地杂木林中或山区
河谷沿岸。

国内分布：安徽、河北、黑龙江、河南、吉林、辽宁、内
蒙古、山东、山西、台湾。

致濒因素：栖息地质量持续下降，长期利用，过度采伐。

树高 10~20m，大树高达 30m，胸径 1m。枝扩展，成年树的树皮有厚木栓层，浅灰或灰褐色，深沟状或不规则网状开裂，内皮薄，鲜黄色，味苦，粘质，小枝暗紫红色，无毛。

叶轴及叶柄均纤细，有小叶 5~13 片，小叶薄纸质或纸质，卵状披针形或卵形，长 6~12cm，宽 2.5~4.5cm，顶部长渐尖，基部阔楔形，一侧斜尖，或为圆形，叶缘有细钝齿和缘毛，叶面无毛或中脉有疏短毛，叶背仅基部中脉两侧密被长柔毛，秋季落叶前叶色由绿转黄而明亮，毛被大多脱落。花序顶生；萼片细小，阔卵形，长约 1mm；花瓣紫绿色，长 3~4mm；雄花的雄蕊比花瓣长，退化雌蕊短小。果圆球形，径约 1cm，蓝黑色，通常有 5~8（~10）浅纵沟，干后较明显；种子通常 5粒。花期 5~6 月，果期 9—10 月。

红椿

Toona ciliata M. Roem.

分类地位： 棟科（Meliaceae）

别　　名： 双翅香椿、红棟子、赤昨工、毛红棟子、毛红椿、疏花红椿、滇红椿

保护等级： 二级

濒危等级： VU B1ab(i,iii)

生　　境： 生于海拔 400~2800m 的沟谷林中或山坡疏林中。

国内分布： 广东、海南、四川、云南、福建、湖南、广西。

致濒因素： 毁林开荒导致森林次生化，生境破碎，适宜红椿生长的环境逐渐缩减。分布区小于 2 万平方千米，且分布点小于等于 10 个，栖息地质量持续下降。

形态特征

大乔木，高可达 20 余米；小枝初时被柔毛，渐变无毛，有稀疏的苍白色皮孔。叶为偶数或奇数羽状复叶，长 25~40cm，通常有小叶 7~8 对；叶柄长约为叶长的 1/4，圆柱形；小叶对生或近对生，纸质，长圆状卵形或披针形，长 8~15cm，宽 2.5~6cm，先端尾状渐尖，基部一侧圆形，另一侧楔形，不等边，边全缘，两面均无毛或仅于背面脉腋内有毛，侧脉每边 12~18 条，背面凸起；小叶柄长 5~13mm。圆锥花序顶生，约与叶等长或稍短，被短硬毛或近无毛；花长约 5mm，具短花梗，长 1~2mm；花萼短，5 裂，裂片钝，被微柔毛及睫毛；花瓣 5 片，白色，长圆形，长 4~5mm，先端钝或具短尖，无毛或被微柔毛，边缘具睫毛；雄蕊 5 枚，约与花瓣等长，花丝被疏柔毛，花药椭圆形；花盘与子房等长，被粗毛；子房密被长硬毛，每室有胚珠 8~10 颗，花柱无毛，柱头盘状，有 5 条细纹。蒴果长椭圆形，木质，干后紫褐色，有苍白色皮孔，长 2~3.5cm；种子两端具翅，翅扁平，膜质。花期 4—6 月，果期 10—12 月。

望谟崖摩

Aglaia lawii (Wight) C. J. Saldanha

分类地位： 楝科（Meliaceae）

别　　名： 四瓣楞、四瓣米仔兰、红罗、沙罗子、曾
氏米仔兰、石山崖摩、铁楞、云南崖摩、
四瓣崖摩

保护等级： 二级

濒危等级： VU A2c；B1ab(ii,iii)

生　　境： 生于山地沟谷密林或疏林中。

国内分布： 广东、广西、贵州、海南、台湾、西藏东
南部、云南。

致濒因素： 过度利用，生境破坏或丧失。

形态
特征

乔木，高达 20 余米；小枝圆柱形，幼时被鳞片，
后脱落。叶为奇数或偶数羽状复叶，叶轴和叶柄
被鳞片；小叶 6~9 片，互生，革质，长椭圆形，
长 8~15（~18）cm，宽 3.5~6.5cm，叶面通常
无毛，或中脉附近疏被鳞片，有光泽，背面被疏散的鳞片，侧
脉 8~14 对；小叶柄长 5~10mm，有鳞片。圆锥花序远短于
叶，疏散，被鳞片；雄花梗纤细，两性花梗粗壮，与花芽等长
或过之，中部具节，被鳞片；花萼短，浅杯状，被鳞片；花瓣
4 或 3 片，长圆形或近圆形，凹陷，先端圆形；雄蕊管近球
形，无毛，具钝齿，花药 5~6 个，内藏；花盘缺；子房圆锥
状，极短，被鳞片，2~3 室，每室有胚珠 2 枚，无花柱，柱头
无毛。蒴果球形，被鳞片，具宿存花萼。花期夏秋，果期冬季
至翌年初夏。

滇桐

Craigia yunnanensis W. W. Sm. et W. E. Evans

分类地位：锦葵科（Malvaceae）

保护等级：二级

濒危等级：EN C2a；D

生　　境：生于 500~1600m 的山地林中。

国内分布：广西西南部、贵州南部、云南。

致濒因素：仅 6 个野生居群，成熟植株仅 100 多株。目前威胁因素主要有两个：一是大量种植草果，侵占了滇桐的栖息地；二是林区树木被砍伐，使滇桐生存条件失衡。

常绿乔木。叶纸质，椭圆形，长 8~20cm，基部圆，边缘有蜿蜒的小锯齿，两面无毛；基部三出脉。聚伞状圆锥花序腋生，长 4~6cm；花梗长 5mm；花两性，无花瓣，萼片 5，近肉质，分离，卵状披针形，长约 7mm；退化雄蕊 10，长圆状披针形，长 4 毫米，每对包藏 4 个集生成群的雄蕊；子房卵圆形，有 5 棱。蒴果红色，具 5 个薄纸质的翅，长 3~3.2cm，顶端圆形，基部凹入；翅扁平，有二叉分枝的横脉，宽 1~1.5cm。种子每室 4~6 粒，排成 2 列，长椭圆形或纺锤形，长约 1cm，干时黑色且光亮。花期 7 月，果期 9—10 月。

粗齿梭罗

Reevesia rotundifolia Chun

分类地位： 锦葵科（Malvaceae）

别　　名： 岭南梭罗树、粗齿梭罗

保护等级： 二级

濒危等级： CR

生　　境： 生于海拔 1000m 的山地。

国内分布： 广西南部十万大山。

致濒因素： 成熟个体少，狭域分布；生境受破坏严重。

形态特征　乔木，高 16m；树皮灰白色；幼枝密被淡黄褐色星状短柔毛。叶薄革质，圆形或倒卵状圆形，直径 6~11.5cm，或宽略过于长，顶端圆形或截形而有凸尖，基部截形或圆形，在顶端的两侧有粗齿 2~3 个，上面沿主脉和侧脉被淡黄褐色短柔毛，下面密被淡黄褐色短柔毛，侧脉 5~6 对；叶柄长 4~4.5cm，被毛。蒴果倒卵状矩圆形，有 5 棱，长 3~4cm，顶端圆形，被淡黄色短柔毛和灰白色鳞秕；种子连翅长约 2.5cm，翅膜质，褐色，顶端斜钝形。

海南椴

Diplodiscus trichospermus (Merrill) Y. Tang

分类地位：锦葵科（Malvaceae）

保护等级：二级
濒危等级：VU B2ab(ii)

生　　境：生于中海拔的山地疏林中。
国内分布：广西、海南。
致濒因素：栖息地减少，居群持续衰退。

**形态
特征**

灌木或小乔木，高达 15m，树皮灰白色；嫩枝、叶背、花序梗、花萼外面、子房和果实密被灰黄色星状短茸毛或柔毛。叶薄革质，卵圆形，长 6~12cm，宽 4~9cm，先端渐尖或锐尖，基部微心形或截形，上面常无毛，全缘或微波状，或上部有小齿，基出脉 5~7 条；叶柄长 2.5~5.5cm，被毛。圆锥花序顶生，长达 26cm；花柄长 5~7mm，被毛；花萼 2~5 裂，裂齿大小不等，长 3~4mm；花瓣黄或白色，倒披针形，长 6~7mm，钝头，无毛；花丝基部连成 5 束，无毛；退化雄蕊 5 枚，披针形，长约 2.5mm，顶端尖；花柱单生，柱头锥状。蒴果倒卵形，有 4~5 棱，长 2~2.5cm，熟时 5~4 爿室背开裂；种子椭圆形，长约 4mm，密被黄褐色长柔毛。花期秋季，果期冬季。

丹霞梧桐

Firmiana danxiaensis H. H. Hsue & H. S. Kiu

分类地位： 锦葵科（Malvaceae）

保护等级： 二级
濒危等级： CR D

生　　境： 散生于海拔约 250m 的石山陡坡上。
国内分布： 广东北部丹霞山。
致濒因素： 成熟个体数介于 50~250 株之间，居群面积小。

形态
特征

乔木，高 3~8m；树皮黑褐色。幼枝青绿色，无毛。叶近圆形，薄革质，长 8~10cm，先端圆并有短尾状，基部心形，全缘，稀顶端 3 浅裂，两面无毛，基生脉 7 条；叶柄长 4.5~8.5cm，无毛。圆锥花序顶生，长达 20cm，具多花，密被黄色星状柔毛。花紫色；花萼 5 深裂，萼片近分离，线形，长 1cm，宽 1~1.2mm，密被淡黄色柔毛，内面基部有白色长柔毛，雄蕊的柄长约 1cm，有花药 15 个；雌花子房近球形，5 室，有 5 条纵沟，密被毛。蓇葖果成熟前开裂，卵状披针形，长 8~10cm，宽 2.5~3cm，几无毛，有 2~3 粒种子。种子球形，淡黄褐色，径约 6mm。

广西火桐

Firmiana kwangsiensis H. H. Hsue

分类地位：锦葵科（Malvaceae）

别　　名：广西梧桐

保护等级：二级

濒危等级：CR B1ab(i,iii,v)

生　　境：生于海拔 700~1000m 的疏林。

国内分布：广西。

致濒因素：只有 1 个分布点，成熟个体数极少，分布区狭窄；生境受破坏严重，栖息地质量持续下降。

形态特征　落叶乔木，高达 10m；树皮灰白色，不裂；小枝几无毛；嫩芽密被淡黄褐色星状短柔毛。叶广卵形或近圆形，长 10~17cm，宽 9~17cm，全缘或在顶端 3 浅裂，裂片楔状短渐尖，长 2~3cm，基部截形或浅心形，两面均被很稀疏的短柔毛，并在 5~7 条基生脉的脉腋间密被淡黄褐色星状短柔毛；小脉在两面均凸出；叶柄长达 20cm，略被星状短柔毛。聚伞状总状花序长 5~7cm，花梗长 4~8mm，均密被星状绒毛；萼圆筒形，长 32mm，宽 11mm，顶端 5 浅裂，外面密被星状绒毛，内面鲜红色，被星状小柔毛，萼的裂片三角状卵形，长约 4mm。雄花雌雄蕊柄长 28mm，雄蕊集生在雌雄蕊柄的顶端成头状。花期 6 月。

海南梧桐

Firmiana hainanensis Kosterm.

分类地位： 锦葵科（Malvaceae）

保护等级： 二级

濒危等级： NT

生　　境： 生于沙质赤红壤或砖红壤、沙质土中，喜湿润环境。

国内分布： 海南（昌江、琼中、嘉积、陵水）。

致濒因素： 种群分布面积小，栖息地减少。

形态特征

乔木，高达 16m；树皮灰白色。叶卵形，全缘，长 7~14cm，宽 5~12cm，顶端钝或急尖，基部截形，上面无毛，下面密被灰白色星状短柔毛，基生脉 5 条，中间的叶脉每边有侧脉 4~5 条；叶柄长 4~16cm，被稀疏的淡黄色星状短柔毛。圆锥花序顶生或腋生，长达 20cm，密被淡黄褐色星状短柔毛；花黄白色，萼片 5 枚，近于分离，条状披针形，长 9mm，宽 1.5mm，外面密被淡黄褐色星状短柔毛，内面只在基部有绵毛。雄花雌雄蕊柄与萼等长，顶端 5 浅裂，花药在雌雄蕊柄顶端成头状。雌花子房密被星状毛。蓇葖果卵形，长 7cm，宽 3cm，顶端急尖或微凹，略被单毛及星状短柔毛，每蓇葖有种子 3~5 粒。种子圆球形，直径约 6mm。花期 4 月。

云南梧桐

Firmiana major (W. W. Sm.) Hand.-Mazz.

分类地位：锦葵科（Malvaceae）

保护等级：二级
濒危等级：EN A2c

生　　境：生于海拔 1600~3000m 的山坡，村边、路边常见。
国内分布：四川西南部、云南。
致濒因素：云南种群小且破碎，每个种群仅有几株。

形态特征

落叶乔木，高达 15m；树皮青带灰黑色；小枝被短柔毛。叶掌状 3 裂，长 17~30cm，宽 19~40cm，宽度常比长度大，顶端急尖或渐尖，基部心形，上面几无毛，下面密被黄褐色短茸毛，后来逐渐脱落，基生脉 5~7 条，叶柄粗壮，长 15~45cm，常无毛。圆锥花序顶生或腋生，花紫红色；萼 5 深裂，几至基部，萼片条形或矩圆状条形，长约 12mm，被

毛；雄花的雌雄蕊柄长管状，花药集生在雌雄蕊柄顶端成头状；雌花的子房具长柄，子房 5 室，外被茸毛，胚珠多数，有不发育的雄蕊。蓇葖果膜质，长约 7cm，宽 4.5cm，几无毛；种子圆球形，直径约 8mm，黄褐色，表面有皱纹，着生在心皮边缘的近基部。花期 6—7 月，果期 10 月。

蝴蝶树

Heritiera parvifolia Merr.

分类地位：锦葵科（Malvaceae）
别　　名：小叶达理木

保护等级：二级
濒危等级：VU A2cd；C1

生　　境：生于母质为花岗岩、土层深厚的山地红壤，喜湿润环境。
国内分布：海南（保亭、崖县、乐东）。
致濒因素：生境受破坏严重，过去居群数量下降大于30%；分布区域狭窄，种群成熟个体数小于1000株。

形态特征　常绿乔木；高达30m，树皮灰褐色，小枝密被鳞秕。叶椭圆状披针形，长6~8cm，宽1.5~3cm，顶端渐尖，基部短尖或近圆形，上面无毛，下面密被银白色或褐色鳞秕，侧脉约6对；叶柄长1~1.5cm。圆锥花序腋生，密被锈色星状短柔毛；花小，白色，萼长约4mm，5~6裂，两面均有星状短柔毛，裂片矩圆状卵形，长1.5~2mm；雄花的雌雄蕊柄长约1mm，花盘厚，直径约0.8mm，围绕在雌雄蕊柄的基部，花药8~10个，排成1环，有不发育的雌蕊；雌花的子房长约2mm，被毛，不育花药位于子房基部。果有长翅，长4~6cm，含种子的部分仅长1~2cm，翅鱼尾状，顶端钝，宽约2cm，密被鳞秕，果皮革质；种子椭圆形。花期5—6月。

柄翅果

Burretiodendron esquirolii (H. Lév.) Rehd.

分类地位：锦葵科（Malvaceae）

别　　名：心叶蚬木、长柄翅果

保护等级：二级

濒危等级：VU A3cb；D

生　　境：生于 200~1300m 的石灰岩或砂岩山地常绿林中。

国内分布：广西西北部、贵州西南部、云南东南部。

致濒因素：分布区域狭窄，个体数量少，自然更新困难。

 形态特征

落叶乔木，高 20m；嫩枝被灰褐色星状柔毛。叶纸质，稍偏斜，椭圆形、阔椭圆形或阔倒卵圆形，先端急短尖，基部不等侧心形，上面被星状柔毛，暗晦，下面密被灰褐色星状柔毛，基出脉 5 条，四条侧脉均有第二次支脉 4~5 条，边缘有小齿突。聚伞花序约与叶柄等长，有花 3 朵，苞片 2 片，卵形，被毛，早落。雄花具柄；萼片长圆形，外面被星状柔毛，内面基部有胀起腺点，长约为萼片的 1/3；花瓣阔倒卵形，基部有柄，先端近截头状；雄蕊约 30 枚，基部稍连生，花药长 2mm。果序有具翅蒴果 1~2 个，果序柄长约 1cm；果柄比果序柄略短，无节，均被星状毛；蒴果椭圆形，有 5 条薄翅，基部圆形，有长 3~4mm 的子房柄；种子长倒卵形。

蚬木

Excentrodendron tonkinense (A. Chev.) H. T. Chang et R. H. Miau

分类地位： 锦葵科（Malvaceae）
别　　名： 节花蚬木、菱叶蚬木

保护等级： 二级
濒危等级： EN A3b

生　　境： 常见于石灰岩的常绿林中。
国内分布： 广西、云南东南部。
致濒因素： 预计未来居群数量下降大于 30%，分布区域狭窄。

形态特征

常绿乔木；嫩枝、顶芽均无毛。叶革质，卵形，长 14~18cm，宽 8~10cm，先端渐尖，基部圆形，上面绿色，下面同色，脉腋有囊状腺体及毛丛，无毛，基出脉 3 条，两侧脉上行达叶片长度的 1/2，中脉有侧脉 3~4 对，全缘；叶柄长 3~6cm，无毛。圆锥花序或总状花序长 4~5cm，有花 3~6 朵；花柄有节，被星状柔毛；苞片早落；萼片长圆形，长约 1cm，外面有星状柔毛，内面无毛；花瓣倒卵形，长 5~6mm，无柄；雄蕊 18~35 枚，长 5~6mm，花丝基部略相连，分为 5 组，花药长 3mm；子房 5 室，具中轴胎座，花柱 5 条，离生。蒴果纺锤形，长 3.5~4cm。

337

景东翅子树

Pterospermum kingtungense C. Y. Wu ex Hsue

分类地位： 锦葵科（Malvaceae）

保护等级： 二级
濒危等级： CR D

生　　境： 生于海拔 1430m 的草坡。
国内分布： 滇中地区石灰岩山地常绿阔叶林中的特有种，分布于云南
景东。
致濒因素： 生境受破坏严重，居群面积小于 100 平方千米，成熟个体
数量少于 250 株。

形态特征

乔木，高达 12m，树皮褐色，嫩枝被深褐色短柔毛。
叶革质，倒梯形或矩圆状倒梯形，长 8~13.5cm，宽
4.5~6cm，顶端常有 3~5 个不规则的浅裂，基部圆形、
截形或浅心形，上面无毛，下面密被淡黄白色星状绒
毛；叶柄长约 1cm，密被淡褐色绒毛；托叶卵形，全缘，鳞片状，
长 4mm。花单生于叶腋，几无柄，直径 7cm；小苞片卵形，全缘，
被毛；萼分裂几至基部，萼片 5 枚，条状狭披针形，长 4.5cm，宽
1.1cm，外面密被深褐色绒毛，内面密被黄褐色绒毛；花瓣 5 片，白
色，斜倒卵形，长 4.8cm，宽 2.8cm，顶端近圆形，基部渐狭，下面
被星状微柔毛，尤于基部为甚；退化雄蕊条状棒形，长 3.5cm；无
毛，但上部密生瘤状突起，雌雄蕊柄长 6mm；雄蕊的花丝无毛，花
药 2 室，药隔顶端突出如尾状；子房卵圆形，密被淡黄褐色绒毛，
花柱有毛，柱头分离但扭合在一起。

勐仑翅子树

Pterospermum menglunense Hsue

分类地位： 锦葵科（Malvaceae）

保护等级： 二级

濒危等级： CR

生　　境： 生于石灰岩山地疏林中。

国内分布： 云南（西双版纳）。

致濒因素： 仅 1 个分布点但数量不少。栖息地受破坏严重。

形态特征 乔木，高 12m，嫩枝被灰白色短绵毛。叶厚纸质，披针形或椭圆状披针形，长 4.5~12.5cm，宽 1.5~4.8cm，顶端长渐尖或尾状渐尖，基部斜圆形，上面无毛或略被稀疏的短柔毛，下面密被淡黄褐色星状茸毛；叶柄长 3~5mm。花单生于小枝上部的叶腋，白色；小苞片长锥尖状，全缘，长 6mm；花梗长约 5mm；萼片 5 枚，条形，长 3.5~3.8cm，宽 2.5mm，外面密被黄褐色星状茸毛，内面无毛；花瓣 5 片，倒卵形，白色，长 3cm，宽 8mm，顶端钝并具小的短尖突，基部渐狭成瓣柄、两面均无毛；雌雄蕊柄长 8mm，无毛；退化雄蕊 5 枚，长 1cm，无毛，雄蕊每 3 枚集合成群并与退化雄蕊互生，比退化雄蕊略短；子房卵形，密被淡黄褐色茸毛，长约 4mm。蒴果长椭圆形，长约 8cm，顶端急尖，基部变窄并与果柄连接，果柄长 1~2cm；种子连翅长约 3.5cm。花期 4 月。

土沉香

Aquilaria sinensis (Lour.) Spreng.

分类地位：瑞香科（Thymelaeaceae）

别　　名：沉香、芫香、崖香、青桂香、栈香、女儿香、牙香树、白木香、香材

保护等级：二级

濒危等级：VU A2ac

生　　境：生于低海拔的山坡疏林中。

国内分布：福建、广东、香港、海南、广西。

致濒因素：人为破坏严重，生境丧失，野生居群数量下降明显。

形态特征　乔木，高 5~15m，树皮暗灰色，几平滑，纤维坚韧；小枝圆柱形，无毛或近无毛。叶革质，圆形、椭圆形至长圆形，先端锐尖或急尖而具短尖头，基部宽楔形，两面均无毛，侧脉每边 15~20 条；叶柄被毛。花芳香，黄绿色，多朵，组成伞形花序；花梗密被黄灰色短柔毛；萼筒浅钟状，两面均密被短柔毛，5 裂，裂片卵形，先端圆钝或急尖，两面被短柔毛；花瓣 10 片，鳞片状，着生于花萼筒喉部，密被毛；雄蕊 10 枚，排成 1 轮，花药长圆形；子房卵形，密被灰白色毛，2 花柱极短或无，柱头头状。蒴果果梗短，卵球形，顶端具短尖头，基部渐狭，密被黄色短柔毛，2 瓣裂，2 室，每室具有 1 粒种子，种子褐色，卵球形，疏被柔毛，基部具有附属体。花期春夏，果期夏秋。

半日花

Helianthemum songaricum Schrenk

分类地位： 半日花科（Cistaceae）

保护等级： 二级

濒危等级： EN A2c；B1ab(i,iii)；C1

生　　境： 生于草原化荒漠区的石质或砾质山坡。

国内分布： 内蒙古、甘肃、新疆、宁夏，为古老的残遗种，旱生植物。

致濒因素： 生境受破坏严重，分布区域狭窄，种群成熟个体数小于 2500 株。

形态特征

矮小灌木，多分枝，稍呈垫状，高 5~12cm，老枝褐色，小枝对生或近对生，幼时被紧贴的白色短柔毛，后渐光滑，先端成刺状，单叶对生，革质，具短柄或几无柄，披针形或狭卵形，长 5~7（10）mm，宽 1~3mm，全缘，边缘常反卷，两面均被白色短柔毛，中脉稍下陷；托叶钻形，线状披针形，先端锐，长约 0.8mm，较叶柄长。花单生枝顶，径 1~1.2cm；花梗长 0.6~1cm，被白色长柔毛，萼片 5，背面密生白色短柔毛，不等大，外面的 2 片线形，长约 2mm，内面的 3 片卵形，长 5~7mm，背部有 3 条纵肋；花瓣黄色、淡橘黄色，倒卵形，楔形，长约 8mm；雄蕊长约为花瓣的 1/2，花药黄色；子房密生柔毛，长约 1.5mm，花柱长约 5mm。蒴果卵形，长约 5~8mm，外被短柔毛。种子卵形，长约 3mm，渐尖，褐棕色，有棱角，具纲纹，有时有皱缩。

广西青梅

Vatica guangxiensis X. L. Mo

分类地位： 龙脑香科（Dipterocarpaceae）

别　　名： 版纳青梅

保护等级： 一级

濒危等级： CR B2ab(iii)；C2a(i)

生　　境： 生于海拔 800~1000m 的沟谷林中。

国内分布： 广西西南部、云南南部。

致濒因素： 生境受破坏严重，居群面积小于 100 平方千米，成熟个体数量少于 250 株。

形态特征

乔木，高约 30m。一年生枝条密被黄褐色至棕褐色的星状绒毛，老枝无毛。叶革质，椭圆形至椭圆状披针形，长 6~17cm，宽 1.5~4cm，先端渐尖或短渐尖，基部楔形，两面被灰黄色的星状毛，后无毛或下面被疏星状毛，侧脉 15~20 对，两面均明显突起；叶柄长约 1.5cm，被黄褐色的星状毛。圆锥花序顶生或腋生，粗壮，长 3~9cm，密被黄褐色星状毛。花萼裂片 5 枚，大小略不等，镊合状排列，两面密被银灰色的星状毛，花瓣 5 片，长 1~1.3cm，宽 4~5mm，淡红色，外面密被银灰色的星状毛或短绒毛，内面无毛或边缘上具疏星状毛；雄蕊 15 枚，两轮排列，花丝短，三角状，花药长圆形，药隔附属体短而钝；子房近球形，密被灰色至灰黄色的星状毛或绒毛；花柱长约 1mm，无毛，柱头头状，3 裂。果实近球形，被短而紧贴的星状毛；增大的 2 枚花萼裂片其中两枚较长，为长圆状椭圆形，长 6~8cm，宽 1.5~2cm，先端圆形，具纵脉 5 条，其余 3 枚为线状披针形，均被疏星状毛。花期 4~5 月，果期 7~10 月。

青梅

Vatica mangachapoi Blanco

分类地位：龙脑香科（Dipterocarpaceae）
别　　名：青皮、海梅、苦香、油楠、青楣

保护等级：二级
濒危等级：VU B1b(i,iii)

生　　境：生于海拔 700m 以下的丘陵、坡地林中。
国内分布：海南。
致濒因素：生境受破坏严重；分布区域狭窄，成熟个体数量稀少。

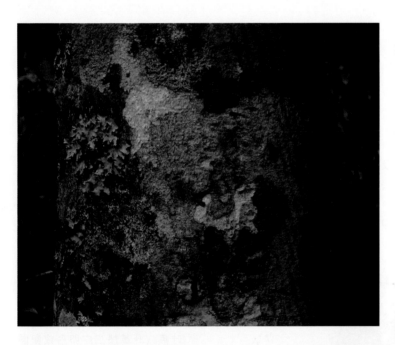

形态特征

乔木，具白色芳香树脂，高约 20m。小枝被星状绒毛。叶革质，全缘，长圆形至长圆状披针形，长 5~13cm，宽 2~5cm，先端渐尖或短尖，基部圆形或楔形，侧脉 7~12 对，两面均突起，网脉明显，无毛或被疏毛；叶柄长 7~15mm，密被灰黄色短绒毛。圆锥花序顶生或腋生，长 4~8cm，纤细，被银灰色的星状毛或鳞片状毛。花萼裂片 5 枚，镊合状排列，卵状披针形或长圆形，不等大，长约 3mm，宽约 2mm，两面密被星状毛或鳞片状毛；花瓣白色，有时为淡黄色或淡红色，芳香，长圆形或线状匙形，长约 1cm，宽约 4mm，外面密被毛，内面无毛；雄蕊 15 枚，花丝短，不等长，花药长圆形，药隔附属体短而钝；子房球形，密被短绒毛，花柱短，柱头头状，3 裂。果实球形；增大的花萼裂片其中 2 枚较长，长 3~4cm，宽 1~1.5cm，先端圆形，具纵脉 5 条。花期 5—6 月，果期 8—9 月。

东京龙脑香

Dipterocarpus retusus Blume

分类地位: 龙脑香科(Dipterocarpaceae)

保护等级: 一级

濒危等级: EN A2c;B1ab(ii,iii);D

生　　境: 生于海拔 1100m 以下的沟谷雨林及湿润石灰岩山地密林中。

国内分布: 西藏东南部、云南。

致濒因素: 生境受破坏严重,居群面积小于 100 平方千米,成熟个体数量少于 250 株。

形态特征

大乔木,高约 45m,具白色芳香树脂;树皮仅基部纵裂。枝条光滑无毛,具皮孔和环状托叶痕。叶革质,广卵形或卵圆形,长 16~28cm,宽 10~15cm,先端短尖,基部圆形或微心形,全缘或中部以上具波状圆齿,上面常无毛,下面被疏星状毛,侧脉 16~19 对,下面明显凸起;托叶披针形,长达 15cm,无毛。总状花序腋生,有 2~5 朵花;花萼裂片 2 枚较长 3 枚较短;花瓣粉红色,芳香,长椭圆形,长 5~6cm,先端钝,边缘稍反卷,外面密被鳞片状毛。坚果卵圆形,密被黄灰色短绒毛;增大的 2 枚花萼裂片为线状披针形,鲜时为红色,长 19~23cm,宽 3~4cm,革质,先端圆形,具 3~5 脉,被疏星状短绒毛。花期 5—6 月,果期 12 月至翌年 1 月。

望天树

Parashorea chinensis H. Wang

分类地位： 龙脑香科（Dipterocarpaceae）

保护等级： 一级
濒危等级： EN A2c；C1

生　　境： 生于海拔 300~1100m 的山地沟谷、丘陵坡地或石灰岩山地密林中。
国内分布： 云南、广西。
致濒因素： 分布狭窄，种子寿命较短，自然萌芽更新较难，加之大量开发和利用，使其生境受到很大程度的破坏。

形态特征

大乔木，高 40~60m，胸径 60~150cm；树皮灰色或棕褐色，树干上部的为浅纵裂，下部呈块状剥落。幼枝被鳞片状的茸毛，具圆形皮孔。叶革质，椭圆形或椭圆状披针形，长 6~20cm，宽 3~8cm，先端渐尖，基部圆形，侧脉羽状，14~19 对，在下面明显突起，网脉明显，被鳞片状毛或绒毛；叶柄长 1~3cm，密被毛；托叶纸质，早落，卵形，基部抱茎，具纵脉 5~7 条，被鳞片状毛或茸毛。圆锥花序腋生或顶生，长 5~12cm，密被灰黄色的鳞片状毛或绒毛；每个小花序分枝处具小苞片 1 对；每分枝有花 3~8 朵，每朵花的基部具 1 对宿存的苞片，苞片卵形或卵状椭圆形，长 6~13mm，宽 4~7mm，具纵脉 6~9 条。

狭叶坡垒

Hopea chinensis Hand.-Mazz.

分类地位：龙脑香科（Dipterocarpaceae）
别　　名：龙袍树、窄叶坡垒、河内坡垒、多毛坡垒

保护等级：二级
濒危等级：VU A2c+3c

生　　境：生于海拔 470~700m 的山谷、沟边、山坡林中。
国内分布：广西。
致濒因素：由于人类生产活动及乱砍滥伐，生境遭到严重破坏。居群面积小于 100 平方千米，成熟个体数量少于 250 株。

形态特征

乔木，高 15~20m，具白色芳香树脂，树皮灰黑色，平滑。枝条红褐色，具白色皮孔，被灰色星状毛或短绒毛。叶互生，全缘，革质，长圆状披针形或披针形，长 7~13cm，宽 2~4cm，侧脉 7~12 对，在下面明显突起，先端渐尖或尾状渐尖，基部圆形或楔形，两侧略不等，上面无毛，下面被疏毛或无毛；叶柄长约 1cm，黑褐色，具环状裂纹，无毛或被疏毛。圆锥花序腋生、纤细，少花，长 4~18cm，被疏毛。花萼裂片 5 枚，覆瓦状排列，无毛；花瓣 5 片，淡红色，扭曲，椭圆形，长约 3~4mm，被黄色长绒毛；雄蕊 15 枚，花药卵圆形，近相等，药隔附属体丝状，长约 2mm；子房 3 室，每室具胚珠 2 枚。果实卵形，黑褐色，具尖头；增大的 2 枚花萼裂片为长圆状披针形或长圆形，长 8~9cm，宽 1.5cm，先端圆形，具纵脉 12 条，无毛。花期 6—7 月，果期 10—12 月。

坡垒

Hopea hainanensis Merr. et Chun

分类地位： 龙脑香科（Dipterocarpaceae）

别　　名： 海南柯比木、海梅、石梓公

保护等级： 一级

濒危等级： EN A2c；D

生　　境： 生于海拔 400~800m 的山地林中。

国内分布： 海南。

致濒因素： 生境受破坏严重，居群面积小于 100 平方千米，成熟个体数量少于 250 株。

 形态特征 乔木，具白色芳香树脂，高约 20m；树皮灰白色或褐色，具白色皮孔。叶近革质，长圆形至长圆状卵形，长 8~14cm，宽 5~8cm，先端微钝或渐尖，基部圆形，侧脉 9~12 对，下面明显突起；叶柄粗壮，长约 2cm，均无毛或具粉状鳞粃。圆锥花序腋生或顶生，长 3~10cm，密被短的星状毛或灰色绒毛。花偏生于花序分枝的一侧，每朵花具早落的小苞片 1 枚；花萼裂片 5 枚，覆瓦状排列，长约 2.5mm，顶端圆形，外面 2 枚全部被毛；花瓣 5 片，旋转排列，长圆形或长圆状椭圆形，长约 6mm，宽约 3mm，先端具不规则的齿缺，基部略收缩偏斜；雄蕊 15 枚，两轮排列，外轮的花丝呈阔卵形，内轮的花丝呈线形，花药卵圆形，药隔附属体丝状，长约 1mm；子房长圆形，基部具长丝毛，花柱锥状，柱头明显，具花柱基。果实卵圆形，具尖头，被蜡质；增大的 2 枚花萼裂片为长圆形或倒披针形，长 5~7cm，宽 2.5cm，具纵脉 9~11 条，被疏星状毛。花期 6—7 月，果期 11—12 月。

铁凌

Hopea reticulata Tardieu

分类地位: 龙脑香科（Dipterocarpaceae）
别　　名: 无翼坡垒

保护等级: 二级
濒危等级: CR B1ab(i,iii)；C1

生　　境: 生于海拔 400m 左右的丘陵、坡地、山岭的森林中。
国内分布: 海南。
致濒因素: 只有 1 个分布点；生境受破坏严重；分布受限。

形态特征

乔木，具白色芳香树脂，高约 15m；树皮平滑，具白色斑块。枝条密被灰黄色的茸毛，后为疏被毛。叶革质，全缘，卵形至卵状披针形，长 5~12cm，宽 3~6cm，先端渐尖，基部偏斜或心形，有时为圆形，基出脉 5~6 条，侧脉 3~5 对，下面微突起；叶柄长 6~8mm，具灰色茸毛。圆锥花序腋生或顶生，长 6~11cm，纤细，少花，被疏毛或近于无毛；花萼裂片 5 枚，覆瓦状排列，近于圆形，无毛；花瓣 5 片，粉红色，倒卵状椭圆形，长约 5mm，外面被绒毛，边缘被纤毛；雄蕊 15 枚，两轮排列，外轮 5 枚，内轮 10 枚，花药椭圆形，药隔附属体丝状；子房 3 室，每室具胚珠 2 枚，花柱圆柱状，约与子房等长，柱头略具齿缺。果实卵圆形，壳薄，无毛；花萼裂片均不增大为翅状。花期 3—4 月，果期 5—6 月。

伯乐树

Bretschneidera sinensis Hemsl.

分类地位：叠珠树科（Akaniaceae）
别　　名：钟萼木

保护等级：二级
濒危等级：NT

生　　境：生于低海拔至中海拔的山地林中。
国内分布：浙江、江西、湖南、湖北、四川、贵州、云
　　　　　南、福建、台湾、广东、广西、海南。
致濒因素：生境丧失，过度利用，个体数量少，自然更新
　　　　　困难。

形态特征　乔木，高 10~20m；树皮灰褐色；小枝有较明显的皮孔。羽状复叶通常长 25~45cm，总轴有疏短柔毛或无毛；小叶 7~15 片，纸质或革质，狭椭圆形、菱状长圆形、长圆状披针形或卵状披针形，多少偏斜，全缘，顶端渐尖或急短渐尖，基部钝圆或短尖、楔形，叶面绿色，无毛，叶背粉绿色或灰白色，有短柔毛；叶脉在叶背明显，侧脉 8~15 对。花序长 20~36cm；总花梗、花梗、花萼外面有棕色短绒毛；花淡红色，花萼顶端具短的 5 齿，内面有疏柔毛或无毛，花瓣阔匙形或倒卵楔形；花丝长 2.5~3cm，子房有光亮、白色的柔毛，花柱有柔毛。果椭圆球形，近球形或阔卵形，果瓣厚，果柄长 2.5~3.5cm；种子椭圆球形，平滑。花期 3—9 月，果期 5 月至翌年 4 月。

蒜头果

Malania oleifera Chun et S. Lee ex S. Lee

分类地位: 铁青树科(Olacaceae)

保护等级: 二级

濒危等级: VU A2c

生　　境: 生于海拔 300~1600m 的石灰岩或砂页岩山地林中或稀树灌丛中。

国内分布: 广西、云南东部。

致濒因素: 推测过去居群数量下降大于 30%;直接采挖或砍伐严重。

形态特征

常绿乔木,高达 20m,胸径可达 40cm;树皮浅黄色或灰褐色,稍纵裂,小枝棕褐色至暗褐色,有不明显纵纹,具长圆形或圆形皮孔;芽裸露,初时有灰棕色绒毛,后渐脱落。叶互生,薄革质或厚纸质,长椭圆形、长圆形或长圆状披针形,长 7~13(~15)cm,宽 2.5~4(~6)cm,先端急尖、短渐尖至渐尖,基部圆形或楔形,有时两侧稍不对称,边缘略背卷,叶两面初时有微柔毛,后脱落;中脉在上面凹下,背面突起,侧脉每边 3~5 条,在上面稍明显,背面明显,网脉不明显;叶柄半圆筒形,长 1~2cm,基部具关节。花 10~15 朵,排成伞形花序状、复伞形花序状或短总状花序状的蝎尾状聚伞花序,花序长 2~3cm,花梗细,长 0.5~0.7cm,总花梗长 1~2.5cm;花萼筒小,上端具 4(~5)裂齿,裂齿三角状卵形,长约 1mm;花瓣 4(~5)片,宽卵形,长约 3mm,外面有微毛,内面下部有绵毛,先端尖,内曲;雄蕊 2 轮,8(~10)枚,其中 4 枚与花瓣对生,另 4 枚与花瓣互生;子房上位,长圆锥形,长约 1mm,初时有微柔毛,花柱单一,顶端微二裂。果扁球形或近梨形,直径 3~4.5cm;种子 1 枚,球形或扁球形,直径约 1.8cm。花期 4—9 月,果期 5—10 月。

瓣鳞花

Frankenia pulverulenta L.

分类地位：瓣鳞花科（Frankeniaceae）

保护等级：二级

濒危等级：EN A2bcd；B1ab(i,iii)；C1,

生　　境：生于荒漠地带河流泛滥地、湖盆低湿盐碱化土壤。

国内分布：新疆（新源）、甘肃（民勤）、内蒙古（额济纳旗）。

致濒因素：生境受破坏严重，过去居群数量下降大于 30%，分布区域狭窄，种群成熟个体数小于 1000 株。

形态特征　一年生草本，高 6~16cm，平卧，茎从基部二歧状分枝，略被紧贴的微柔毛。叶小，通常 4 叶轮生，狭倒卵形或倒卵形，长 2~7mm，宽 1~2.5mm，全缘，顶端圆钝，微缺，略具短尖头，上面无毛，下面微被粉状短柔毛，基部渐狭为 1~2mm 的叶柄。花小，多单生，稀数朵生于叶腋或小枝顶端，无梗；萼筒长约 2~2.5mm，直径约 1~1.5mm，具 5 纵棱脊，萼齿 5 枚，钻形，长约 0.5~1mm；花瓣 5 片，粉红色，长圆状倒披针形或长圆状倒卵形，长 3~4（~5）mm，宽 0.7~1mm，顶端微具牙齿，中部以下逐渐狭缩；雄蕊 6 枚，花丝基部稍合生。蒴果长圆状卵形，长约 2mm，宽约 1mm，3 瓣裂。种子多数，长圆状椭圆形，下部急尖，长 0.5~0.7mm，宽约 0.3mm，淡棕色。

金铁锁

Psammosilene tunicoides W. C. Wu et C. Y. Wu

分类地位： 石竹科（Caryophyllaceae）

别　　名： 金丝矮坨坨、土人参、独钉子、昆明沙参

保护等级： 二级

濒危等级： EN A2c+3c；B2(i,iv)

生　　境： 生于沿金沙江和雅鲁藏布江的温暖和干燥的山谷、岩石山坡、干燥的草场、钙质石隙、森林。

国内分布： 贵州西部、四川西南部、西藏东南部、云南。

致濒因素： 生境受破坏，采挖严重。

形态特征

多年生草本。根长倒圆锥形，棕黄色，肉质。茎铺散，平卧，长达 35cm，2 叉状分枝，常带紫绿色，被柔毛。叶片卵形，长 1.5~2.5cm，宽 1~1.5cm，基部宽楔形或圆形，顶端急尖，上面被疏柔毛，下面沿中脉被柔毛。三歧聚伞花序密被腺毛；花直径 3~5mm；花梗短或近无；花萼筒状钟形，长 4~6mm，密被腺毛，纵脉凸起，绿色，直达齿端，萼齿三角状卵形，顶端钝或急尖，边缘膜质；花瓣紫红色，狭匙形，长 7~8mm，全缘；雄蕊明显外露，长 7~9mm，花丝无毛，花药黄色；子房狭倒卵形，长约 7mm；花柱长约 3mm。蒴果棒状，长约 7mm；种子狭倒卵形，长约 3mm，褐色。花期 6—9 月，果期 7—10 月。

珙桐

Davidia involucrata Baill.

分类地位： 蓝果树科（Nyssaceae）

别　　名： 鸽子树、空桐、枢梨子

保护等级： 一级

生　　境： 生于海拔 700~3100m 的湿润常绿阔叶及落叶阔叶混交林中。

国内分布： 甘肃南部、四川、湖北西部、湖南西北部、贵州北部、云南西北部及东南部。

致濒因素： 著名观赏树种；根可药用。分布区小于 2 万平方千米，且分布点小于等于 10 个，栖息地质量持续下降。

形态特征

落叶乔木，高 15~20m，稀达 25m；胸高直径约 1m；树皮深灰色或深褐色，常裂成不规则的薄片而脱落。幼枝圆柱形，当年生枝紫绿色，无毛，多年生枝深褐色或深灰色；冬芽锥形，具 4~5 对卵形鳞片，常成覆瓦状排列。叶纸质，互生，无托叶，常密集于幼枝顶端，阔卵形或近圆形，长 9~15cm，宽 7~12cm，顶端急尖或短急尖，具微弯曲的尖头，基部心脏形或深心脏形，边缘有三角形而尖端锐尖的粗锯齿，上面亮绿色，初被很稀疏的长柔毛，渐老时无毛，下面密被淡黄色或淡白色丝状粗毛，中脉和 8~9 对侧脉均在上面显著，在下面凸起；叶柄圆柱形，长 4~5cm，稀达 7cm，幼时被稀疏的短柔毛。两性花与雄花同株，由多数的雄花与 1 个雌花或两性花成近球形的头状花序，直径约 2cm，着生于幼枝的顶端，两性花位于花序的顶端，雄花环绕于其周围，基部具纸质、矩圆状卵形或矩圆状倒卵形花瓣状的苞片 2~3 枚，长 7~15cm，稀达 20cm，宽 3~5cm，稀达 10cm，初淡绿色，继变为乳白色，后变为棕黄色而脱落。雄花无花萼及花瓣，有雄蕊 1~7 枚，长 6~8mm，花丝纤细，无毛，花药椭圆形，紫色；雌花或两性花具下位子房，6~10 室，与花托合生，子房的顶端具退化的花被及短小的雄蕊，花柱粗壮，分成 6~10 枝，柱头向外平展，每室有 1 枚胚珠，常下垂。果实为长卵圆形核果，长 3~4cm，直径 15~20mm，紫绿色具黄色斑点，外果皮很薄，中果皮肉质，内果皮骨质具沟纹，种子 3~5 粒；果梗粗壮，圆柱形。花期 4 月，果期 10 月。

云南蓝果树

Nyssa yunnanensis W. C. Yin

分类地位： 蓝果树科（Nyssaceae）

别　　名： 毛叶紫树、云南紫树

保护等级： 一级

濒危等级： CR C1+2a(i,ii)

生　　境： 生于海拔 500~1100m 的山谷密林中。

国内分布： 云南南部。

致濒因素： 种群极小，成熟个体小于 50 株。

形态特征

大乔木，高 25~30m，胸径约 1m；树皮深褐色，常现小纵裂；小枝粗壮，直径 5mm，微呈棱角状，当年生枝密被黄绿色微绒毛，二年生以上枝被宿存的黄褐色微绒毛；皮孔显著，近圆形或椭圆形，淡白色或淡黄白色；冬芽锥形，鳞片镶合状排列，密被黄绿色绒毛。叶厚纸质，椭圆形或倒卵形，稀长椭圆形，长 15~22cm，宽 8~12cm，顶端钝尖，具短尖头，基部钝形或近圆形，稀楔形，边缘全缘或微呈浅波状，上面深绿色，干燥后橄榄色，下面除叶脉深黄色外其余部分淡绿色，干燥后灰绿色，密被黄绿色微绒毛，叶脉上更密，中脉在上面微下凹，在下面凸起，侧脉

14~18 对，与中脉成 40° 的角开展，上部略向内弯曲；叶柄粗壮，长 2~3cm，近圆柱形，上面微呈浅沟状，密被黄绿色微绒毛。花单性，异株，由叶腋或叶已脱落的叶痕腋芽生出；雄花多数成伞形花序，花梗长约 3mm，被绒毛，总花梗粗壮，圆柱形，长 2~2.5cm，密被黄绿色微绒毛，单生于叶腋或叶已脱落的叶痕内侧；花托盘状；花萼有萼片 5，卵形或三角状卵形，长约 0.5mm；外面被微绒毛，花萼下有小苞片 4，卵形，密被绒毛；花瓣 5 片，近长椭圆形，长 2mm，宽 1mm，外面被疏柔毛；雄蕊 10 枚，排列成 2 轮，长 2~3mm，生于花盘周围，花丝钻形，无毛，花药淡黄色，椭圆形；花盘肉质，微现裂痕。果幼时绿色，干燥后紫褐色，长卵圆形或近椭圆形，长 2cm，宽 1cm，直径 5mm，被微绒毛，无果梗，通常 4~5 枚成头状果序，果实下边有矩圆形小苞片 4 枚；总果梗长 2cm，被黄绿色微绒毛，生于叶腋或叶已脱落的叶痕内侧；种子稍扁，外壳上有 7 条纵沟纹。花期 3 月下旬，果期 9 月。

海南紫荆木

Madhuca hainanensis Chun et F. C. How

分类地位： 山榄科（Sapotaceae）

别　　名： 刷空母树、铁色

保护等级： 二级

濒危等级： VU A2c

生　　境： 常见于常绿阔叶林中。

国内分布： 海南。

致濒因素： 过度采伐利用，致使分布区不断缩小，资源急剧下降；种子的传播方式少、种子发芽期短，造成分布地域狭窄；种群自然更新能力低。

形态特征 乔木，高 9~30m；树皮暗灰褐色，内皮褐色，分泌多量浅黄白色粘性汁液；幼嫩部分几乎全部被锈红色、发亮的柔毛。托叶钻形，长 3mm，宽 1mm，被柔毛，早落。叶聚生于小枝顶端，革质，长圆状倒卵形或长圆状倒披针形，长 6~12cm，宽 2.5~4cm，顶端圆而常微缺，中部以下渐狭，下延，上面有光泽，无毛，下面幼时被锈红色、紧贴的短绢毛，后变无毛，中脉在上面略凸起，下面凸起，侧脉极纤细，20~30 对，密集，明显，成 60°角上升，上面微凹，下面微凸，网脉不明显；叶柄长 1.5~3cm，上面具沟或平坦，被灰色绒毛。花 1~3 朵腋生，下垂；花梗长 2~3cm，密被锈红色绢毛；花萼外轮 2 裂片较大，内轮的较小，长椭圆形或卵状三角形，长 1.5~8（12）mm，宽 5.5~6.5mm，先端钝，两面密被锈色毡毛；花冠白色，长 1~1.2cm，无毛，冠管长约 4mm，裂片 8~10，卵状长圆形，长约 8mm，上部短尖；能育雄蕊 28~30 枚，3 轮排列，花丝丝状，长约 1.5mm，花药长卵形，长约 3.5mm；子房卵球形，被锈色绢毛，6~8 室，长约 2mm，花柱长约 12mm，中部以下被绢毛。果绿黄色，卵球形至近球形，长 2.5~3cm，宽 2~2.8cm，被短柔毛，先端具花柱的残余；果柄粗壮，长 3~4.5cm；种子 1~5 粒，长圆状椭圆形，两侧压扁，长 2~2.5cm，宽 0.8~1.2cm，种子褐色，光亮，疤痕椭圆形，无胚乳。花期 6—9 月，果期 9—11 月。

紫荆木

Madhuca pasquieri (Dubard) H. J. Lam

分类地位： 山榄科（Sapotaceae）

别　　名： 木花生、出奶木、滇木花生、滇紫荆木

保护等级： 二级

濒危等级： VU A2c+3c

生　　境： 生于海拔 1100m 以下的山地林中。

国内分布： 广东、广西、贵州南部、云南东南部。

致濒因素： 生境破碎化，气候变化，生境质量下降。

形态特征

高大乔木，高达30m，胸径达60cm；树皮灰黑色，具乳汁；嫩枝密生皮孔，被锈色绒毛，后变无毛。托叶披针状线形，长3mm，宽1mm，早落。叶互生，星散或密聚于分枝顶端，革质，倒卵形或倒卵状长圆形，长6~16cm，宽2~6cm，先端阔渐尖而钝头或骤然收缩，基部阔渐尖或尖楔形，两面无毛，上面具光泽或无，边缘外卷，中脉在上面稍凸起，在下面浑圆且十分凸起，侧脉13~22（~26）对，表面不十分明显，下面明显，成80°角上升；叶柄细，长约1.5~3.5cm，被锈色或灰色短柔毛，上面具深沟槽。花数朵簇生叶腋，花梗纤细，长1.5~3.5cm，被锈色或灰色短柔毛；花萼4裂，稀5裂，裂片卵形，钝，长3~6mm，宽3~5mm，外面和内面的上部被灰色或锈色绒毛；花冠黄绿色，长5~7.5mm，无毛，裂片6~11，长圆形，钝，长4~5mm，宽2~2.5mm，冠管长1.5mm；能育雄蕊（16~）18~22（~24）枚，花丝钻形，长约1mm，无毛，花药卵状披针形，长1.5~2.5mm；子房卵形，长1~2mm，6~8室，密被锈色短柔毛，花柱钻形，长8~10mm，上半部无毛，下半部密被锈色短柔毛。果椭圆形或小球形，长2~3cm，宽1.5~2cm，基部具宿萼，先端具宿存、花后延长的花柱，果皮肥厚，被锈色绒毛，后变无毛；种子1~5粒，椭圆形，长1.8~2.7cm，宽1~1.2cm，疤痕长圆形，无胚乳，子叶扁平，油质。花期7—9月，果期10月至翌年1月。

显脉金花茶

Camellia euphlebia Merr. ex Sealy

分类地位： 山茶科（Theaceae）

保护等级： 二级

濒危等级： VU A2c；B2ab(ii)

生　　境： 生于山坡常绿阔叶林中。

国内分布： 广西（防城）。

致濒因素： 狭域分布，生境受破坏严重，人为过度采挖，种群数量下降明显。

形态特征　灌木或小乔木，嫩枝无毛。叶革质，椭圆形，长 12~20cm，先端急短尖，基部钝或近于圆，上面干后稍发亮，下面无腺点，侧脉 10~12 对，在上面稍下陷，在下面显著突起，边缘密生细锯齿，叶柄长 1cm。花单生于叶腋，花柄长 4~5mm，苞片 8 片，半圆形至圆形，长 2~5mm；萼片 5 片，近圆形，长 5~6mm；花瓣 8~9 片，金黄色，倒卵形，长 3~4cm，基部连生 5~8mm；雄蕊长 3~3.5cm，外轮花丝基部连生约 1cm，花药长 2mm；子房无毛，3 室；花柱 3 条，离生，长 2~2.5cm。花期 2 月。

凹脉金花茶

Camellia impressinervis Chang et S. Y. Liang

分类地位： 山茶科（Theaceae）

保护等级： 二级

濒危等级： CR B2ab(iii)

生　　境： 生于石灰岩山地林中。

国内分布： 广西（龙州）。

致濒因素： 分布区域狭窄，生境受破坏严重，人为大量采集致使野生资源锐减。

形态特征

灌木，高 3m，嫩枝有短粗毛，老枝变秃。叶革质，椭圆形，先端急尖，基部阔楔形或窄而圆，上面深绿色，干后橄榄绿色，有光泽，下面黄褐色，被柔毛，至少在中脉及侧脉上有毛，有黑腺点，侧脉 10~14 对，与中脉在上面凹下，在下面强烈突起，边缘有细锯齿，叶柄长 1cm，上面有沟，无毛，下面有毛。花 1~2 朵腋生，花柄粗大，长 6~7mm，无毛；苞片 5 片，新月形，散生于花柄上，无毛，宿存；萼片 5，半圆形至圆形，无毛，宿存，花瓣 12 片，无毛。雄蕊近离生，花丝无毛；子房无毛，花柱 2~3 条，无毛。蒴果扁圆形，2~3 室，室间凹入成沟状 2~3 条，三角扁球形或哑铃形，每室有种子 1~2 粒，果爿厚 1~1.5mm，有宿存苞片及萼片；种子球形。花期 1 月。

柠檬金花茶

Camellia indochinensis Merr.

分类地位: 山茶科（Theaceae）
别　　名: 小瓣金花茶

保护等级: 二级
濒危等级: VU A2c；B2ab(iii)

生　　境: 生于山坡常绿阔叶林中。
国内分布: 广西西北部、贵州南部、云南南部。
致濒因素: 生境受破坏严重，分布受限。

形态特征

灌木或小乔木，嫩枝无毛。叶薄革质或近膜质，椭圆形，先端短尖，尖头钝，基部钝，有时近圆形，上面干后绿色，稍发亮，下面无毛，侧脉约6对，在上面不明显，在下面略突起，边缘有钝锯齿，叶柄长7~10mm，完全无毛。花单生于枝顶，白色，直径约3cm，花柄长约6mm，无毛；苞片6片，成对分散于花柄的上、中、下部，半月形，长1~2mm，无毛；萼片5片，圆形，长4~5mm，无毛，花瓣8~9片，外侧4片圆形或阔倒卵形，长约1cm，外面无毛，内侧有绢毛，其余4~5片，倒卵形，长1.5~1.7cm，无毛，基部3~4mm连生；雄蕊与花瓣等长，基部约6mm连合成短管，游离花丝无毛，子房无毛；花柱3条，无毛。蒴果扁球形，果爿薄，3室。花期11月。

金花茶

Camellia petelotii (Merr.) Sealy

分类地位： 山茶科（Theaceae）
别　　名： 中东金花茶

保护等级： 二级
濒危等级： VU A2cd；C1

生　　境： 生于山坡常绿阔叶林中。
国内分布： 广西（防城、邕宁、扶绥）。
致濒因素： 分布区域狭窄，生境受破坏严重，人为大量采集致使资源锐减。

灌木，高 2~3m，嫩枝无毛。叶革质，长圆形、披针形或倒披针形，先端尾状渐尖，基部楔形，上面深绿色，发亮，无毛，下面浅绿色，无毛，有黑腺点，中脉及侧脉 7 对，在上面陷下，在下面突起，边缘有细锯齿，叶柄长 7~11mm，无毛。花黄色，腋生，单独，花柄长 7~10mm；苞片 5 片，散生，阔卵形，宿存；萼片 5 片，卵圆形至圆形，基部略连生，先端圆，背面略有微毛；花瓣 8~12 片，近圆形，基部略相连生，边缘有睫毛；雄蕊排成 4 轮，外轮与花瓣略相连生，花丝近离生或稍连合，无毛；子房无毛，3~4 室，花柱 3~4 条，无毛。蒴果扁三角球形，3 爿裂开，果爿厚 4~7mm，中轴 3~4 角形，先端 3~4 裂；果柄长 1cm，有宿存苞片及萼片；种子 6~8 粒。花期 11—12 月。

平果金花茶

Camellia pingguoensis D. Fang

分类地位：山茶科（Theaceae）

保护等级：二级

生　　境：生于海拔 200~700m 的石灰岩山坡林中。
国内分布：广西（平果）。
致濒因素：生境受破坏严重，过度采挖，分布范围极其狭窄，种群数量稀少，种群波动较大，过去居群数量下降明显。

形态特征

灌木，高 3~4m，嫩枝无毛，干后灰褐色。叶革质，卵形或长卵形，长 4~8cm，宽 2.5~3.2cm，先端渐尖，基部阔楔形，有时近于圆形，常下延；上面深绿色，下面有黑腺点，侧脉 5~6 对，在下面稍突起，边缘有小齿突；叶柄长 3~7mm。花单生于叶腋，黄色，直径 1.5~2cm，花柄长 4~5mm，苞片 4~5 片，长 0.7mm，无毛，萼片 5~6 片，近圆形，长 2~4mm，有睫毛；花瓣 5~6 片，长 8~10mm，基部稍连生；雄蕊多数，长 5~7mm，近离生，无毛；子房无毛，花柱 3 条，离生，长 4~6mm，蒴果小，球形，直径 1~1.3cm，1 室或 2 室，种子细小。花期 10—11 月。

毛瓣金花茶

Camellia pubipetala Y. Wan et S. Z. Huang

分类地位： 山茶科（Theaceae）

保护等级： 二级

生　　境： 生于海拔 200~400m 的石灰岩常绿林。

国内分布： 广西（隆安、大新）。

致濒因素： 生境受破坏严重，种群分布面积小，且呈持续减小趋势。

形态特征

小乔木，高 6m，嫩枝被毛。叶薄革质，长圆形至椭圆形，长达 20cm，宽 3.5~6（~8）cm，先端渐尖，基部圆形或阔楔形，上面无毛，下面被茸毛，侧脉 8~10 对，边缘有细锯齿，叶柄长 5~10mm，被毛。花黄色，直径 5~6.5cm，腋生，近无柄；苞片 5~7 片，半圆形，长 3mm，被毛，萼片 5~6 片，近圆形，最长达 2cm，被柔毛；花瓣 9~13 片，倒卵形，长 3~4.5cm，宽 1.5~2.5cm，基部略连生，外面被柔毛；雄蕊多数，花丝有毛，长 1.4cm；子房 3~4 室，被柔毛，花柱长 2.5~3cm，有毛，中部以上 3 裂，蒴果未见。

黄梅秤锤树

Sinojackia huangmeiensis J. W. Ge & X. H. Yao

分类地位： 安息香科（Styracaceae）

保护等级： 二级
濒危等级： VU D1

生　　境： 生长在湖北省黄梅县下新镇钱林村原始次生林中。

国内分布： 湖北（黄梅）。

致濒因素： 极冷和极热的气候变化对秤锤树生长极为不利；周边居民活动对秤锤树群落有一定影响。

形态特征

乔木落叶，高达 3~4m；树干多刺，胸径 10cm；树皮竖直开裂和剥落；分枝灰棕色；当年芽绿色，密被星状短柔毛，二年生枝黑棕色，无毛，具纵向条纹；冬芽裸露，具浓密的深棕色星状毛。单叶，互生，纸质；叶柄 2~3mm；花枝基部的叶片卵形，其他叶片宽卵形到卵形、狭卵形，全部叶长 5~12cm，宽 2~6cm；顶端渐尖，边缘有锯齿，叶脉 8~10 条；叶背面沿脉疏生星状短柔毛，后脱落。总状花序，4~6 花；花梗 2~2.5cm；疏生星状微柔毛，下垂；花萼 6 裂，具牙齿，密被星状短柔毛；花冠白色，深 5~7 裂；裂片覆瓦状，宽卵形，长 10~12mm，宽 9~10mm，先端稍骤尖；雄蕊 10~12 枚，在花冠的基部着生，长于花冠裂片；花丝直立，约 3.5~4mm；花药长圆形；子房下位，3 室；花柱丝状，钻形，约 7~8mm；柱头通常不明显 3 浅裂。果卵球形，具喙，灰棕色，直径 16~18mm。喙 3~4mm；外果皮约 1mm 厚，密被皮孔；海绵状中果皮，厚约 4mm；内果皮木质；种子 1~2 粒；种皮光滑；胚乳肉质。

狭果秤锤树

Sinojackia rehderiana Hu

分类地位： 安息香科（Styracaceae）
别　　名： 江西秤锤树、黄氏捷克木

保护等级： 二级
濒危等级： EN B1ab(i,iii)

生　　境： 生于海拔 600~800m 的林中或林缘灌丛中。
国内分布： 江西中北部、广东北部、湖南南部及西北部。
致濒因素： 生境受破坏严重，居群数量下降接近一半。

形态
特征

小乔木或灌木，高达 5m；嫩枝被星状短柔毛。叶纸质，倒卵状椭圆形或椭圆形，长 5~9cm，宽 3~4cm，顶端急尖或钝，基部楔形，边缘具硬质锯齿，生于有花小枝基部的叶卵形而较小，长 2~3.5cm，宽 1.5~2cm，基部圆或稍心形，老叶叶脉被星状毛，余无毛，侧脉 5~7 对；叶柄长 1~4mm，被星状短柔毛。总状聚伞花序疏松，有花 4~6 朵，生于侧生小枝顶端；花白色；花梗长达 2cm，和花序梗均纤细而弯垂，疏被灰色星状短柔毛；花萼倒圆锥形，高约 5mm，密被灰黄色星状短柔毛，顶端 5~6 齿，萼齿三角形，长约 1mm；花冠 5~6 裂，裂片卵状椭圆形，长约 12mm，宽约 4mm，疏被星状长柔毛；花柱长约 6mm，线形，柱头不明显 3 裂，子房 3 室。果实椭圆形，圆柱状，具长渐尖的喙，连喙长 2~2.5cm，宽 10~12mm，下部渐狭，褐色，有浅棕色皮孔，外果皮薄，肉质，厚约 1mm，中果皮木栓质，厚约 3mm，内果皮坚硬，木质，厚约 1mm，种子 1 颗，褐色，花期 4~5 月，果期 7—9 月。

秤锤树

Sinojackia xylocarpa Hu

分类地位： 安息香科（Styracaceae）

别　　名： 捷克木

保护等级： 二级

濒危等级： EN A2c

生　　境： 生于海拔 500~800m 的林缘或疏林中。

国内分布： 河南东南部、江苏西南部、浙江西北部、上海、湖北（武汉）。

致濒因素： 生境受破坏严重，居群数量下降。

形态特征

乔木，高达 7m；嫩枝密被星状短柔毛，灰褐色，成长后红褐色而无毛。叶纸质，倒卵形或椭圆形，长 3~9cm，宽 2~5cm，顶端急尖，基部楔形或近圆形，边缘具硬质锯齿，生于花枝基部的叶卵形，长 2~5cm，宽 1.5~2cm，基部圆形或稍心形，两面除叶脉疏被星状短柔毛外，其余无毛，侧脉每边 5~7 条；叶柄长约 5mm。总状聚伞花序生于侧枝顶端，有花 3~5 朵；花梗柔弱而下垂，疏被星状短柔毛，长达 3cm；萼管倒圆锥形，高约 4mm，外面密被星状短柔毛，萼齿 5 枚，少 7 枚，披针形；花冠裂片长圆状椭圆形，顶端钝，长 8~12mm，宽约 6mm，两面均密被星状绒毛；雄蕊 10~14 枚，花丝长约 4mm，下部宽扁，联合成短管，疏被星状毛，花药长圆形，长约 3mm，无毛；花柱线形，长约 8mm，柱头不明显 3 裂。果实卵形，连喙长 2~2.5cm，宽 1~1.3cm，红褐色，有浅棕色的皮孔，无毛，顶端具圆锥状的喙；种子 1 颗，长圆状线形，长约 1cm，栗褐色。花期 3—4 月，果期 7—9 月。

条叶猕猴桃

Actinidia fortunatii Finet et Gagnep.

分类地位： 猕猴桃科（Actinidiaceae）

别　　名： 纤小猕猴桃、华南猕猴桃、耳叶猕猴桃、粗叶猕猴桃

保护等级： 二级

生　　境： 生于山坡阔叶林中。

国内分布： 贵州、湖南、广东、广西。

致濒因素： 种群分布面积小，且呈持续减小趋势，种群栖息地质量退化，种群成熟个体数少。

形态特征　小型半常绿藤本；着花小枝密被红褐色长绒毛，隔年枝秃净，皮孔完全不见。叶坚纸质，长条形或条状披针形，长 7~17cm，宽 1.8~2.8cm，顶端渐尖，基部耳状 2 裂或钝圆形，腹面绿色无毛，背面粉绿色，有极少量的长柔毛或无毛，中脉两面稍显著，侧脉细弱，弯拱形，联结于边缘处，小脉网状；叶柄圆柱形，长 1~2cm，略被绵毛，老时秃净。花序腋生，聚伞式 1~3 花，花序柄极短，被红褐色绒毛，小苞片钻形；花粉红色，罩形；萼片 5 片，边缘有睫状毛，靠外者卵形钝尖，靠内者较长，两面均无毛；花瓣 5 片，倒卵形，长约 5.5mm，内外两面薄被柔毛或无毛；花药长约 1.5mm，花丝与药等长或稍长；子房密被黄褐色茸毛，圆柱状近球形。果圆柱形，绿色。花期 5 月中旬，果期 11 月上旬。

巴戟天

Morinda officinalis F. C. How

分类地位：茜草科（Rubiaceae）
别　　名：鸡肠风、巴吉、巴戟、大巴戟

保护等级：二级
濒危等级：VU B1ab(i,ii,iii,v)

生　　境：生于山地林。
国内分布：福建、广东、广西、海南。
致濒因素：农林牧渔业的发展如山区开荒种地、园艺观赏以及燃料的需求对本种的威胁严重。

形态特征

藤本；肉质根不定位肠状缢缩，根肉略紫红色，干后紫蓝色；嫩枝被长短不一粗毛，后脱落变粗糙，老枝无毛，具棱，棕色或蓝黑色。叶薄或稍厚，纸质，干后棕色，长圆形、卵状长圆形或倒卵状长圆形，长6~13cm，宽3~6cm，顶端急尖或具小短尖，基部纯、圆或楔形，边全缘，有时具稀疏短缘毛，上面初时被稀疏、紧贴长粗毛，后变无毛，中脉线状隆起，多少被刺状硬毛或弯毛，下面无毛或中脉处被疏短粗毛；侧脉每边（4~）5~7条，弯拱向上，在边缘或近边缘处相联接，网脉明显或不明显；叶柄长4~11mm，下面密被短粗毛；托叶长3~5mm，顶部截平，干膜质，易碎落。花序3~7伞形排列于枝顶；花序梗长5~10mm，被短柔毛，基部常具卵形或线形总苞片1；头状花序具花4~10朵；花（2~）3（~4）基数，无花梗；花萼倒圆锥状，下部与邻近花萼合生，顶部具波状齿2~3，外侧一齿特大，三角状披针形，顶尖或钝，其余齿极小；花冠白色，近钟状，稍肉质，长6~7mm，冠管长3~4mm，顶部收狭而呈壶状，檐部通常3裂，有时4或2裂，裂片卵形或长圆形，顶部向外隆起，向内钩状弯折，外面被疏短毛，内面中部以下至喉部密被髯毛；雄蕊与花冠裂片同数，着生于裂片侧基部，花丝极短，花药背着，长约2mm；花柱外伸，柱头长圆形或花柱内藏，柱头不膨大，2等裂或2不等裂，子房（2~）3（~4）室，每室胚珠1枚，着生于隔膜下部。聚花核果由多花或单花发育而成，熟时红色，扁球形或近球形，直径5~11mm；核果具分核（2~）3（~4）；分核三棱形，外侧弯拱，被毛状物，内面具种子1，果柄极短；种子熟时黑色，略呈三棱形，无毛。花期5—7月，果期10—11月。

香果树

Emmenopterys henryi Oliv.

分类地位：茜草科（Rubiaceae）

别　　名：茄子树、水冬瓜、大叶水桐子、丁木

保护等级：二级

生　　境：生于海拔 430~1630m 处的山谷林中。

国内分布：河南、陕西、甘肃、安徽、江苏、浙江、江西、湖南、湖北、四川、贵州、云南、福建、广东、广西。

致濒因素：野外资源量少；生境破碎化严重。

形态特征

落叶大乔木，高达 30m；小枝有皮孔。叶阔椭圆形至卵状椭圆形，长 6~30cm，宽 3.5~14.5cm，顶端短尖或骤然渐尖，基部短尖或阔楔形，全缘，上面无毛或疏被糙伏毛，下面较苍白，通常被柔毛或仅沿脉上被柔毛；侧脉 5~9 对；叶柄长 2~8cm，无毛或有柔毛；托叶早落。圆锥状聚伞花序顶生；花芳香，花梗长约 4mm；萼管长约 4mm，裂片近圆形，变态的叶状萼裂片白色、淡红色或淡黄色，匙状卵形或广椭圆形，长 1.5~8cm，宽 1~6cm，有长 1~3cm 的柄；花冠漏斗形，白色或黄色，长 2~3cm，被黄白色绒毛，裂片近圆形，长约 7mm，宽约 6mm。蒴果长圆状卵形或近纺锤形，长 3~5cm，径 1~1.5cm，无毛或有短柔毛；种子小而有阔翅。花期 6—8 月，果期 8—11 月。

辐花

Lomatogoniopsis alpina T. N. Ho et S. W. Liu

分类地位： 龙胆科（Gentianaceae）

保护等级： 二级
濒危等级： EN C1

生　　境： 生于云杉林缘、阴坡草甸及灌丛草甸中。
国内分布： 青海南部、西藏东北部。
致濒因素： 物种内在因素。

形态特征

一年生草本，高 3~10cm。主根细瘦。茎带紫色，常自基部多分枝，铺散，稀单一，不分枝，具条棱，棱上密生乳突。基生叶具短柄，叶片匙形，连柄长 5~10mm，宽 2~5mm；茎生叶无柄，卵形，长（3）6~11mm，宽（1）3~7mm，全部叶先端钝，基部略狭缩，边缘具乳伞。聚伞花序顶生和腋生，稀为单花；花梗紫色，具条棱，棱上有乳突，长 1~4cm；花萼长为花冠之半，萼筒基短，长约 1mm，裂片卵形或卵状椭圆形，长 3.5~6.5mm，先端钝圆，边缘密生乳突，背部有 3 脉，中脉具乳突；花冠蓝色，冠筒长 1~1.5mm，裂片二色，椭圆形或椭圆状披针形，长 5.5~9mm，宽 4~5mm，先端急尖，两面密被乳突，附属物狭椭圆形，长 4~6mm，浅蓝色，具深蓝色斑点，密被细乳突，无脉纹，全缘或先端 2 齿裂；雄蕊着生于冠筒上，花丝线形，长 3~5mm，花药蓝色，矩圆形，长 1~1.2mm；子房椭圆状披针形，长 5~7mm，无花柱，柱头下延至子房上部。蒴果无柄，卵状椭圆形，长 9~12mm；种子浅褐色，近球形，长 0.8~1mm，光滑。花果期 8—9 月。

富宁藤

Parepigynum funingense Tsiang et P. T. Li

分类地位： 夹竹桃科（Apocynaceae）

保护等级： 二级

濒危等级： EN B2ab(i,iii)；C1

生　　境： 生于海拔 1000~1800m 的山地密林中。

国内分布： 贵州、云南西南部。

致濒因素： 野外种群数量少。

形态
特征

粗壮高大藤本，除花序及幼嫩部分外，全株无毛。叶腋间及腋内均有钻状腺体，长约 1mm。叶对生，长圆状椭圆形至长圆形，端部短渐尖，基部楔形，长 8~14cm，宽 2.5~4.5cm；叶脉远距，每边 10~13 条。聚伞花序伞房状，顶生及腋生，着花 6~13 朵；花萼 5 深裂，裂片双盖覆瓦状排列，长圆状披针形，长 7mm，宽 2mm，两面均被柔毛，花萼基部内面有 5 个钻状腺体；花冠黄色，浅高脚碟状，花冠筒长 1.2cm，内面在雄蕊背后的筒壁上具倒生刚毛，裂片向左覆盖，椭圆形，端部钝，长 1.1cm，宽 0.8cm；雄蕊着生于花冠筒的近基部，花药箭头状，基部有耳。种子棕褐色，线状长圆形，长 2~3cm，直径 2~6mm，端部具短阔之喙，沿喙围生黄白色种毛；种毛长约 2cm。花期 2—9 月，果期 8 月至翌年 3 月。

驼峰藤

Merrillanthus hainanensis Chun et Tsiang

分类地位：萝藦科（Apocynaceae）

保护等级：二级
濒危等级：EN A2c

生　　境：生于低海拔或中海拔山谷林中。
国内分布：广东、海南。
致濒因素：分布区小于 2 万平方千米，且分布点小于等于 10 个，栖息地质量持续下降。

木质藤本，长约 2m，多分枝，全部无毛或叶背脉上、花序梗、花梗及花萼上有时略有长柔毛。叶膜质，卵圆形，长 5~15cm，宽 2.5~7.5cm，顶端渐尖或急尖，基部圆形或心形；侧脉每边约 7 条，弧形上升，至叶缘网结；叶柄长 1.5~5cm，顶端具丛生小腺体。聚伞花序广展，腋生，比叶为长或等长，稀较叶为短，着花多朵；花梗细，不等长，长 0.5~1.5cm，基部着生有卵形的小苞片；花蕾圆球状，花冠裂片的顶端向内黏合；花萼裂片卵圆形，长 2mm，宽 1.5mm，具缘毛，花萼内面有 5 个小腺体；花冠黄色，辐状或近辐状，有脉纹，5 裂至中部，裂片广卵形，钝头，略向右覆盖；副花冠 5 裂，肉质，着生于合蕊冠上，裂片卵形，背部隆起，腹部贴生在雄蕊上；花药顶端的透明膜片近卵形，覆盖着柱头；花粉块长圆形，下垂，顶端通过花粉块柄与着粉腺连结；子房无毛，柱头平扁，基部盘状。蓇葖单生，大形，纺锤状，长 9~12cm，直径 3.5~4cm，外果皮黄色，无毛；种子卵圆形或近圆形，长 1.3cm，宽 1cm，有边缘，基部圆形，顶端具白色绢质种毛；种毛长 3.5cm。花期 3—4 月，果期 5—6 月。

软紫草

Arnebia euchroma (Royle) Johnst.

分类地位：紫草科（Boraginaceae）

别　　名：新疆紫草

保护等级：二级

濒危等级：EN B1ab(ii)

生　　境：生于海拔 2500~4200m 的多石山坡、洪积扇、草地及草甸。

国内分布：新疆、西藏西部。

致濒因素：分布区域狭窄，大量采挖入药，野生种群缩减。

形态特征

多年生草本。根粗壮，富含紫色物质。茎 1 或 2 条，直立，仅上部花序分枝，基部有残存叶基形成的茎鞘，被开展的白色或淡黄色长硬毛。叶无柄，两面均疏生半贴伏的硬毛；基生叶线形至线状披针形，先端短渐尖，基部扩展成鞘状；茎生叶披针形至线状披针形，较小，无鞘状基部。镰状聚伞花序生茎上部叶腋，含多数花；苞片披针形；花萼裂片线形，先端微尖，两面均密生淡黄色硬毛；花冠筒状钟形，深紫色，有时淡黄色带紫红色，外面无毛或稍有短毛，筒部直，裂片卵形，开展；雄蕊着生于花冠筒中部或喉部；花柱长达喉部或仅达花筒中部，柱头 2 裂，倒卵形。小坚果宽卵形，黑褐色，先端微尖，背面凸，腹面略平，中线隆起，着生面略呈三角形。花果期 6—8 月。

水曲柳

Fraxinus mandschurica Rupr.

分类地位：木犀科（Oleaceae）
别　　名：东北梣

保护等级：二级
濒危等级：VU A2c

生　　境：生于海拔 700~2100m 的山坡疏林中或河谷。
国内分布：黑龙江、吉林、辽宁、内蒙古、河北、山西南
　　　　　部、河南西部、陕西、甘肃、宁夏南部、湖北。
致濒因素：破坏严重，市场需求大，资源匮乏。

落叶大乔木，高达 30m
以上，胸径达 2m；树
皮厚，灰褐色，纵裂。
冬芽大，圆锥形，黑褐
色，芽鳞外侧平滑，无毛，在边缘和
内侧被褐色曲柔毛。小枝粗壮，黄褐
色至灰褐色，四棱形，节膨大，光滑
无毛，散生圆形明显凸起的小皮孔；
叶痕节状隆起，半圆形。羽状复叶
长 25~35（~40）cm；叶柄长 6~8cm，近基部膨大，干
后变黑褐色；叶轴上面具平坦的阔沟，沟棱有时呈窄翅
状，小叶着生处具关节，节上簇生黄褐色曲柔毛或秃净；
小叶 7~11（~13）枚，纸质，长圆形至卵状长圆形，长
5~20cm，宽 2~5cm，先端渐尖或尾尖，基部楔形至钝
圆，稍歪斜，叶缘具细锯齿，上面暗绿色，无毛或疏被白
色硬毛，下面黄绿色，沿脉被黄色曲柔毛，至少在中脉基
部簇生密集的曲柔毛，中脉在上面凹入，下面凸起，侧
脉 10~15 对，细脉甚细，在下面明显网结；小叶近无柄。
圆锥花序生于去年生枝上，先叶开放，长 15~20cm；花
序梗与分枝具窄翅状锐棱；雄花与两性花异株，均无花冠
也无花萼；雄花序紧密，花梗细而短，长 3~5mm，雄蕊
2 枚，花药椭圆形，花丝甚短，开花时迅速伸长；两性
花序稍松散，花梗细而长，两侧常着生 2 枚甚小的雄蕊，
子房扁而宽，花柱短，

瑶山苣苔

Oreocharis cotinifolia (W. T. Wang) Mich. Möller & A. Weber

分类地位：苦苣苔科（Gesneriaceae）

保护等级：二级
濒危等级：CR A2c

生　　境：生于海拔 860~1200m 的山地林中或路边林下。
国内分布：广西（金秀大瑶山）。
致濒因素：生境受破坏，种群数量少。

形态特征

多年生草本。根状茎近圆柱形；叶 9~17 枚，均基生，宽椭圆形、圆卵形或近圆形，长 2.5~5.5cm，近全缘或有不明显小浅纯齿，两面稍密被白色短柔毛，侧脉每侧 4~7 条；叶柄长 0.8~6cm，密被贴伏短柔毛。聚伞花序 2~4 条，腋生，每花序有 1~2 朵花；花序梗长 5.5~8.5cm，与苞片、花雕花萼外面均密被短柔毛；苞片对生，线状披针形，长 5.5~9mm；花梗长 0.4~1.2cm；花萼 5 裂，钟状，全裂，裂片窄三角形或披针状线形，长 5~8mm；花冠近钟状，淡紫或白色，长 1.3~1.9cm，外面疏被短柔毛，筒部长 7~9mm，内面疏被短柔毛，檐部径 1~2cm，上唇长 0.7~1cm，2 裂，裂片宽卵形或圆卵形，下唇长 0.7~1.2cm，（2~）3 裂至近中部，裂片三角形，边缘有短柔毛；雄蕊（1~）2 枚，伸出，分生，花丝着生花冠筒近基。蒴果线形，长约 2.5cm，被短柔毛。花果期 9 月。

辐花苣苔

Oreocharis esquirolii H. Lév.

分类地位： 苦苣苔科（Gesneriaceae）

保护等级： 一级

濒危等级： VU D1+2

生　境： 生于海拔 1500~1600m 的山地灌丛中或林下。

国内分布： 贵州（贞丰）。

致濒因素： 分布区狭窄，生境受破坏。

形态特征

多年生小草本。根状茎短。叶 14~18 枚，均基生，具柄；叶片纸质，多椭圆形，稀狭倒卵形，长 1.2~5cm，宽 0.7~2.8cm，顶端微尖或钝，基部楔形或宽楔形，边缘有小钝齿，两面密被贴伏的白色短柔毛，侧脉每侧 3~4 条，叶柄长 0.6~4cm。聚伞花序约 3 条，每花序有 5~9 朵花；花序梗长 3~5cm，与花梗均密被短柔毛；苞片对生，极小，钻形，长 1.5~2mm，被短柔毛；花梗长 0.6~4mm。花萼钟状，长 2.2~3mm，4~5 裂近基部，裂片稍不等大，三角形，宽 0.7~1.1mm，外面被短柔毛，内面无毛。花冠紫色或蓝色，辐状，4~5 深裂，直径约 12mm；筒长约 2mm，无毛；裂片披针状长圆形，长 6~7mm，宽 2~3mm，顶端微钝，外面上部被短柔毛，内面无毛。雄蕊 4~5 枚，不等长，花丝长 2.5~7mm，宽 0.2~0.3mm，疏被短柔毛，花药宽椭圆形，长 1.3~1.8mm，无毛。花盘小，高 0.2mm。雌蕊长约 5mm，子房卵球形，长 2mm，被短柔毛，花柱长 3mm，无毛，柱头近截形。蒴果线状披针形，长约 11mm，宽 2.8mm，疏被糙伏毛。花期 8 月。

报春苣苔

Primulina tabacum Hance

分类地位： 苦苣苔科（Gesneriaceae）

保护等级： 二级

濒危等级： EN A2c；D

生　　境： 生长区为热带和亚热带地区。喜凉爽、阴湿的石灰岩地区，对生长环境要求严格。

国内分布： 广东北部、安徽、湖南、江西。

致濒因素： 溶洞植物分布点少于 5 个，种群持续衰退。个体数小于 250 株，分布面积小于 100 平方千米，栖息地明显退化。

形态特征　多年生草本，有菸草气味。叶均基生，具长或短柄；叶片圆卵形或正三角形，长 5~10cm，顶端微尖，基部浅心形，边缘浅波状或羽状浅裂，裂片扁正三角形，两面均被短柔毛，下面还有腺毛，侧脉每侧约 3 条，上面平，下面稍隆起；叶柄长 2.5~14cm，扁平，边缘有波状翅。聚伞花序伞状，1~2 回分枝，有 3~9 花；花序梗与叶等长或比叶短，被短柔毛和短腺毛；苞片对生，狭长圆形或线状披针形，长 1.5cm，有腺毛。花萼长约 6.5mm，5 深裂，两面被短柔毛，筒长约 1mm；裂片狭披针形或条状披针形，长约 5.5mm，宽 0.8~1.1mm，顶端有腺体，边缘上部每侧有 1~2 个三角形小齿，齿顶端有腺体。花冠紫色，外面和内面均被短柔毛；筒细筒状，长约 9mm，口部直径 3mm；檐部平展，直径约 1.6cm，不明显二唇形，上唇长约 7mm，2 深裂，裂片狭倒卵形，长约 5mm，宽 3.2mm，顶端钝，下唇长约 9mm，3 深裂，裂片也为狭倒卵形，长约 6mm，宽 4mm，顶端圆形。雄蕊无毛，花丝着生于距花冠基部约 1mm 处，近丝形，长约 0.8mm，花药长圆形，长约 1.5mm，连着；退化雄蕊 3 枚，长 0.2~0.3mm。花盘高约 0.5mm，由 2 个近方形腺体组成。雌蕊长约 2.6mm，子房狭卵形，长约 1.5mm，与花柱被短柔毛，花柱粗，长约 0.5mm，柱头长约 0.6mm，2 浅裂。蒴果长椭圆球形，长 3.2~6mm。种子暗紫色，狭椭圆球形，长约 0.4mm，有密集小乳头状突起。花期 8—10 月。

秦岭石蝴蝶

Petrocosmea qinlingensis W. T. Wang

分类地位: 苦苣苔科(Gesneriaceae)

保护等级: 二级

濒危等级: CR D

生　　境: 生于海拔约 650m 的山地岩石上。

国内分布: 陕西西南部。

致濒因素: 仅见模式标本;野外存量可能非常小,濒危程度高。

形态特征

多年生草本。叶 7~12 枚,具长或短柄;叶片草质,宽卵形、菱状卵形或近圆形,长 0.7~3cm,宽 0.7~2.8cm,顶端圆形或钝,基部宽楔形,边缘浅波状或有不明显圆齿,两面疏被贴伏短柔毛,侧脉每侧约 3 条,不明显;叶柄长 0.5~2.5cm,与花序梗疏被开展的白色柔毛。花序 2~6 条;花序梗长 3~5cm,中部之上有 2 苞片,顶端生 1 花;苞片线状披针形,长 1.6~2mm,被疏柔毛。花萼 5 裂达基部;裂片狭三角形,长约 3.8mm,宽约 1mm,外面疏被短柔毛,内面无毛。花冠淡紫色,外面疏被贴伏短柔毛,内面在上唇稍密被白色柔毛;筒长约 2.8mm;上唇长约 4.8mm,2 深裂近基部,下唇与上唇近等长,3 深裂,所有裂片近长圆形,顶端圆形。花期 8—9 月。

胡黄连

Neopicrorhiza scrophulariiflora (Pennell) D. Y. Hong

分类地位： 玄参科（Plantaginaceae）
别　　名： 甲黄连

保护等级： 二级
濒危等级： EN B2ab(i,iii,v)

生　　境： 生于海拔 3600~4400m 的高山草甸及砾石地区。
国内分布： 四川西部、西藏（聂拉木以东地区）、云南西北部。
致濒因素： 虽然分布范围广，但种群数量少；根状茎用于医药，采挖严重。

形态特征

多年生草本植物，4~12cm 高。根状茎直径达 1cm，节上有粗的须根。叶柄短，叶匙形至卵形，长 3~6cm，干时变黑，基部渐尖，边具锯齿，偶有重锯齿，干时变黑。花葶生棕色腺毛，穗状花序长 1~2cm，花梗仅长 2~3mm；花萼长 4~6mm，结果时可达 10mm，披针形、狭倒卵状披针形或倒卵状短圆形，后方一枚几为条形，有棕色腺毛；花冠深紫色，长 8~10mm，外面被短柔毛；花冠筒后方长 4~5mm，而前方仅长 2~3mm，上唇略向前弯作盔状，顶端微凹，下唇 3 裂片长约达上唇之半，二侧裂片顶端微有缺刻或有 2~3 小齿；雄蕊 4 枚，花丝无毛，其后方一对长 4mm，前方一对长 7mm，子房长 1~1.5mm，花柱长约 5~6 倍于子房。蒴果长卵形，长 8~10mm。花期 7—8 月，果期 8—9 月。

长柱玄参

Scrophularia stylosa Tsoong

分类地位：玄参科（Scrophulariaceae）

保护等级：二级
濒危等级：VU D1+2

生　　境：生于山坡大石石滩缝隙中。
国内分布：陕西（太白山南坡佛坪县）。
致濒因素：分布受限。

形态特征 多年生直立草本，茎高达60cm，不分枝或上部具短分枝，中空，生有在下部较疏而在上部较密的腺毛。叶全部对生，下面两对极小；柄长达4cm，有狭翅；叶片质地较薄，狭卵形至宽卵形，长达9cm，基部宽楔形至亚心形，上面绿色，下面带灰白色，边缘有大尖齿，稀浅圆齿，齿长达5mm，基部宽过于长。聚伞花序具1~3花，全部腋生，总雇花梗细长，生腺柔毛，长达1.5~2.5cm；花萼长4~5mm，具短腺毛，裂片披针状卵形至披针形，顶端尖；花冠淡黄色，长15~18mm，花冠筒稍肿大，长9~11mm，上唇较下唇长1.5mm，裂片近圆形，边缘相互重叠，下唇裂片均为圆卵形，中裂片稍大；雄蕊倒心形，略短于下唇，长约0.5mm；子房长约3mm，花柱长约8mm。蒴果尖卵形，连同短喙长9~11mm。花期6月，果期7—9月。

草苁蓉

Boschniakia rossica (Chamisso et Schlechtendal) B.

分类地位：列当科（Orobanchaceae）

保护等级：二级
濒危等级：VU A2c；B2ab(ii,iii)

生　　境：生于海拔 1500~1800m 的山坡林下阴湿处及河
边，常寄生于桤木属（Alnus）植物根上。
国内分布：内蒙古、黑龙江、吉林、辽宁。
致濒因素：寄生于桤木属植物根上，易受生境破坏影响。

**形态
特征**

植株高 15~35cm，全体近无毛。根状茎横走，
圆柱状，通常有 2~3 条直立的茎，茎不分枝，
粗壮。叶密集生于茎近基部，向上渐变稀疏，三
角形或宽卵状三角形。花序穗状，圆柱形，长
7~22cm。花萼杯状，顶端不整齐地 3~5 齿裂；裂片狭三角形
或披针形，不等长。花冠宽钟状，暗紫色或暗紫红色，筒膨大
成囊状；上唇直立，近盔状，下唇极短，3 裂，裂片常向外反
折。雄蕊 4 枚，花丝梢伸出花冠之外，基部疏被柔毛，向上
渐变无毛，花药卵形，无毛，药隔较宽。雌蕊由 2 合生心皮
组成，子房近球形，胎座 2，花柱长 5~7mm，无毛，柱头 2
浅裂。蒴果近球形，2 瓣开裂，顶端常具宿存的花柱基部，斜
喙状。种子椭圆球形，种皮具网状纹饰。花期 5—7 月，果期
7—9 月。

肉苁蓉

Cistanche deserticola Ma

分类地位：列当科（Orobanchaceae）

别　　名：苁蓉、大芸

保护等级：二级

濒危等级：EN A2acd

生　　境：生于海拔 225~1150m 的梭梭荒漠沙丘，寄主为梭梭。

国内分布：内蒙古西部、新疆北部及西北部、宁夏（阿佐旗）、甘肃（昌马）。

致濒因素：有重要的药用价值。人工采挖厉害；栖息地明显退化，种群数量减少。

 形态特征　高大草本，高 40~160cm，大部分地下生。茎不分枝或自基部分 2~4 枝，下部直径可达 5~10（~15）cm，向上渐变细，直径 2~5cm。叶宽卵形或三角状卵形，长 0.5~1.5cm，宽 1~2cm，生于茎下部的较密，上部的较稀疏并变狭，披针形或狭披针形，长 2~4cm，宽 0.5~1cm，两面无毛。花序穗状，长 15~50cm，直径 4~7cm；花序下半部或全部苞片较长，与花冠等长或稍长，卵状披针形、披针形或线状披针形，连同小苞片和花冠裂片外面及边缘疏被柔毛或近无毛；小苞片 2 枚，卵状披针形或披针形，与花萼等长或稍长。花萼钟状，长 1~1.5cm，顶端 5 浅裂，裂片近圆形，长 2.5~4mm，宽 3~5mm。花冠筒状钟形，长 3~4cm，顶端 5 裂，裂片近半圆形，长 4~6mm，宽 0.6~1cm，边缘常翻外卷，颜色有变异，淡黄白色或淡紫色，干后常变棕褐色。雄蕊 4 枚，花丝着生于距筒基部 5~6mm 处，长 1.5~2.5cm，基部被皱曲长柔毛，花药长卵形，长 3.5~4.5mm，密被长柔毛，基部有骤尖头。子房椭圆形，长约 1cm，基部有蜜腺，花柱比雄蕊稍长，无毛，柱头近球形。蒴果卵球形，长 1.5~2.7cm，直径 1.3~1.4cm，顶端常具宿存的花柱，2 瓣开裂。种子椭圆形或近卵形，长约 0.6~1mm，外面网状，有光泽。花期 5—6 月，果期 6—8 月。

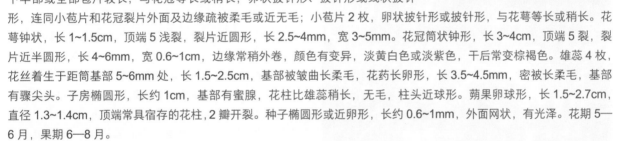

管花肉苁蓉

Cistanche mongolica Beck

分类地位：列当科（Orobanchaceae）

别　　名：蒙古肉苁蓉

保护等级：二级

濒危等级：VU A2c

生　　境：常生于海拔 1200m 的柽柳丛中。

国内分布：新疆南部。

致濒因素：有药用价值，原生地受到破坏，容易变成濒危。推测过去居群数量下降大于 30%。

植株高 60~100cm，地上部分高 30~35cm。茎不分枝，基部直径 3~4cm。叶乳白色，干后变褐色，三角形，长 2~3cm，宽约 5mm，生于茎上部的渐狭为三角状披针形或披针形。穗状花序，长 12~18cm，直径 5~6cm；苞片长圆状披针形或卵状披针形，长 2~2.7cm，宽 5~6.5mm，边缘被柔毛，两面无毛；小苞片 2 枚，线状披针形或匙形，长 1.5~1.7cm，宽 2.5mm，近无毛。花萼筒状，长 1.5~1.8cm，顶端 5 裂至近中部，裂片与花冠筒部一样，乳白色，干后变黄白色，近等大，长卵状三角形或披针形，长 0.6~1cm，宽 2.5~3mm。花冠筒状漏斗形，长 4cm，顶端 5 裂，裂片在花蕾时带紫色，干后变棕褐色，近等大，近圆形，长 8mm，宽 1cm，两面无毛。雄蕊 4 枚，花丝着生于距筒基部 7~8mm 处，长 1.5~1.7cm，基部膨大并密被黄白色长柔毛，花药卵形，长 4~6mm，密被黄白色长柔毛，基部钝圆，不具小尖头。子房长卵形，花柱长 2.2~2.5cm，柱头扁圆球形，2 浅裂。蒴果长圆形，长 1~1.2cm，直径 7mm。种子多数，近圆形，干后变黑褐色，外面网状。花期 5—6 月，果期 7—8 月。

扣树

Ilex kaushue S. Y. Hu

分类地位：冬青科（Aquifoliaceae）

保护等级：二级

生　　境：生于海拔 1000~1200m 的密林中。

国内分布：湖南、湖北、四川、云南、广东、广西、海南。

致濒因素：经济价值高；萌发率低；天然更新能力差。

形态特征　常绿乔木，高 8m；小枝粗壮，近圆柱形，褐色，具纵棱及沟槽，被微柔毛；顶芽大，圆锥形，急尖，被短柔毛，芽鳞边缘具细齿。叶生于 1~2 年生枝上，叶片革质，长圆形至长圆状椭圆形，长 10~18cm，宽 4.5~7.5cm，先端急尖或短渐尖，基部钝或楔形，边缘具重锯齿或粗锯齿，叶面亮绿色，背面淡绿色，主脉在叶面凹陷，疏被微柔毛，在背面隆起，呈龙骨状，侧脉 14~15 对，两面显著，在叶缘附近网结，细脉网状，两面密而明显；叶柄长 2~2.2cm，上面具浅沟槽，被柔毛，背面近圆形，多皱纹；托叶早落。聚伞状圆锥花序或假总状花序生于当年生枝叶腋内，芽时密集成头状，基部具阔卵形或近圆形苞片，具缘毛；雄花聚伞状圆锥花序，每聚伞花序具 3~4（~7）朵花，总花梗长 1~2mm，花梗长 1.5~3mm，疏被小的微柔毛，小苞片卵状披针形，具小缘毛；花萼盘状，4 深裂，裂片阔卵状三角形，长约 1.5mm，基部宽约 2mm，膜质；花瓣 4 片，卵状长圆形，长约 3.5mm；雄蕊 4 枚，短于花瓣，花药椭圆形；不育子房卵球形。雌花未见。果序假总状，腋生，轴粗壮，长 4~6（~9）mm，果梗粗，长（4~）8mm，被短柔毛或变无毛；果球形，直径 9~12mm，成熟时红色，外果皮干时脆；宿存花萼伸展，直径约 4~5mm，4 裂片三角形，疏具缘毛，宿存柱头脐状。分核 4，轮廓长圆形，长约 7.5mm，背部宽 4~5mm，具网状条纹及沟，侧面多皱及洼点，内果皮石质。花期 5—6 月，果期 9—10 月。

中国濒危保护植物 彩色图鉴

雪莲花

Saussurea involucrata (Kar. et Kir.) Sch.-Bip.

分类地位: 菊科 (Asteraceae)
别　　名: 荷莲、雪莲、天山雪莲

保护等级: 二级

生　　境: 生于海拔 2400~3470m 的山谷、石缝、水边、草甸。
国内分布: 新疆
致濒因素: 分布区小,人为采挖十分严重,导致雪莲居群受破坏严重,数量下降。

形态特征

多年生草本,高 15~35cm。茎粗壮,基部直径 2~3cm,无毛。叶密集,基生叶和茎生叶无柄,叶片椭圆形或卵状椭圆形,长达 14cm,宽 2~3.5cm,顶端钝或急尖,基部下延,边缘有尖齿,两面无毛;最上部叶苞叶状,膜质,淡黄色,宽卵形,长 5.5~7cm,宽 2~7cm,包围总花序,边缘有尖齿。头状花序 10~20 个,在茎顶密集成球形的总花序,无小花梗或有短小花梗。总苞半球形,直径 1cm;总苞片 3~4 层,边缘或全部紫褐色,先端急尖,外层被稀疏的长柔毛,外层长圆形,长 1.1cm,宽 5mm,中层及内层披针形,长 1.5~1.8cm,宽 2mm。小花紫色,长 1.6cm,管部长 7mm,檐部长 9mm。瘦果长圆形,长 3mm。冠毛污白色,2 层,外层小,糙毛状,长 3mm,内层长,羽毛状,长 1.5cm。花果期 7—9 月。

绵头雪兔子

Saussurea laniceps Hand.-Mazz.

分类地位：菊科（Asteraceae）

别　　名：麦朵刚拉、绵头雪莲花

保护等级：二级

生　　境：生于海拔 3200~5280m 的高山流石滩。

国内分布：四川、云南、西藏。

致濒因素：药用植物，人为采挖十分严重，导致绵头雪兔子居群受破坏严重，数量下降。

形态特征 多年生一次结实有茎草本。根黑褐色，茎高 14~36cm，上部被白色或淡褐色的稠密棉毛，基部有褐色残存的叶柄。叶极密集，倒披针形、狭匙形或长椭圆形，长 8~15cm，宽 1.5~2cm，顶端急尖或渐尖，基部楔形渐狭成叶柄，叶柄长达 8cm，边缘全缘或浅波状，上面被蛛丝状棉毛，后脱毛，下面密被褐色绒毛。头状花序多数，无小花梗，在茎端密集成圆锥状穗状花序；苞叶线状披针形，两面密被白色棉毛。总苞宽钟状，直径 1.5cm；总苞片 3~4 层，外层披针形或线状披针形，长 6mm，宽 1mm，顶端长渐尖，外面被白色或褐色棉毛，内层披针形，长 9mm，宽 4mm，顶端线状长渐尖，外面被黑褐色稠密的长棉毛。小花白色，长 10~12mm，檐部长为管部的 3 倍。瘦果圆柱状，长 2.5~3mm。冠毛鼠灰色，2 层，外层短，糙毛状，长 2~3mm，内层长，羽毛状，长 2cm。花果期 8—10 月。

水母雪兔子

Saussurea medusa Maxim.

分类地位： 菊科（Asteraceae）

别　　名： 杂各尔手把、夏古贝、水母雪莲花

保护等级： 二级

生　　境： 生于海拔 3000~5600m 的多砾石山坡、高山流石滩。

国内分布： 甘肃、青海、新疆、四川、云南、西藏。

致濒因素： 全草入药，人为采挖十分严重，导致水母雪兔子居群受破坏严重，数量下降。

形态特征　多年生多次结实草本。根状茎细长，上部发出数个莲座状叶丛。茎直立，密被白色棉毛。叶密集，下部叶倒卵形，扇形、圆形或长圆形至菱形，连叶柄长达 10cm，宽 0.5~3cm，顶端钝或圆形，基部楔形渐狭成长达 2.5cm 而基部为紫色的叶柄，上半部边缘有 8~12 个粗齿；上部叶渐小，向下反折，卵形或卵状披针形，顶端急尖或渐尖；最上部叶线形或线状披针形，向下反折，边缘有细齿；全部叶两面同色或几同色，灰绿色，被稠密或稀疏的白色长棉毛。头状花序多数，在茎端密集成半球形的总花序，无小花梗，苞叶线状披针形，两面被白色长棉毛。总苞狭圆柱状，直径 5~7mm；总苞片 3 层，外层长椭圆形，紫色，长 11mm，宽 2mm，顶端长渐尖，外面被白色或褐色棉毛，中层倒披针形，长 10mm，宽 4mm，顶端钝，内层披针形，长 11mm，宽 2mm，顶端钝。小花蓝紫色，长 10mm，细管部与檐部等长。瘦果纺锤形，浅褐色，长 8~9mm。冠毛白色，2 层，外层短，糙毛状，长 4mm，内层长，羽毛状，长 12mm。花果期 7—9 月。

七子花

Heptacodium miconioides Rehd.

分类地位： 忍冬科（Caprifoliaceae）

别　名： 浙江七子花

保护等级： 二级

濒危等级： EN B1ab(ii,iii)

生　境： 生于海拔 600~1000m 的悬崖峭壁、山坡灌丛和林下。

国内分布： 湖北西部、浙江、安徽东南部。

致濒因素： 直接采挖或砍伐。

形态特征　株高可达 7m；幼枝略呈 4 棱形，红褐色，疏被短柔毛；茎干树皮灰白色，片状剥落。叶厚纸质，卵形或矩圆状卵形，长 8~15cm，宽 4~8.5cm，顶端长尾尖，基部钝圆或略呈心形，下面脉上有稀疏柔毛，具长 1~2cm 的柄。圆锥花序近塔形，长 8~15cm，宽 5~9cm，具 2~3 节；花序分枝开展，上部的长约 1.5cm，下部的长 2.5~4cm；小花序头状，各对小苞片形状、大小不等，最外一对有缺刻；花芳香；萼裂片长 2~2.5mm，与萼筒等长，密被刺刚毛；花冠长 1~1.5cm，外面密生倒向短柔毛。果实长 1~1.5cm，直径约 3mm，具 10 枚条棱，疏被刺刚毛状绢毛，宿存萼有明显的主脉；种子长 5~6mm。花期 6—7 月，果熟期 9—11 月。

疙瘩七

Panax bipinnatifidus Seemann

分类地位： 五加科（Araliaceae）

别　　名： 竹节三七、花叶三七、珠子参、大叶三七

保护等级： 二级

濒危等级： EN B1ab(ii)

生　　境： 生于海拔 1900~3200m 的森林下。

国内分布： 安徽、江西、湖北、四川、甘肃、云南、西藏、广西、陕西。

形态特征　多年生草本；根状茎长，匍匐，稀疏串珠状；根纤维状，不膨大成肉质。茎高 30~50cm。掌状复叶 3~6 轮生茎顶；小叶 5~7 片，薄膜质，长椭圆形，二回羽状深裂，长 5~9cm，宽 2~4cm，先端长渐尖，基部楔形，下延，上面脉上疏生刚毛，下面通常无毛；小叶柄长至 2cm。伞形花序单个顶生，其下偶有一至数个侧生小伞形花序；花小，淡绿色；萼边缘有 5 齿；花瓣 5 片；雄蕊 5 枚；子房下位，2 室，稀 3~4 室；花柱 2 条，稀 3~4 条，分离或基部合生，中部以上分离。果扁球形，成熟时红色，先端有黑点。

人参

Panax ginseng C. A.Meyer

分类地位： 五加科（Araliaceae）
别　　名： 棒槌

保护等级： 二级
濒危等级： CR A2c

生　　境： 生于低海拔林下。
国内分布： 黑龙江东部、吉林东部、辽宁东部。
致濒因素： 过度采挖药用；环境改变，野生极其稀少。

形态特征　多年生草本；根状茎（芦头）短，直立或斜上，不增厚成块状。主根肥大，纺锤形或圆柱形。地上茎单生，高 30~60cm，有纵纹，无毛，基部有宿存鳞片。叶为掌状复叶，3~6 枚轮生茎顶，幼株的叶数较少；叶柄长 3~8cm，有纵纹，无毛，基部无托叶；小叶片 3~5 片，幼株常为 3 片，薄膜质，中央小叶片椭圆形至长圆状椭圆形，长 8~12cm，宽 3~5cm，最外一对侧生小叶片卵形或菱状卵形，长 2~4cm，宽 1.5~3cm，先端长渐尖，基部阔楔形，下延，边缘有锯齿，齿有刺尖，上面散生少数刚毛，刚毛长约 1mm，下面无毛，侧脉 5~6 对，两面明显，网脉不明显；小叶柄长 0.5~2.5cm，侧生者较短。伞形花序单个顶生，直径约 1.5cm，有花 30~50 朵，稀 5~6 朵；总花梗通常较叶长，长 15~30cm，有纵纹；花梗丝状，长 0.8~1.5cm；花淡黄绿色；萼无毛，边缘有 5 个三角形小齿；花瓣 5 片，卵状三角形；雄蕊 5 枚，花丝短；子房 2 室；花柱 2 条，离生。果实扁球形，鲜红色，直径 6~7mm；种子肾形，乳白色。

狭叶竹节参

Panax bipinnatifidus var. *angustifolius* (Burkill) J. Wen

分类地位： 五加科（Araliaceae）

别　　名： 竹根七、野三七、鸡头七、土三七

保护等级： 二级

生　　境： 生于海拔 2000~3000m 的山中灌木丛中。

国内分布： 四川、贵州、云南、西藏等。

多年生草本；根状茎短，竹鞭状，横生，有 2 至几条肉质根；肉质根圆柱形，长约 2~4cm，直径约 1cm，干时有纵皱纹。地上茎单生，高约 40cm，有纵纹，无毛，基部有宿存鳞片。叶为掌状复叶，4 枚轮生于茎顶；叶柄长 4~5cm，有纵纹，无毛；托叶小，披针形，长 5~6mm；小叶片 3~4 片，薄膜质，透明，倒卵状椭圆形至倒卵状长圆形，中央的长 9~10cm，宽 3.5~4cm，侧生的较小，先端长渐尖，基部渐狭，下延，边缘有重锯齿，齿有刺尖，上面脉上密生刚毛，刚毛长 1.5~2mm，下面无毛，侧脉 8~10 对，两面明显，网脉明显；小叶柄长 2~10mm，与叶柄顶端连接处簇生刚毛。伞形花序单个顶生，直径约 3.5cm，有花 20~50 朵；总花梗长约 12cm，有纵纹，无毛；花梗纤细，无毛，长约 1cm；苞片不明显；花黄绿色；萼杯状（雄花的萼为陀螺形），边缘有 5 个三角形的齿；花瓣 5 片；雄蕊 5 枚；子房 2 室；花柱 2 条（雄花中的退化雌蕊上为 1 条），离生，反曲。果实未见。

三七

Panax notoginseng (Burkill) F. H. Chen ex C. Y. Wu & K. M. Feng

分类地位： 五加科（Araliaceae）

别　　名： 山漆、四七、野生三七、三七、假人参

保护等级： 二级

濒危等级： EW

生　　境： 生于海拔 1200~1800m 的地带。

国内分布： 浙江、江西、福建、广西、云南。

致濒因素： 长期药用采集，野生居群已经灭绝。

形态特征 多年生直立草本，高 20~60cm。主根肉质，1 条至多条，呈纺锤形。茎暗绿色，至茎先端变紫色，光滑无毛，具纵向粗条纹。指状复叶 3~6 个轮生茎顶；托叶多数，簇生，线形，长不足 2mm；叶柄长 5~11.5cm，具条纹，光滑无毛；小叶柄中央的长 1.2~3.5cm，两侧的长 0.2~1.2cm，无毛；叶片膜质，中央的最大，长椭圆形至倒卵状长椭圆形，长 7~13cm，宽 2~5cm，先端渐尖至长渐尖，基部阔楔形至圆形，两侧叶片最小，椭圆形至圆状长卵形，长 3.5~7cm，宽 1.3~3cm，先端渐尖至长渐尖，基部偏斜，边缘具重细锯齿，齿尖具短尖头，齿间有 1 刚毛，两面沿脉疏被刚毛，主脉与侧脉在两面凸起，网脉不显。伞形花序单生于茎顶，有花 80~100 朵或更多；总花梗长 7~25cm，有条纹，无毛或疏被短柔毛；苞片多数簇生于花梗基部，卵状披针形；花梗纤细，长 1~2cm，微被短柔毛；小苞片多数，狭披针形或线形；花小，淡黄绿色；花萼杯形，稍扁，边缘有小齿 5，齿三角形；花瓣 5 片，长圆形，无毛；雄蕊 5 枚，花丝与花瓣等长；子房下位，2 室，花柱 2 条，稍内弯，下部合生，结果时柱头向外弯曲。果扁球状肾形，径约 1cm，成熟后为鲜红色，内有种子 2 粒；种子白色，三角状卵形，微具三棱。花期 7—8 月，果期 8—10 月。

多年生草本，高 40~60cm。根茎匍匐，节间极短，具凹陷茎痕；肉质根块状纺锤形。掌状复叶，常 3 枚轮生茎顶，叶柄长 4~7cm，无毛，基部具长约 2cm 卵形托叶；小叶 5 片，稀为 7 片，膜质，羽状分裂，长 6~12cm，宽 2.5~6cm，裂片大小不等，一般中部的较大，两侧端的较小，先端尾状渐尖，基部宽楔形或近圆，稍偏斜，边缘具细锯齿和刚毛，小叶柄长 3~20mm。伞形花序单生枝顶，具 50~80 朵花；花序梗长 8~10cm。花小，淡绿色；花萼具 5 小齿，无毛；花瓣 5 片，卵形或长椭圆形；雄蕊 5 枚，与花瓣等长或稍长；子房 2 室，花柱合生，柱头稍膨大而微弯。浆果近球形或肾状形，径约 8mm，熟后红色。种子 2 粒，近球形，白色，直径 2~3mm。花期 5—6 月，果期 7—8 月。

屏边三七

Panax stipuleanatus C. T. Tsai & K. M. Feng

分类地位： 五加科（Araliaceae）

别　　名： 野三七（马关、麻栗坡）、香刺（屏边）

保护等级： 一级

濒危等级： EN A3c

生　　境： 生于海拔 1000~1700m 的石灰岩山地常绿阔叶林下蔽荫处。

国内分布： 云南东南部。

致濒因素： 经济价值较高，被大量采挖，导致资源日渐稀少。

明党参

Changium smyrnioides H. Wolff

分类地位：伞形科（Apiaceae）

别　　名：粉沙参、山萝卜

保护等级：二级

濒危等级：VU A2ac；B1ab(i,iii)

生　　境：生于海拔 200~400m 的山地灌丛中、石缝中或山坡草地。

国内分布：河南西部及东南部、安徽、江苏南部、浙江西北部及西部、江西北部及湖北。

致濒因素：药用采挖，居群数量下降；零星分布，繁殖期处于黄梅季节，影响自然更新能力。种间竞争也会影响成熟个体数目。

形态特征　多年生草本。主根纺锤形或长索形，长 5~20cm，表面棕褐色或淡黄色，内部白色。茎直立，高 50~100cm，圆柱形，表面被白色粉末，有分枝，枝疏散而开展，侧枝通常互生，侧枝上的小枝互生或对生。基生叶少数至多数，有长柄，柄长 3~15cm。叶片三出式的 2~3 回羽状全裂，一回羽片广卵形，长 4~10cm，柄长 2~5cm；二回羽片卵形或长圆状卵形，长 2~4cm，柄长 1~2cm；三回羽片卵形或卵圆形，长 1~2cm。基部截形或近楔形，边缘 3 裂或羽状缺刻，末回裂片长圆状披针形，长 2~4mm，宽 1~2mm；茎上部叶缩小呈鳞片状或鞘状。复伞形花序顶生或侧生；总苞片无或 1~3 枚；伞辐 4~10 条，长 2.5~10cm，开展；小总苞片少数，长 4~6mm，顶端渐尖；小伞形花序有花 8~20 朵，花蕾时略呈淡紫红色，开放后呈白色，顶生的伞形花序几乎全孕，侧生的伞形花序多数不育；萼齿小，长约 0.2mm；花瓣长圆形或卵状披针形，长 1.5~2mm，宽 1~1.2mm，顶端渐尖而内折；花丝长约 3mm，花药卵圆形，长约 1mm；花柱基隆起，花柱幼时直立，果熟时向外反曲。果实圆卵形至卵状长圆形，长 2~3mm，果棱不明显，胚乳腹面深凹，油管多数。花期 4 月。

393

川明参

Chuanminshen violaceum Sheh et Shan

分类地位：伞形科（Apiaceae）

保护等级：二级

濒危等级：EN A2c

生　　境：生于海拔 100~800m 的山坡草丛或溪边灌丛中。

国内分布：四川（成都、苍溪、威远、北川、平武、巴中）、湖北（宜昌、当阳）。

致濒因素：药用采挖，栽培的较多，野外存量较少，几乎找不到。

形态特征

多年生草本，高 30~150cm。根颈细长，埋于土中；根圆柱形，长 7~30cm，径 0.6~1.5cm，通常不分枝，顶部稍细，有横向环纹突起，稍粗糙，其余表面细致平坦，黄白色至黄棕色，断面白色，富淀粉质，味甜。茎直立，单一或数茎，圆柱形，径 2.5~5mm，多分枝，有纵长细条纹轻微突起，上部粉绿色，基部带紫红色。基生叶多数，呈莲座状，具长柄，叶柄长 6~18cm，基部有宽阔叶鞘抱茎，叶鞘带紫色，边缘膜质；叶片轮廓阔三角状卵形，长 6~20cm，宽 4~14cm，三出式二至三回羽状分裂，一回羽片 3~4 对，下部羽片具长柄，向上柄渐短至无柄，长卵形，二回羽片 1~2 对，羽片短柄或无柄，卵形，末回裂片卵形或长卵形，先端渐尖，基部楔形或圆形，不规则的 2~3 裂或呈锯齿状分裂，长 2~3cm，宽 0.6~2cm，上表面绿色，下表面粉绿色，光滑无毛；茎上部叶很少，具长柄，二回羽状分裂，叶片小；至顶端叶更小，无柄，叶片 3 裂，裂片线形，细小。复伞形花序多分枝，花序梗粗壮，伞形花序直径 3~10cm，无总苞片或仅有 1~2 片，线形，薄膜质，伞辐 4~8 条，不等长，长 0.5~8cm；小总苞片无或有 1~3 片，线形，长约 4mm，宽约 0.3mm，膜质；花瓣长椭圆形，小舌片细长内曲，暗紫红色、浅紫色或白色，中脉显著，萼齿显著，狭长三角形或线形，花柱长，为花柱基的 2~2.5 倍，向下弯曲。分生果卵形或长卵形，长 5~7mm，宽 2~4mm，暗褐色，背腹扁压，背棱和中棱线形突起，侧棱稍宽并增厚；棱槽内有油管 2~3 条，合生面油管 4~6 条；胚乳腹面平直。花期 4—5 月，果期 5—6 月。

新疆阿魏

Ferula sinkiangensis K. M. Shen

分类地位： 伞形科（Apiaceae）

保护等级： 二级

濒危等级： CR A2c；D

生　　境： 生于海拔约 850m 的荒漠和砾石地粘土坡。

国内分布： 新疆（伊宁）。

致濒因素： 分布狭窄，野外存量极少，居群数量在过去减少 80%，仅分布在荒漠；生境随气候、植被变化而变化。

 形态特征　多年生一次结果的草本，高 0.5~1.5m，全株有强烈的葱蒜样臭味。根纺锤形或圆锥形。茎通常单一，有柔毛，通常带紫红色。基生叶有短柄，柄的基部扩展成鞘；叶片轮廓为三角状卵形，三出式三回羽状全裂，末回裂片广椭圆形，浅裂或上部具齿，基部下延，长 10mm，灰绿色，上表面有疏毛，下表面被密集的短柔毛，早枯萎；茎生叶逐渐简化，变小，枯萎。复伞形花序生于茎枝顶端，直径 8~12cm，无总苞片；小总苞片宽披针形，脱落；萼齿小；花瓣黄色，椭圆形，长达 2mm，顶端渐尖，向内弯曲，外面有毛；花柱基扁圆锥形，边缘增宽，波状，花柱延长，柱头头状。分生果椭圆形，背腹扁压，长 10~12mm，宽 5~6mm，有疏毛，果棱突起。花期 4—5 月，果期 5—6 月。

珊瑚菜

Glehnia littoralis F. Schmidt ex Miq.

分类地位： 伞形科（Apiaceae）

别　　名： 北沙参

保护等级： 二级

濒危等级： CR A2c

生　　境： 生于海边沙滩。

国内分布： 辽宁南部、河北东部、山东东部、江苏北部、浙江东南部、福建东部、台湾、广东、海南。

致濒因素： 多生于海滨浴场内，海滨沙滩过度开发使数量急剧下降。

形态特征

多年生草本，全株被白色柔毛。根细长，圆柱形或纺锤形，长 20~70cm，径 0.5~1.5cm，表面黄白色。茎露于地面部分较短，分枝，地下部分伸长。叶多数基生，厚质，有长柄，叶柄长 5~15cm；叶片轮廓呈圆圆卵形至长圆状卵形，三出式分裂至三出式二回羽状分裂，末回裂片倒卵形至卵圆形，长 1~6cm，宽 0.8~3.5cm，顶端圆形至尖锐，基部楔形至截形，边缘有缺刻状锯齿，齿边缘为白色软骨质；叶柄和叶脉上有细微硬毛；茎生叶与基生叶相似，叶柄基部逐渐膨大成鞘状，有时茎生叶退化成鞘状。复伞形花序顶生，密生浓密的长柔毛，径 3~6cm，花序梗有时分枝，长 2~6cm；伞辐 8~16 条，不等长，长 1~3cm；无总苞片；小总苞数片，线状披针形，边缘及背部密被柔毛；小伞形花序有花，15~20 朵，花白色；萼齿 5 枚，卵状披针形，长 0.5~1mm，被柔毛；花瓣白色或带堇色；花柱基短圆锥形。果实近圆球形或倒广卵形，长 6~13mm，宽 6~10mm，密被长柔毛及绒毛，果棱有木栓质翅；分生果的横剖面半圆形。花果期 6—8 月。

附录

IUCN 濒危物种红色名录等级及量化指标

一、灭绝（Extinct, EX）

当一分类群无疑其最后个体已死亡时，即列为灭绝级。若在其所有历史分布范围内，已知或可能之生育地，适当之时间（考虑昼夜、季节及年度变化），进行彻底调查后，没有发现任何个体，则应推定为灭绝。

二、野外灭绝（Extinct in the Wild, EW）

当一分类群只在栽培、饲养状况下生存或只剩下远离原分布地以外之移植驯化种群时，这个分类群即列为野外灭绝。若在其所有历史分布范围内，已知或可能之生育地，适当之时间（考虑昼夜、季节及年度变化），兼顾此一分类群之生活史及生活型（Life cycle and life form）之情况下，进行彻底调查后，没有发现其个体，则应推定为野外灭绝。

* 地区灭绝（Regional Extinct, RE）*IUCN（2003）

当一分类群在一个地区具有生殖能力的最后个体无疑已在该地区野外死亡或消失时，或一访问类群（visitor，指一分类群不在该地生殖，但现在或近一个世纪某些时期规律性出现，如候鸟）的最后个体已在该地区野外死亡或消失时，即列为地区灭绝级。

三、极危（Critically Endangered, CR）

当一分类群符合后列极危等级 A 至 E 之标准中任一项时，应列为极危，它被认为在野外面临极高之灭绝风险。

四、濒危（Endangered, EN）

当一分类群符合后列濒危等级 A 至 E 之标准中任一项时，应列为濒危，它被认为在野外面临非常高之灭绝风险。

五、易危（Vulnerable, VU）

当一分类群符合后列易危等级 A 至 E 之标准中任一项时，应列为易危，它被认为在野外面临高之灭绝风险。

六、近危（Near Threatened, NT）

一分类群根据基准评估后，在目前尚未达到极危、濒危或易危之标准，但非常接近或在近期内有可能符合标准者。

七、无危（Least Concern, LC）

一分类群根据基准评估后，未达到极危、濒危、易危或近危之标准。广泛分布及数量多的分类群属于此类。

八、数据缺乏（Data Deficient, DD）

由于缺乏足够资料，致无法根据其分布或种群状况来直接（或间接）评估其灭绝风险的分类群。归于此级的分类群可能已被充分研究，其生物学知识也充分了解，但欠缺数量和 / 或分布的正确数据。数据不足级不属于受威胁的等级之一。归于此级的分类群表示需要更多信息，也有可能在未来的研究中将其划分到适当的受威胁等级。重要的是如何善加利用已有的数据，也要特别注意在 "数据不足" 及其他保育等级间进行选择的许多个案。若一分类群预期其分布范围是相对局限或最后之纪录迄今已有相当长的期间，则将其列入受威胁等级是合理的。

* 不适宜评估（不适用）（Not Applicable, NA）*IUCN（2003）

在地区等级被视为没有资格评估的分类群，可能因在该地区不是野生种群或不是其自然生育范围，或只是流浪者（vagrant，在一地区只是偶然出现的分类群）。

九、未评估（Not Evaluated, NE）

未根据基准进行评估的分类群。

IUCN 濒危物种红色名录等级见图 1。

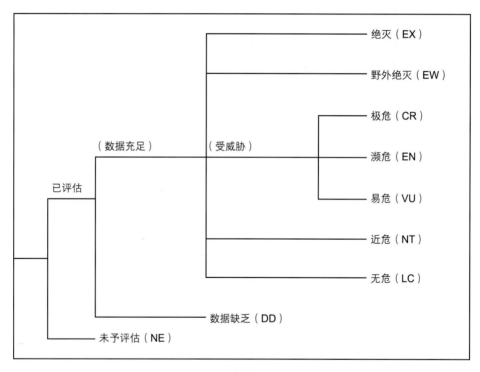

图 1　IUCN 濒危物种红色名录等级

IUCN 濒危物种红色名录极危、濒危及易危等级评估指标见表 1。

表 1　极危、濒危及易危等级评估指标

—	A：种群[1] 减少	B：分布区小，衰退或	C：种群小并在衰退	D：小或局限分布的种群	E：定量分析
—	A1：过去 10 年或三个世代[2]内种群降低的比例，其降低的原因是可逆转且被了解且停止的 A2-4：估计过去或未来（或二者）10 年或三个世代内种群降低的比例	B1：分布区域[3]，且符合 a-c 任意两条： a. 严重分割或只有 1，≤ 5，≤ 10 个地点 b. 持续波动 c. 极度波动 B2：实际占有面积[4]，并符合 a-c 任意两条： a. 严重分割或只有 1，≤ 5，≤ 10 个地点 b. 持续衰退 c. 极度波动	成熟个体[5]数少于下列数目，且有下列情形之一持续下降：	D1：种群成熟个体数 D2：易受人类活动影响，可能在极短时间内严重濒临绝灭，甚至绝灭	使用定量模式评估灭绝风险
极危， CR	A1：≥ 90% A2-4：≥ 80%	B1：< 100 km² B2：< 10 km²	< 250 1. 10 年或三个世代内持续下降至少 25% 2.（a）特殊种群结构或（b）剧烈变动	D1：< 50	今后 10 年或三个世代内野外绝灭机率≥ 50%
濒危， EN	A1：≥ 70% A2-4：≥ 50%	B1：< 5000 km² B2：< 500 km²	< 2500 1. 5 年或两个世代内持续下降至少 20% 2.（a）特殊种群结构或（b）剧烈变动	D1：< 250	今后 20 年或五个世代内野外绝灭机率≥ 20%
易危， VU	A1：≥ 50% A2-4：≥ 30%	B1：< 20000km² B2：< 2000km²	< 10000 1.10 年或三个世代内持续下降至少 10% 2.（a）特殊种群结构或（b）剧烈变动	D1：< 1000 D2：种群占有面积 < 20 km² 或地点< 5 个	今后 100 年内野外绝灭机率≥ 10%

注：1 种群及种群大小（Population and Population Size）：红色名录中所谓种群有其特殊意义，不同于生物学上一般的用法。在此定义为一个分类群的总个体数。

2 世代（Generation）：世代长度是目前种群中亲本的平均年龄，世代长度反应种群中能育个体的转换率。

3 分布区域（Extent of occurrence, EOO）：一个分类群除流浪者（vagrant）外，所有已知、推论或预测位置的最短连续影像边界所包含的区域。分布区域的度量可排除此分类群全部分布范围内不连续或跳跃的部分（例如明显不适合的栖地）。分布区域通常可用最小凸多边形（minimum convex polygon）度量。

4 实际占有面积（Area of occupancy, AOO）：一个分类群除流浪者外，在其分布区域内实际占有的面积。一个分类群在其分布区域内可能包含不适合或未占据的栖地，故通常不会遍布其分布区域。实际占有面积的大小为度量尺度的函数，应考虑与分类群相关的生物学、威胁的性质以及可用的数据以选择适当的尺度。

5 成熟个体（Mature individuals）：指已知、估计或推测的具有生殖能力的个体数。

中国濒危保护植物 彩色图鉴